美国著名奥数教练蒂图·安德雷斯库系列丛书(第四辑)

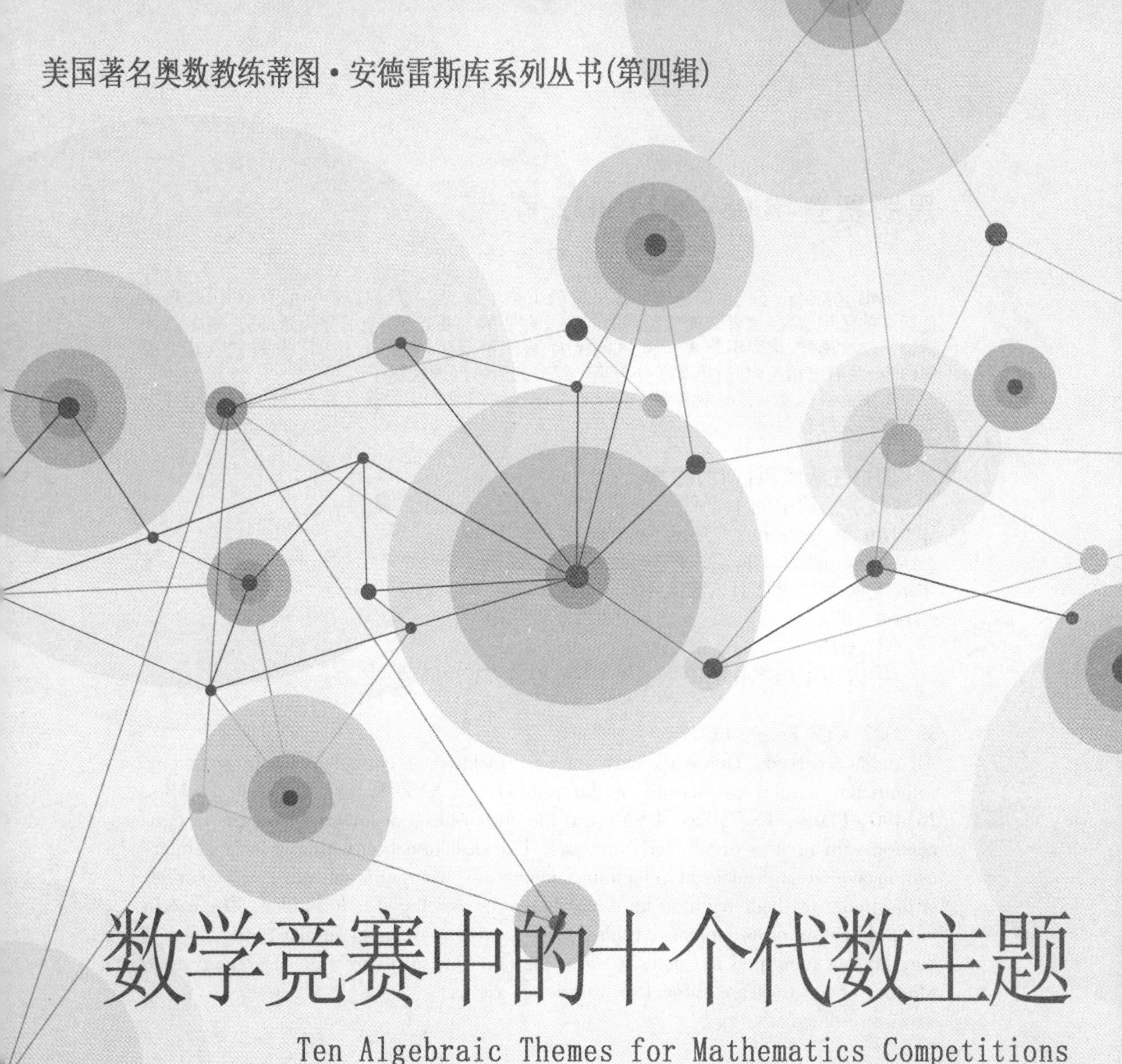

数学竞赛中的十个代数主题

Ten Algebraic Themes for Mathematics Competitions

[美] 蒂图·安德雷斯库(Titu Andreescu)
[美] 亚历山德罗·文图洛(Alessandro Ventullo) 著
罗 炜 译

哈爾濱工業大學出版社
HARBIN INSTITUTE OF TECHNOLOGY PRESS

黑版贸登字 08-2023-032 号

内容简介

本书主要讨论了代数问题中经常出现的十个主题,每一章都以简短的介绍开始,其中包括一些示例,帮助读者掌握所提出的问题及解法的主要思想.全书分为两部分,第1部分讨论了二次函数,柯西不等式,代数式的极大、极小值问题,复数,拉格朗日恒等式及其应用等内容,并给出相关问题;第2部分为第1部分的所有问题提供了解答.

本书的目标受众包括所有正在接受数学竞赛培训或希望提高代数技能的学生,同时也欢迎数学爱好者参阅.

图书在版编目(CIP)数据

数学竞赛中的十个代数主题/(美)蒂图·安德雷斯库(Titu Andreescu),(美)亚历山德罗·文图洛(Alessandro Ventullo)著;罗炜译.—哈尔滨:哈尔滨工业大学出版社,2024.10.—ISBN 978-7-5767-1668-9

Ⅰ.O15

中国国家版本馆 CIP 数据核字第 202487WR90 号

SHUXUE JINGSAI ZHONG DE SHIGE DAISHU ZHUTI

策划编辑 刘培杰 张永芹
责任编辑 张永芹 穆方圆
封面设计 孙茵艾
出版发行 哈尔滨工业大学出版社
社 址 哈尔滨市南岗区复华四道街 10 号 邮编 150006
传 真 0451-86414749
网 址 http://hitpress. hit. edu. cn
印 刷 黑龙江省教育厅印刷厂
开 本 787 mm×1 092 mm 1/16 印张 19 字数 301 千字
版 次 2024 年 10 月第 1 版 2024 年 10 月第 1 次印刷
书 号 ISBN 978-7-5767-1668-9
定 价 58.00 元

(如因印装质量问题影响阅读,我社负责调换)

美国著名奥数教练蒂图·安德雷斯库

前　言

在当今的数学竞赛中，题目的类型变得越来越多样化，不同主题之间的界限也不是那么明朗. 我们可以在许多代数问题中发现一些反复出现的主题，因此创建一个代数的工具箱可以帮助解题者了解不同题型的基本解法. 本书是第一本深入分析代数恒等式的书，这些知识通常在其他的数学奥林匹克书籍中很少提及. 此外，本书中许多问题都是全新的，并且是笔者特意编写的，以展示特定的解题技巧.

在本书中，我们讨论了代数问题中经常出现的十个主题，每一章都以简短的介绍开始，其中包括一些示例，帮助读者掌握所提出的问题及解法的主要思想. 第 1 章讨论了二次函数，并强调判别式的使用以及二次三项式的根与系数的关系. 第 2 章强调实数的平方是非负数的事实，这个简单的性质在本书后续章节中也会有许多应用. 第 3 章探索了几个不等式，包括数学奥林匹克竞赛中最著名的柯西不等式. 第 4 章专门讨论代数式的极大、极小值问题，这些问题也可以用前面章节的技巧处理. 第 5 章钻研了有关三个数的立方以及它们的乘积的一个漂亮的恒等式，这个恒等式有很多让人意想不到的应用. 第 6 章讨论了复数，我们给出了几个有用的定义和结论，帮助读者解决所提出的问题. 第 7 章的特色是拉格朗日恒等式及其应用，包括数论中的一些问题. 第 8 章重点讨论所谓的 Sophie Germain(索菲•热尔曼) 恒等式，这里的一些题目只有使用这个恒等式才能很好地处理. 在第 9 章中我们考察了 $t+\frac{k}{t}$ 形式的表达式，以及一些有意思的应用. 第 10 章讨论了五次多项式 $x^5+x\pm 1$ 的因式分解以及一些非常规问题. 本书的第 2 部分为第 1 部分的所有问题提供了解答.

本书的目标受众包括所有正在接受数学竞赛培训或希望提高代数技能的学生. 我们坚信，培训学生参加竞赛的教师和教练也可以真正从本书的内容中受益.

我们要感谢 Marian Tetiva 和 Richard Stong 的宝贵贡献和建议，他们的帮助提高了手稿的质量.

我们相信你会喜欢这本书！

Titu Andreescu

Alessandro Ventullo

目　录

第1部分
问　　题

第 1 章　ax^2+bx+c

形如 ax^2+bx+c 的多项式称为二次多项式,其中 a,b,c 为实数,并且 $a\neq 0$,其中 a 称为首项系数,c 称为常数项.

考虑多项式 $P(x)=ax^2+bx+c, a\neq 0$. 假设 $a>0$,则

$$P(x)=a\left(x+\frac{b}{2a}\right)^2-\frac{b^2-4ac}{4a}.$$

令 $\Delta=b^2-4ac$,则

$$P(x)=a\left(x+\frac{b}{2a}\right)^2-\frac{\Delta}{4a}. \tag{1.1}$$

(1) 若 $\Delta<0$,则 $P(x)>0$ 对所有实数 x 成立,因此 $P(x)=0$ 没有实数解.

(2) 若 $\Delta=0$,则 $P(x)=0$ 变为方程 $x+\frac{b}{2a}=0$,因此 $P(x)=0$ 有一个实数解

$$x=-\frac{b}{2a}.$$

(3) 若 $\Delta>0$,则 $P(x)=0$ 变为 $\left(x+\frac{b}{2a}\right)^2=\frac{\Delta}{4a^2}$,方程有两个不同的实数解

$$x_{1,2}=\frac{-b\pm\sqrt{\Delta}}{2a}.$$

我们称 Δ 为二次多项式 ax^2+bx+c 的判别式.

我们需要记住方程的图像表示.

若 $P(x)=ax^2+bx+c$ 是二次多项式,则 $y=P(x)$ 的图像为一条抛物线. 若 $a>0$,则抛物线开口向上;若 $a<0$,则开口向下. 抛物线关于直线 $x=-\frac{b}{2a}$ 对称,用代数形式表示为 $P\left(-\frac{b}{a}-x\right)=P(x)$,这条直线称为抛物线的对称轴. 对称轴和抛物线的交点,其坐标为 $x=-\frac{b}{2a}$, $y=P\left(-\frac{b}{2a}\right)=\frac{\Delta}{4a^2}$,称为抛物线的顶点. 若 $a>0$,则顶点取到 $P(x)$ 的最小值;若 $a<0$,则顶点取到 $P(x)$ 的最大值. 抛物线的 y 截距为 $P(0)=c$.

假设 $P(x)=ax^2+bx+c$ 有两个根 x_1,x_2，那么，$P(x)$ 可以写成

$$P(x)=a(x-x_1)(x-x_2)=ax^2-a(x_1+x_2)x+ax_1x_2.$$

由于两个多项式相同，当且仅当它们的所有系数相同，因此得到

$$x_1+x_2=-\frac{b}{a},\quad x_1x_2=\frac{c}{a}. \tag{1.2}$$

关系式 (1.2) 称为韦达定理. 因此，知道了二次方程的系数，我们就可以得到两个根的和与积.

例 1.1. 设实数 a 和 b 满足 $a+b\geqslant 8$. 证明：两个二次方程 $x^2+ax+b=0$ 和 $x^2+bx+a=0$ 中至少有一个有实根.

Adrian Andreescu

证明 用反证法. 假设 $a^2-4b<0$ 并且 $b^2-4a<0$. 于是 a 和 b 均为正数，并且

$$a^4<(4b)^2<16(4a)=64a,$$

得 $a<4$. 类似地，有 $b<4$，于是 $a+b<8$，与题设矛盾. 因此证明了结论. □

例 1.2. 考虑整数 a,b,c 和集合

$$A=\{x\in\mathbb{R}\mid x^2+bx+c=0\},$$
$$B=\{x\in\mathbb{R}\mid x^2+cx+a=0\},$$
$$C=\{x\in\mathbb{R}\mid x^2+ax+b=0\}.$$

证明：$A\cup B\cup C=\varnothing\ \Rightarrow\ a=b=c$.

Titu Andreescu –《数学公报》* *1984*

证明 若 $A\cup B\cup C=\varnothing$，则方程 $x^2+bx+c=0$，$x^2+cx+a=0$ 和 $x^2+ax+b=0$ 均没有实数解. 由于 $a,b,c\in\mathbb{Z}$，而对于整数 m,n 总有 $m^2-4n\equiv 0,1\pmod 4$，因此得到

$$b^2-4c\leqslant -3,\quad c^2-4a\leqslant -3,\quad a^2-4b\leqslant -3.$$

相加得到

$$(a-2)^2+(b-2)^2+(c-2)^2\leqslant 3.$$

*《数学公报》(*Gazeta Matematică*) 是罗马尼亚的一个数学杂志. ——译者注

因此 $a,b,c\in\{1,2,3\}$. 不妨设 $a=\min\{a,b,c\}$.

(1) 若 $a=1$,则 $c^2\leqslant 4a-3=1$ 并且 $1\leqslant c$,因此 $c=1$.

(2) 若 $a=2$,则 $c^2\leqslant 4a-3=5$ 并且 $2\leqslant c$,因此 $c=2$.

(3) 若 $a=3$,则 $c^2\leqslant 4a-3=9$ 并且 $3\leqslant c$,因此 $c=3$.

因此总有 $c=a=\min\{a,b,c\}$. 用 c 替换 a 重复上面的讨论，我们就得到 $a=c=b$. □

例 1.3. 求自然数对 (a,b),使得 $x^2+ax+b=0$ 和 $x^2+bx+a=0$ 都有有理根.

Titu Andreescu – 罗马尼亚数学奥林匹克 *1985*

解 若两个方程都有有理根,则它们的判别式为平方数,即 a^2-4b 和 b^2-4a 都是平方数. 不妨设 $a\geqslant b$.

若 $b=0$,则 $-4a\leqslant 0$ 又必须是平方数,于是 $a=0$.

若 $b>0$,则 a^2-4b 为小于 a^2 的平方数,并且与 a^2 的奇偶性相同,因此

$$a^2-4b\leqslant(a-2)^2=a^2-4(a-1).$$

于是 $b\geqslant a-1$,进而得到 $b\in\{a-1,a\}$.

若 $b=a$,则 a^2-4a 为平方数且小于 $(a-2)^2$,奇偶性与 a^2 相同,因此

$$a^2-4a\leqslant(a-4)^2\ \Rightarrow\ 4a\leqslant 16.$$

于是 $a\leqslant 4$,验证发现 $a=b=4$ 给出了解.

若 $b=a-1$,则 $a^2-4b=(a-2)^2$,而 $b^2-4a=a^2-6a+1<(a-3)^2$. 可令 $t^2=b^2-4a$,于是

$$8=(a-3)^2-t^2=(a-3-t)(a-3+t)$$

为两个奇偶性相同的数的乘积，因此可能的分解为 2×4，4×2，$(-2)\times(-4)$，$(-4)\times(-2)$. 分别验证得到符合要求的解为 $a=6,b=5$.

综上所述,考虑到 a 和 b 的对称性,我们得到所有解为

$$(a,b)\in\{(0,0),(4,4),(6,5),(5,6)\}.$$ □

例 1.4. 给定非零实数 a,b,c,使得关于 x 的二次方程

$$ax^2+bx+c=0,\quad bx^2+cx+a=0,\quad cx^2+ax+b=0$$

有公共根. 求 $\frac{a^2}{bc}+\frac{b^2}{ca}+\frac{c^2}{ab}$ 的所有可能值.

AwesomeMath 入学考试 *2006,* 测试 A

解 设 α 为公共根,则有

$$a\alpha^2+b\alpha+c=0,\quad b\alpha^2+c\alpha+a=0,\quad c\alpha^2+a\alpha+b=0,$$

将以上方程相加得到

$$(a+b+c)(\alpha^2+\alpha+1)=0.$$

若 $\alpha^2+\alpha+1\neq 0$,则 $a+b+c=0$. 于是根据恒等式

$$a^3+b^3+c^3-3abc=(a+b+c)(a^2+b^2+c^2-ab-bc-ca),$$

得到 $a^3+b^3+c^3=3abc$,于是

$$\frac{a^2}{bc}+\frac{b^2}{ca}+\frac{c^2}{ab}=\frac{a^3+b^3+c^3}{abc}=3.$$

若 $\alpha^2+\alpha+1=0$,则 $\alpha=\frac{-1\pm\sqrt{3}\mathrm{i}}{2}$. 由于 a,b,c 为实数,因此 $\overline{\alpha}$ 也是原始三个二次方程的根,于是 $a=b=c$,所求的值还是 3.

综上所述,所求的所有可能值为 3. □

习题

题 1.1. 设 $f(x)=ax^2-bx+c$,其中 a,b,c 为素数. 已知方程 $f(f(x))=2\ 023$ 的根为 $0,\alpha,\beta,\gamma$,且满足 $\alpha+\beta+\gamma=\frac{26}{43}$. 求 a,b,c.

Adrian Andreescu

题 1.2. 设 $a,b,c\in\mathbb{R}^*$ 两两不同,令

$$A=\{x\in\mathbb{R}\mid ax^2+bx+c=0\},$$
$$B=\{x\in\mathbb{R}\mid bx^2+cx+a=0\},$$
$$C=\{x\in\mathbb{R}\mid cx^2+ax+b=0\}.$$

证明:若 $A\cap B\cap C\neq\varnothing$,则 $A\cup B\cup C$ 恰有 4 个元素.

Titu Andreescu -《蒂米什瓦拉数学学报》*,题 *6184*

题 1.3. 求最大的负整数 n,使得方程

$$x^2+nx+2\ 016=0$$

有整数解.

Titu Andreescu - AwesomeMath 入学考试 *2016*, 测试 C

*《蒂米什瓦拉数学学报》(*Revista de Matematică din Timişoara*) 是罗马尼亚的一个数学杂志. ——译者注

题 1.4. 设 $a=\sqrt{r-1}+\sqrt{2r}+\sqrt{r+1}, b=\sqrt{r-1}-\sqrt{2r}+\sqrt{r+1}$,其中 r 为大于 1 的实数. 已知 a 和 b 为二次方程 $x^2+cx+\sqrt{2\,021}=0$ 的根,求 c.

Titu Andreescu – AwesomeMath 入学考试 *2021,* 测试 B,第一部分

题 1.5. 证明:对每个整数 $a\neq 0,2$,存在非零整数 b,使得方程

$$ax^2-(a^2+b)x+b=0$$

有整数解.

Laurenţiu Panaitopol –《数学反思》*J2*

题 1.6. 求所有的非零整数对 (m,n),满足 $m+n$ 为方程 $x^2+mx+n=0$ 的根.

Adrian Andreescu

题 1.7. 求所有的实数对 (a,b),使得方程 $x^2+ax-b=0$ 和 $x^2+bx-a=0$ 的四个根为 1,2,3,5 的某个排列.

Titu Andreescu

题 1.8. 求所有的整数对 (m,n),使得两个方程 $x^2+mx-n=0$ 和 $x^2+nx-m=0$ 都有整数根.

Alessandro Ventullo –《数学反思》*J443*

题 1.9. 证明:存在超过 1 985 个由非零整数构成的三元组 (a,b,c),满足 $|a|,|b|,|c|\leqslant 27$,并且三个方程

$$ax^2+bx+c=0,\quad bx^2+cx+a=0,\quad cx^2+ax+b=0$$

都有有理数解.

Titu Andreescu –《蒂米什瓦拉数学学报》,题 *5856*

题 1.10. 设非零整数 a,b,c 使得方程 $ax^2+bx+c=0$ 有有理根,证明:

$$b^2\leqslant(ac+1)^2.$$

Ion Cucurezeanu – 罗马尼亚数学奥林匹克,康斯坦察 *1993*

题 1.11. 设 a,b,c 为正整数,满足 $b>a^2+c^2$,证明:方程 $ax^2+bx+c=0$ 的根为实数,并且是无理数.

Cristinel Mortici – 罗马尼亚数学奥林匹克,康斯坦察 *1999*

题 1.12. 求所有的非零实数对 (a,b),使得 $x^2-(a^2+b^2)x+ab=0$ 有整数根.

Ion Cucurezeanu – 罗马尼亚数学奥林匹克,康斯坦察 *1992*

题 1.13. 求所有的正整数三元组 (a,b,c),使得三个方程

$$x^2-ax+b=0,\quad x^2-bx+c=0,\quad x^2-cx+a=0$$

都有整数解.

Ion Cucurezeanu – 罗马尼亚数学奥林匹克,康斯坦察 *1991*

题 1.14. 设 m 是实参数,解方程

$$x^4-(2m+1)x^3+(m-1)x^2+(2m^2+1)x+m=0.$$

Dorin Andrica –《蒂米什瓦拉数学学报》, 题 *3121*

题 1.15. 设实数 $a\leqslant b\leqslant c$ 满足 $a+b+c=0$ 并且 $a^2+b^2+c^2=1$,证明:$b^2\leqslant\frac{1}{6}$.

Dorel Miheţ – 罗马尼亚数学奥林匹克 *1981*

题 1.16. 设 a,b,c 是非零复数,z_0 为方程 $az^2+bz+c=0$ 的一个根,证明:

$$|z_0|<\left|\frac{b}{a}\right|+\left|\frac{c}{b}\right|.$$

题 1.17. 设 u 为方程 $x^2-x+2=0$ 的一个根,正整数 m 和 n 满足 $(u^2+1)^m=(u^2-1)^n$,证明:$m=3n$.

题 1.18. 将 $x^{12}+64$ 写成

$$(x^2+a_1x+b_1)(x^2+a_2x+b_2)\cdot\cdots\cdot(x^2+a_6x+b_6)$$

的形式,其中 a_k 和 b_k 都是实数,$k=1,2,\cdots,6$.

Adrian Andreescu

题 1.19. 因式分解

$$6(a^2+b^2+c^2)+13ab+15bc+20ca.$$

Titu Andreescu

题 1.20. 设非零实数 a,b,c 满足

$$4\left(\frac{a^2}{bc}+\frac{b^2}{ca}+\frac{c^2}{ab}\right)-\left(\frac{bc}{a^2}+\frac{ca}{b^2}+\frac{ab}{c^2}\right)\geqslant\frac{63}{4},$$

证明:下列方程

$$ax^2+bx+c=0,\quad bx^2+cx+a=0,\quad cx^2+ax+b=0$$

中至少有一个有实根.

Titu Andreescu

题 1.21. 确定所有的函数 $f:\mathbb{R}\to\mathbb{R}$,

$$f(x)=ax^2+bx+c,$$

其中 $a,b,c\in\mathbb{R},a\neq 0$,满足 $\{a,b,c\}=\{\Delta,P,S\}$,其中 Δ,P,S 分别为方程的判别式、所有根的乘积、所有根的和.

Titu Andreescu –《蒂米什瓦拉数学学报》,题 *5482*

题 1.22. 求所有的二次多项式 $P(x)=\alpha x^2-\beta x+\Delta$,其中 α 和 β 是多项式的两个根,Δ 是方程 $P(x)=0$ 的判别式.

题 1.23. 设整数 a 和 b 均不被 3 整除,证明:方程 $x^2-abx+a^2+b^2=0$ 没有整数解.

Ion Cucurezeanu –《数学公报》*C.O:5195*

题 1.24. 设 $a,b,c,d,p\in\mathbb{R}$ 满足 $pac=b+d$ 并且 $p\in\left(-\frac{1}{2},\frac{1}{2}\right)$,证明:两个方程

$$x^2+ax+b=0,\quad x^2+cx+d=0$$

中至少有一个有实根.

Daniela Dicu –《数学公报》*E:14203*

题 1.25. (1) 证明:若正整数 a,b,c 满足 $bc=a^2+1$,则 $|b-c|\geqslant\sqrt{4a-3}$.

(2) 证明:存在无穷多个正整数三元组 (a,b,c),满足 $bc=a^2+1$,并且 $|b-c|=\sqrt{4a-3}$.

Gheorghe Stoica –《数学公报》*E:14588*

题 1.26. 设整数 a,b,c 满足 $a^2-4b=c^2$. 证明:a^2-2b 可以写成两个完全平方数之和.

Julieta Raicu –《数学公报》*26653*

题 1.27. 设实数 a,b,c 满足 $a>0$,并且二次多项式

$$T(x)=ax^2+bcx+b^3+c^3-4abc$$

没有实根,证明:两个多项式

$$T_1(x)=ax^2+bx+c,\quad T_2(x)=ax^2+cx+b$$

中恰有一个只取正实数值.

Titu Andreescu –《蒂米什瓦拉数学学报》,题 *2810*

题 1.28. 设 $P(x)$ 是首项系数为 1 的 n 次实系数多项式,并且有 n 个实根,证明:若 a,b,c 均为实数,$a>0$ 并且

$$P(c)\leqslant\left(\frac{b^2}{a}\right)^n,$$

则 $P(ax^2+2bx+c)$ 至少有一个实根.

Nguyen Viet Hung –《数学反思》*U412*

题 1.29. 求所有的实数对 (a,b),满足

$$2(a^2+1)(b^2+1)=(a+1)(b+1)(ab+1).$$

Valentin Vornicu

题 1.30. 对所有实数 a,b,c,d,e,证明:

$$2a^2+b^2+3c^2+d^2+2e^2\geqslant 2(ab-bc-cd-de+ea).$$

Titu Andreescu –《数学反思》*S436*

题 1.31. 实数 a,b,c 满足对所有实数 $x, ax^2+bx+c \geqslant 0$ 成立. 证明:

$$4a^3-b^3+4c^3 \geqslant 0.$$

Titu Andreescu –《数学反思》*S507*

题 1.32. 设实数 a,b,c 和 A,B,C,D 满足

$$(Ax+B)(Cx+D)=ax^2+bx+c$$

对所有实数 x 成立,证明:a,b,c 中至少有一个大于或等于 $\frac{4}{9}(A+B)(C+D)$.

澳大利亚数学奥林匹克 *2002*

题 1.33. 设 $a,b,c \in \mathbb{R}$,函数 $f:\mathbb{R} \to \mathbb{R}$ 满足

$$f(ax^2+bx+c)=af^2(x)+bf(x)+c, \quad x \in \mathbb{R}.$$

(1) 证明:若 $a=0, b \neq 1$,则方程 $f(f(x))=x$ 至少有一个解.

(2) 证明:对任意 $a,b,c \in \mathbb{R}, 4ac \leqslant (b-1)^2$,则 (1) 中的性质依然成立.

Titu Andreescu – 罗马尼亚数学奥林匹克 *1984*

题 1.34. $\triangle ABC$ 满足 $\angle ABC \geqslant 90^\circ$,其外接圆半径为 2. 实数 x 满足方程

$$x^4+ax^3+bx^2+cx+1=0,$$

其中 $a=BC, b=CA, c=AB$. 求 x 的所有可能值.

Titu Andreescu – 美国初中数学奥林匹克 *2018*

题 1.35. 设 $f_k:\mathbb{R} \to \mathbb{R}, f_k(x)=a_kx^2+b_kx+c_k, k=1,2,3$,其中 $a_k,b_k,c_k \in \mathbb{R}$, a_1,a_2,a_3 非零且两两不同. 证明:若

$$f_1(x) \leqslant f_2(x) \leqslant f_3(x)$$

对所有 $x \in \mathbb{R}$ 成立,并且存在 $x_0 \in \mathbb{R}$ 满足 $f_1(x_0)=f_3(x_0)$,则存在 $\lambda \in [0,1]$,使得 $f_2(x)=\lambda f_1(x)+(1-\lambda)f_3(x)$ 对所有 $x \in \mathbb{R}$ 成立.

Dorian Popa –《蒂米什瓦拉数学学报》,题 *O.IX.203*

题 1.36. 设 $f(x)=x^2-45x+2$. 求所有的整数 $n \geqslant 2$, 使得 n 个数 $f(1)$, $f(2),\cdots,f(n)$ 中恰有一个被 n 整除.

澳大利亚数学奥林匹克 *2017*

第 2 章　$a^2 \geqslant 0$

对每个实数 a，总有 $a^2 \geqslant 0$，并且 $a^2 = 0$，当且仅当 $a = 0$. 一般地，若 a_1，$a_2, \cdots, a_n$ 都是实数，则 $a_1^2 + a_2^2 + \cdots + a_n^2 \geqslant 0$，当且仅当 $a_1 = a_2 = \cdots = a_n = 0$ 时，等号成立.

这个简单的事实在证明不等式以及解实数方程或方程组中都很有用.

例 2.1. 设 a, b, c, d, e 为实数，证明：

$$2a^2 + 3b^2 + 2c^2 + 3d^2 + 2e^2 \geqslant 2(a + c + e)(b + d).$$

Titu Andreescu

证明　原不等式可以改写为

$$(a-b)^2 + (a-d)^2 + (b-c)^2 + (b-e)^2 + (c-d)^2 + (e-d)^2 \geqslant 0,$$

因此显然成立，当且仅当 $a = b = c = d = e$ 时，等号成立. □

例 2.2. 求方程组的实数解

$$\frac{x+y+1}{2} = \sqrt{x} - \sqrt{xy} + \sqrt{y} = 1.$$

Titu Andreescu –《蒂米什瓦拉数学学报》，题 *812*

解　显然有 $x, y \geqslant 0$. 原方程可以改写为

$$x + y + 1 - 2\sqrt{x} + 2\sqrt{xy} - 2\sqrt{y} = 0,$$

进一步得到

$$(\sqrt{x} + \sqrt{y})^2 - 2(\sqrt{x} + \sqrt{y}) + 1 = 0,$$

于是有 $(\sqrt{x} + \sqrt{y} - 1)^2 = 0$，$\sqrt{x} + \sqrt{y} = 1$，代入题目中的方程得到 $\sqrt{xy} = 0$，因此题目的解为 $(x, y) \in \{(0,1), (1,0)\}$. □

例 2.3. 求方程组的实数解

$$\begin{cases} x^4 + 2y^3 - x = -\frac{1}{4} + 3\sqrt{3} \\ y^4 + 2x^3 - y = -\frac{1}{4} - 3\sqrt{3} \end{cases}.$$

Titu Andreescu –《数学反思》*J1*

解 将方程相加得到

$$x^4 + 2x^3 - x + \frac{1}{4} + y^4 + 2y^3 - y + \frac{1}{4} = 0,$$

配方为

$$\left(x^2 + x - \frac{1}{2}\right)^2 + \left(y^2 + y - \frac{1}{2}\right)^2 = 0.$$

因此 $x^2 + x - \frac{1}{2} = y^2 + y - \frac{1}{2} = 0$,解得 $x, y = \frac{-1 \pm \sqrt{3}}{2}$. 同时,从方程组中可以看出 $x \neq y$. 验证两种可能的情况

$$(x, y) = \left(\frac{-1 - \sqrt{3}}{2}, \frac{-1 + \sqrt{3}}{2}\right), \quad (x, y) = \left(\frac{-1 + \sqrt{3}}{2}, \frac{-1 - \sqrt{3}}{2}\right),$$

发现只有第一组满足方程组,因此

$$x = \frac{-1 - \sqrt{3}}{2}, \quad y = \frac{-1 + \sqrt{3}}{2}.$$

□

习题

题 2.1. 证明:对任意非负实数 x, y, z, w,有

$$\sqrt{(x + y)(z + w)} \geqslant \sqrt{xz} + \sqrt{yw}.$$

题 2.2. 证明:对任意实数 a 和 b,有

$$a^2 - ab + b^2 \geqslant \frac{1}{2}(a^2 + b^2) \geqslant \frac{1}{3}(a^2 + ab + b^2) \geqslant \frac{1}{4}(a + b)^2.$$

题 2.3. 设 $a > b > 0$,证明:

$$\frac{3(a^3 + b^3)}{a^3 - b^3} \geqslant \frac{a + b}{a - b}.$$

题 2.4. 证明:对任意实数 a,有

$$(a^2 + 1)(5a^2 + 1) \geqslant 4a(a^3 + a^2 + 1).$$

题 2.5. 设 a 是一个大于 2 的实数,证明:

$$a^3(a-2)^2+\frac{2}{a-2}\geqslant 3a.$$

题 2.6. 设 x,y 为非负实数,证明:

$$\frac{1}{(1+x)^2}+\frac{1}{(1+y)^2}\geqslant\frac{1}{1+xy}.$$

题 2.7. 设 x 是实数,证明:

$$x^3-x\leqslant\frac{\sqrt{2}}{4}(x^4+1).$$

题 2.8. 设 a 为非负实数,证明:

$$\frac{1+a^2}{1+a}\geqslant\sqrt[3]{\frac{1+a^3}{2}}.$$

题 2.9. 设 a,b,c,d 是不全相等的实数,证明:四个数 $a-b^2,b-c^2,c-d^2,d-a^2$ 中至少有一个小于 $\frac{1}{4}$.

Titu Andreescu

题 2.10. 是否存在一一映射 $f:\mathbb{R}\to\mathbb{R}$,满足对所有 $x,y\in\mathbb{R}$,有

$$(f(x))^2+(f(y))^2\leqslant f(xy)-\frac{1}{8}.$$

Titu Andreescu

题 2.11. 求所有的实数三元组 (x,y,z),满足

$$2x^2+3y^2+6z^2=2(x+y+z)-1.$$

AwesomeMath 入学测试 *2015*, 测试 A

题 2.12. 求方程的实数解

$$\sqrt{x}+\sqrt{y}+2\sqrt{z-2}+\sqrt{v}+\sqrt{t}=x+y+z+v+t.$$

Titu Andreescu –《数学公报》*14536*

题 2.13. 求方程的实数解

$$\sqrt{x_1-1^2}+2\sqrt{x_2-2^2}+\cdots+n\sqrt{x_n-n^2}=\frac{1}{2}(x_1+x_2+\cdots+x_n).$$

Titu Andreescu –《蒂米什瓦拉数学学报》,题 *2243*

题 2.14. 对 $n \geqslant 2$,设实数 $x_1, x_2, \cdots, x_n$ 满足

$$x_1 + x_2 + \cdots + x_n = n^2,$$
$$x_1^2 + x_2^2 + \cdots + x_n^2 = n(n^2+1).$$

证明:$x_k \in [n-\sqrt{n}, n+\sqrt{n}], k = 1, 2, \cdots, n$.

Titu Andreescu

题 2.15. 求所有的实数三元组 (a, b, c),三个数均大于 1,并且满足

$$a\sqrt{b-1} + b\sqrt{c-1} + c\sqrt{a-1} = \frac{ab+bc+ca}{2}.$$

题 2.16. 在 $\mathbb{R}^n$ 中解方程组

$$\begin{cases} x_1^2 + x_2^2 - x_3^2 &= 2x_3 - 1 \\ x_2^2 + x_3^2 - x_4^2 &= 2x_4 - 1 \\ &\vdots \\ x_n^2 + x_1^2 - x_2^2 &= 2x_2 - 1 \end{cases}.$$

Titu Andreescu –《蒂米什瓦拉数学学报》,题 *2244*

题 2.17. 求所有的实数 $x, y, z \in (0, 2)$,满足

$$\frac{1}{x} + \frac{1}{2-y} = \frac{1}{y} + \frac{1}{2-z} = \frac{1}{z} + \frac{1}{2-x} = 2.$$

Titu Andreescu

题 2.18. 求方程的正整数解

$$u^2 + v^2 + x^2 + y^2 + z^2 = uv + vx - xy + yz + zu + 3.$$

Adrian Andreescu –《数学反思》*S422*

题 2.19. 求方程的正实数解

$$\frac{x^2+y^2}{1+xy} = \sqrt{2 - \frac{1}{xy}}.$$

Adrian Andreescu –《数学反思》*J417*

题 2.20. 求方程的实数解

$$2\sqrt{x-x^2} - \sqrt{1-x^2} + 2\sqrt{x+x^2} = 2x + 1.$$

Titu Andreescu –《数学反思》*S409*

题 2.21. 求所有的实数三元组 (x,y,z),满足

$$x^2+y^2+z^2+1=xy+yz+zx+|x-2y+z|.$$

Titu Andreescu –《数学反思》*S151*

题 2.22. 求方程组的正实数解

$$\begin{cases} x^2y^2+1=x^2+xy \\ y^2z^2+1=y^2+yz \\ z^2x^2+1=z^2+zx \end{cases}.$$

罗马尼亚数学奥林匹克 *2009*

题 2.23. 求方程组的正实数解

$$\frac{x^3}{4}+y^2+\frac{1}{z}=\frac{y^3}{4}+z^2+\frac{1}{x}=\frac{z^3}{4}+x^2+\frac{1}{y}=2.$$

Titu Andreescu –《数学反思》*J342*

题 2.24. 求方程组的实数解

$$\begin{cases} x^4-2y^3-x^2+2y=-1+2\sqrt{5} \\ y^4-2x^3-y^2+2x=-1-2\sqrt{5} \end{cases}.$$

Alessandro Ventullo –《数学难题》*,题 *4325*

题 2.25. 求方程组的实数解

$$\begin{cases} \frac{x^4}{2}-4y=z^3-8 \\ \frac{y^4}{2}-4z=x^3-8 \\ \frac{z^4}{2}-4x=y^3-8 \end{cases}.$$

Gheorghe Molea –《数学公报》*E:14319*

题 2.26. 求方程组的正实数解

$$\begin{cases} x^2+\frac{1}{y}=\sqrt{y}+\sqrt{z} \\ y^2+\frac{1}{z}=\sqrt{z}+\sqrt{x} \\ z^2+\frac{1}{x}=\sqrt{x}+\sqrt{y} \end{cases}.$$

Titu Andreescu

*《数学难题》(*Crux Mathematicorum*) 是加拿大的一个数学杂志,登载高中和大学程度的数学题目. ——译者注

题 2.27. 求两两不同的非零实数 x,y,z,满足下面的等式

$$x^4+y^4+z^4-8(x^3+y^3+z^3+xy+yz+zx)+2(x^2y+y^2z+z^2x)+17(x^2+y^2+z^2)=0.$$

D.M. Bătineţu-Giurgiu, Neculai Stanciu –《数学公报》*26766*

题 2.28. 设实数 a 和 b 满足 $3(a+b) \geqslant 2|ab+1|$,证明:

$$9(a^3+b^3) \geqslant |a^3b^3+1|.$$

Titu Andreescu –《数学反思》*J19*

题 2.29. 对任意实数 a 和 b,证明:

$$(a^2+1)(b^2+1)+4ab \geqslant 2(ab+1)(a+b).$$

Titu Andreescu

题 2.30. 对任意实数 a,b,c,d,证明:

$$a^4+b^4+c^4+d^4-4abcd \geqslant 2|(a^2-b^2+c^2-d^2)(ab-cd)|.$$

Titu Andreescu

题 2.31. 设 a,b,c 为实数,证明:

$$(a^2+b^2+c^2-2)(a+b+c)^2+(1+ab+bc+ca)^2 \geqslant 0.$$

Nguyen Viet Hung –《数学反思》*J398*

题 2.32. 求所有的素数 $a,b,c,d,a \geqslant b \geqslant c \geqslant d$,满足

$$a^2+2b^2+c^2+2d^2=2(ab+bc-cd+da).$$

Titu Andreescu –《数学反思》*S487*

题 2.33. 求所有的正整数三元组 (x,y,z),满足

$$5(x^2+2y^2+z^2)=2(5xy-yz+4zx)$$

并且 x,y,z 中至少有一个是素数.

Adrian Andreescu –《数学反思》*J491*

题 2.34. 设实数数列 $\{a_n\}_{n\geqslant 0}$ 满足 $a_{n+1}\geqslant a_n^2+\frac{1}{5}$ 对所有 $n\geqslant 0$ 成立，证明：$\sqrt{a_{n+5}}\geqslant a_{n-5}^2$ 对所有 $n\geqslant 5$ 成立.

Titu Andreescu – 美国国家队选拔考试 *2001*

题 2.35. (1) 证明：若 $x,y\geqslant 1$，则

$$x+y-\frac{1}{x}-\frac{1}{y}\geqslant 2\sqrt{xy}-\frac{2}{\sqrt{xy}}.$$

(2) 证明：若 $a,b,c,d\geqslant 1$ 并且 $abcd=16$，则有

$$a+b+c+d-\frac{1}{a}-\frac{1}{b}-\frac{1}{c}-\frac{1}{d}\geqslant 6.$$

罗马尼亚数学奥林匹克 *2019*

题 2.36. 设正实数 a,b,c 满足 $a^2+b^2+c^2=3$，证明：

$$\frac{1}{a}+\frac{3}{b}+\frac{5}{c}\geqslant 4a^2+3b^2+2c^2.$$

等号何时成立？

Marius Stănean – 巴尔干初中数学奥林匹克罗马尼亚选拔考试 *2018*

第 3 章　$x \geqslant y$

在这一章中,我们给出一些著名的不等式以及它们的应用.

定理 3.1 (均值不等式). 设 $(a_1, a_2, \cdots, a_n)$ 为正实数的 n 元组,定义

$$\begin{aligned}\mathrm{HM} &= \frac{n}{\frac{1}{a_1}+\frac{1}{a_2}+\cdots+\frac{1}{a_n}},\\ \mathrm{GM} &= \sqrt[n]{a_1 a_2 \cdot \cdots \cdot a_n},\\ \mathrm{AM} &= \frac{a_1+a_2+\cdots+a_n}{n},\\ \mathrm{QM} &= \sqrt{\frac{a_1^2+a_2^2+\cdots+a_n^2}{n}},\end{aligned}$$

分别称为 $a_1, a_2, \cdots, a_n$ 的调和平均、几何平均、算术平均、平方平均. 那么,总有

$$\min\{a_1, a_2, \cdots, a_n\} \leqslant \mathrm{HM} \leqslant \mathrm{GM} \leqslant \mathrm{AM} \leqslant \mathrm{QM} \leqslant \max\{a_1, a_2, \cdots, a_n\}. \tag{3.1}$$

此外,上面任意一个不等式的等号成立的充要条件都是 $a_1 = a_2 = \cdots = a_n$.

定理 3.2 (排序不等式). 设 $(a_1, a_2, \cdots, a_n), (b_1, b_2, \cdots, b_n) \in \mathbb{R}^n$,满足

$$a_1 \leqslant a_2 \leqslant \cdots \leqslant a_n, \quad b_1 \leqslant b_2 \leqslant \cdots \leqslant b_n.$$

那么,对 $(1, 2, \cdots, n)$ 的任意置换 $(\sigma(1), \sigma(2), \cdots, \sigma(n))$,有

$$\sum_{k=1}^{n} a_k b_{n-k+1} \leqslant \sum_{k=1}^{n} a_k b_{\sigma(k)} \leqslant \sum_{k=1}^{n} a_k b_k.$$

于是,和 $\sum_{k=1}^{n} a_k b_{\sigma(k)}$ 当 $\sigma(k) = n-k+1$ 时取到极小值,当 $\sigma(k) = k$ 时取到极大值.

推论 3.3. 设 $(a_1, a_2, \cdots, a_n) \in \mathbb{R}^n$,满足 $a_1 \leqslant a_2 \leqslant \cdots \leqslant a_n$. 对 $(1, 2, \cdots, n)$ 的任意置换 $(\sigma(1), \sigma(2), \cdots, \sigma(n))$,有

$$\sum_{k=1}^{n} a_k a_{n-k+1} \leqslant \sum_{k=1}^{n} a_k a_{\sigma(k)} \leqslant \sum_{k=1}^{n} a_k^2.$$

定理 3.4 (切比雪夫不等式). 设 $(a_1,a_2,\cdots,a_n),(b_1,b_2,\cdots,b_n)\in\mathbb{R}^n$,满足

$$a_1\leqslant a_2\leqslant\cdots\leqslant a_n,\quad b_1\leqslant b_2\leqslant\cdots\leqslant b_n.$$

那么有

$$\frac{1}{n}\sum_{k=1}^{n}a_kb_{n-k+1}\leqslant\left(\frac{1}{n}\sum_{k=1}^{n}a_k\right)\left(\frac{1}{n}\sum_{k=1}^{n}b_k\right)\leqslant\frac{1}{n}\sum_{k=1}^{n}a_kb_k,$$

当且仅当 $a_1=a_2=\cdots=a_n$ 或者 $b_1=b_2=\cdots=b_n$ 时,等号成立.

定理 3.5 (Nesbitt 不等式). 设 $a,b,c\in\mathbb{R}_+$,则有

$$\frac{a}{b+c}+\frac{b}{c+a}+\frac{c}{a+b}\geqslant\frac{3}{2}.$$

定理 3.6 (柯西不等式). 设 $a_k,b_k,k=1,2,\cdots,n$ 为实数,则有

$$\left|\sum_{k=1}^{n}a_kb_k\right|\leqslant\left(\sum_{k=1}^{n}a_k^2\right)^{\frac{1}{2}}\left(\sum_{k=1}^{n}b_k^2\right)^{\frac{1}{2}},$$

当且仅当

$$(a_1,a_2,\cdots,a_n)=t(b_1,b_2,\cdots,b_n)$$

对某个实数 t 成立,或者 $b_1=b_2=\cdots=b_n=0$ 时,等号成立.

推论 3.7 (权方和不等式). 设 a_k,b_k 为实数,$b_k>0,k=1,2,\cdots,n$,则有

$$\frac{a_1^2}{b_1}+\frac{a_2^2}{b_2}+\cdots+\frac{a_n^2}{b_n}\geqslant\frac{(a_1+a_2+\cdots+a_n)^2}{b_1+b_2+\cdots+b_n},$$

当且仅当 $\frac{a_1}{b_1}=\frac{a_2}{b_2}=\cdots=\frac{a_n}{b_n}$ 时,等号成立.

定义 3.8. 设 $a=(a_1,a_2,\cdots,a_n)$ 为正实数的 n 元组,实数 $r\neq0$. r 次幂平均 $M_r(a)$ 定义为

$$M_r(a)=\left(\frac{a_1^r+a_2^r+\cdots+a_n^r}{n}\right)^{\frac{1}{r}}.$$

定理 3.9 (幂平均不等式). 设 $a=(a_1,a_2,\cdots,a_n)$ 为正实数的 n 元组,实数 $r\neq0$,则对任意实数 $s\geqslant r$,有 $M_r(a)\leqslant M_s(a)$.

定理 3.10 (赫尔德不等式). 设 $a_{i,j}$ 为正实数,其中 $i=1,2,\cdots,m,j=1,2,\cdots,n$,并且正实数 $\alpha_1,\alpha_2,\cdots,\alpha_n$ 满足 $\alpha_1+\alpha_2+\cdots+\alpha_n=1$. 那么,

$$\sum_{i=1}^{m}\left(\prod_{j=1}^{n}a_{i,j}^{\alpha_j}\right)\leqslant\prod_{j=1}^{n}\left(\sum_{i=1}^{m}a_{i,j}\right)^{\alpha_j}.$$

推论 3.11. 设 $a_1, a_2, a_3, b_1, b_2, b_3, c_1, c_2, c_3$ 为正实数,则有

$$(a_1^3 + a_2^3 + a_3^3)(b_1^3 + b_2^3 + b_3^3)(c_1^3 + c_2^3 + c_3^3) \geqslant (a_1b_1c_1 + a_2b_2c_2 + a_3b_3c_3)^3.$$

定理 3.12 (闵可夫斯基第一不等式). 设 a_k, b_k 为实数, $k = 1, 2, \cdots, n, p > 1$, 则有

$$\left(\sum_{k=1}^{n}(a_k + b_k)^p\right)^{\frac{1}{p}} \leqslant \left(\sum_{k=1}^{n} a_k^p\right)^{\frac{1}{p}} + \left(\sum_{k=1}^{n} b_k^p\right)^{\frac{1}{p}},$$

当且仅当 $\frac{a_1}{b_1} = \frac{a_2}{b_2} = \cdots = \frac{a_n}{b_n}$ 或者 $b_1 = b_2 = \cdots = b_n = 0$ 时,等号成立.

定理 3.13 (闵可夫斯基第二不等式). 设 a_k, b_k 为实数, $k = 1, 2, \cdots, n, p > 1$, 则有

$$\left(\left(\sum_{k=1}^{n} a_k\right)^p + \left(\sum_{k=1}^{n} b_k\right)^p\right)^{\frac{1}{p}} \leqslant \sum_{k=1}^{n}(a_k^p + b_k^p)^{\frac{1}{p}},$$

当且仅当 $\frac{a_1}{b_1} = \frac{a_2}{b_2} = \cdots = \frac{a_n}{b_n}$ 或者 $b_1 = b_2 = \cdots = b_n = 0$ 时,等号成立.

定理 3.14 (舒尔不等式). 设实数 $x, y, z \geqslant 0, t > 0$,则有

$$x^t(x-y)(x-z) + y^t(y-x)(y-z) + z^t(z-x)(z-y) \geqslant 0,$$

当且仅当 $x = y = z$ 或者至多相差一个置换,有 $x = y, z = 0$ 时,等号成立.

特别地,若 $t = 1$,则有

$$x(x-y)(x-z) + y(y-x)(y-z) + z(z-x)(z-y) \geqslant 0,$$

即

$$x^3 + y^3 + z^3 + 3xyz \geqslant xy(x+y) + xz(x+z) + yz(y+z),$$

当且仅当 $x = y = z$ 或者至多相差一个置换,有 $x = y, z = 0$ 时,等号成立.

例 3.1. 设非负实数 a, b, c 满足 $a + b + c = 1$,证明:

$$ab(a^2 + b^2) + bc(b^2 + c^2) + ca(c^2 + a^2) + abc \leqslant \frac{1}{8}.$$

Titu Andreescu –《数学反思》*J225*

证明 利用 $abc = abc(a + b + c)$ 和因式分解得到

$$ab(a^2 + b^2) + bc(b^2 + c^2) + ca(c^2 + a^2) + abc = (a^2 + b^2 + c^2)(ab + bc + ca).$$

根据均值不等式,有

$$a^2+b^2+c^2+2(ab+bc+ca)=1\geqslant 2\sqrt{2(a^2+b^2+c^2)(ab+bc+ca)},$$

因此

$$(a^2+b^2+c^2)(ab+bc+ca)\leqslant\frac{1}{8},$$

当且仅当 $a^2+b^2+c^2=2(ab+bc+ca)=\frac{1}{2}$,即 $ab+bc+ca=\frac{1}{4}$ 时,等号成立.此时,a,b,c 为某个多项式 $t^3-t^2+\frac{1}{4}t+K=0$ 的三个根,K 为常数. □

例 3.2. 设 a,b,c 为正实数,证明:

$$\frac{a^3}{b^2+c^2}+\frac{b^3}{a^2+c^2}+\frac{c^3}{a^2+b^2}\geqslant\frac{a+b+c}{2}.$$

Mircea Becheanu –《数学反思》*J138*

证法一 由于 (a,b,c) 的顺序与 $\left(\frac{a^2}{b^2+c^2},\frac{b^2}{c^2+a^2},\frac{c^2}{a^2+b^2}\right)$ 的顺序相同,因此根据切比雪夫多项式得到

$$\begin{aligned}\frac{a^3}{b^2+c^2}+\frac{b^3}{c^2+a^2}+\frac{c^3}{a^2+b^2}&\geqslant\frac{a+b+c}{3}\left(\frac{a^2}{b^2+c^2}+\frac{b^2}{c^2+a^2}+\frac{c^2}{a^2+b^2}\right)\\&\geqslant\frac{a+b+c}{2},\end{aligned}$$

其中,对于最后一个不等式,我们对 a^2,b^2,c^2 使用了 Nesbitt 不等式. □

证法二 根据权方和不等式,有

$$\frac{x^2}{u}+\frac{y^2}{v}+\frac{z^2}{w}\geqslant\frac{(x+y+z)^2}{u+v+w}$$

因此

$$\frac{a^3}{b^2+c^2}+\frac{b^3}{c^2+a^2}+\frac{c^3}{a^2+b^2}\geqslant\frac{(a^2+b^2+c^2)^2}{a(b^2+c^2)+b(c^2+a^2)+c(a^2+b^2)}.$$

只需证明右端大于或等于 $\frac{a+b+c}{2}$,通分得到等价的不等式为

$$\sum_{\text{sym}}(a^4+a^2b^2)\geqslant\sum_{\text{sym}}(abc^2+ac^3).$$

现在利用均值不等式得到

$$\frac{a^4+a^4+a^4+b^4}{4}\geqslant\sqrt[4]{a^{12}b^4}=a^3b,\quad \frac{a^2b^2+a^2c^2}{2}\geqslant\sqrt{a^4b^2c^2}=a^2bc.$$

将类似的不等式相加,就得到最后的结论. □

例 3.3. 设正实数 x, y, z 满足

$$(x-2)(y-2)(z-2) \geqslant xyz - 2,$$

证明:

$$\frac{x}{\sqrt{x^5+y^3+z}} + \frac{y}{\sqrt{y^5+z^3+x}} + \frac{z}{\sqrt{z^5+x^3+y}} \leqslant \frac{3}{\sqrt{x+y+z}}.$$

Titu Andreescu –《数学反思》*S198*

证明 赫尔德不等式给出

$$(x^5+y^3+z)\left(\frac{1}{x}+1+z\right)\left(\frac{1}{x}+1+z\right) \geqslant (x+y+z)^3.$$

因此

$$\begin{aligned}\sum_{\text{cyc}} \frac{x}{\sqrt{x^5+y^3+z}} &\leqslant \sum_{\text{cyc}} \frac{1+x+xz}{(x+y+z)\sqrt{x+y+z}} \\ &= \frac{1}{\sqrt{x+y+z}}\left(\frac{3+xy+yz+zx+x+y+z}{x+y+z}\right).\end{aligned}$$

所给条件蕴含 $2(x+y+z) \geqslant xy+yz+zx+3$,于是得到结论. □

例 3.4. 设 $a, b, c, d \geqslant 0$, 满足 $a^2+b^2+c^2+d^2=4$, 证明:

$$\sqrt{2}(4-ab-bc-cd-da) \geqslant (\sqrt{2}+1)(4-a-b-c-d).$$

Vasile Cartoaje –《数学反思》*O37*

证明 令 $S=a+b+c+d$,则有

$$4(a+b+c+d)^2 \geqslant 4(a^2+b^2+c^2+d^2) \geqslant (a+b+c+d)^2,$$

因此 $2 \leqslant S \leqslant 4$. 由于

$$ab+bc+cd+da=(a+c)(b+d) \leqslant \frac{(a+b+c+d)^2}{4} = \frac{S^2}{4},$$

因此只需证明

$$\sqrt{2}\left(4-\frac{S^2}{4}\right) \geqslant (\sqrt{2}+1)(4-S),$$

这对 $2\sqrt{2} \leqslant S \leqslant 4$ 成立. 我们接着考虑 $2 \leqslant S \leqslant 2\sqrt{2}$ 的情况. 因为

$$2(ab+bc+cd+da) \leqslant (a+b+c+d)^2-(a^2+b^2+c^2+d^2)=S^2-4,$$

所以只需证明

$$2\left(4-\frac{S^2-4}{2}\right) \geqslant (2+\sqrt{2})(4-S).$$

这个不等式等价于 $(2\sqrt{2}-S)(S-2+\sqrt{2}) \geqslant 0$,对 $2 \leqslant S \leqslant 2\sqrt{2}$ 成立. □

习题

题 3.1. 证明:若 $a,b,c>0$,满足 $abc=1$,则有

$$\frac{1}{ab+a+2}+\frac{1}{bc+b+2}+\frac{1}{ca+c+2}\leqslant\frac{3}{4}.$$

Marcel Chiriţă –《数学反思》*J253*

题 3.2. 设实数 a,b,c 均不小于 1,证明:

$$\frac{a^3+2}{b^2-b+1}+\frac{b^3+2}{c^2-c+1}+\frac{c^3+2}{a^2-a+1}\geqslant 9.$$

Titu Andreescu –《数学反思》*J273*

题 3.3. 设实数 a,b,c 均不小于 1,证明:

$$\frac{a(b^2+3)}{3c^2+1}+\frac{b(c^2+3)}{3a^2+1}+\frac{c(a^2+3)}{3b^2+1}\geqslant 3.$$

Titu Andreescu –《数学反思》*J311*

题 3.4. 求所有的正实数三元组 (x,y,z),同时满足

$$x+y+z-2xyz\leqslant 1,$$

$$xy+yz+zx+\frac{1}{xyz}\leqslant 4.$$

Titu Andreescu –《数学反思》*J245*

题 3.5. 设实数 a,b,c 均大于 -1,证明:

$$(a^2+b^2+2)(b^2+c^2+2)(c^2+a^2+2)\geqslant(a+1)^2(b+1)^2(c+1)^2.$$

Adrian Andreescu –《数学反思》*J373*

题 3.6. 求所有的实数解 (x,y,z),使得 $x,y,z\in\left(\frac{3}{2},+\infty\right)$,并且满足方程

$$\frac{(x+1)^2}{y+z-1}+\frac{(y+2)^2}{z+x-2}+\frac{(z+3)^2}{x+y-3}=18.$$

Alessandro Ventullo –《数学公报》*27335*

题 3.7. 设正实数 x,y,z 满足 $xyz=1$,证明:

$$\frac{1}{(x+1)^2+y^2+1}+\frac{1}{(y+1)^2+z^2+1}+\frac{1}{(z+1)^2+x^2+1}\leqslant\frac{1}{2}.$$

Cristinel Mortici –《数学反思》*J5*

题 3.8. 设正实数 a, b, c 满足 $abc = 1$,证明:

$$a^3 + b^3 + c^3 + \frac{8}{(a+b)(b+c)(c+a)} \geqslant 4.$$

Alessandro Ventullo –《数学反思》*S435*

题 3.9. 设正实数 a, b, c 满足

$$\frac{1}{a^2+b^2+1} + \frac{1}{b^2+c^2+1} + \frac{1}{c^2+a^2+1} \geqslant 1.$$

证明:$ab + bc + ca \leqslant 3$.

Alex Anderson –《数学反思》*J81*

题 3.10. 设 a, b, c 是正实数,证明:

$$\frac{(a+b)^2}{c} + \frac{c^2}{a} \geqslant 4b.$$

Titu Andreescu –《数学反思》*J109*

题 3.11. 设 $0 = a_0 < a_1 < \cdots < a_n < a_{n+1} = 1$,满足

$$a_1 + a_2 + \cdots + a_n = 1,$$

证明:

$$\frac{a_1}{a_2 - a_0} + \frac{a_2}{a_3 - a_1} + \cdots + \frac{a_n}{a_{n+1} - a_{n-1}} \geqslant \frac{1}{a_n}.$$

Titu Andreescu –《数学反思》*J319*

题 3.12. 设非零实数 a, b, c 满足 $ab + bc + ca \geqslant 0$,证明:

$$\frac{ab}{a^2+b^2} + \frac{bc}{b^2+c^2} + \frac{ca}{c^2+a^2} \geqslant -\frac{1}{2}.$$

Titu Andreescu –《数学反思》*J163*

题 3.13. 设非负实数 a, b, c 满足 $a + b + c = 1$,证明:

$$\sqrt[3]{13a^3 + 14b^3} + \sqrt[3]{13b^3 + 14c^3} + \sqrt[3]{13c^3 + 14a^3} \geqslant 3.$$

Titu Andreescu –《数学反思》*J290*

题 3.14. 设正实数 x,y,z 满足 $xyz(x+y+z)=3$，证明：

$$\frac{1}{x^2}+\frac{1}{y^2}+\frac{1}{z^2}+\frac{54}{(x+y+z)^2}\geqslant 9.$$

Marius Stănean –《数学反思》*J321*

题 3.15. 设实数 a,b,c 满足

$$\frac{2}{a^2+1}+\frac{2}{b^2+1}+\frac{2}{c^2+1}\geqslant 3,$$

证明：$(a-2)^2+(b-2)^2+(c-2)^2\geqslant 3$.

Titu Andreescu –《数学反思》*S276*

题 3.16. 对所有实数 a,b,c，证明：

$$3(a^2-ab+b^2)(b^2-bc+c^2)(c^2-ca+a^2)\geqslant a^3b^3+b^3c^3+c^3a^3.$$

Titu Andreescu –《数学反思》*S29*

题 3.17. 设正实数 x,y,z 满足

$$xy+yz+zx\geqslant \frac{1}{\sqrt{x^2+y^2+z^2}},$$

证明：$x+y+z\geqslant \sqrt{3}$.

Titu Andreescu –《数学反思》*S230*

题 3.18. 设正实数 a,b,c 满足

$$\frac{1}{a^3+b^3}+\frac{1}{b^3+c^3}+\frac{1}{c^3+a^3}\leqslant \frac{3}{a+b+c}.$$

证明：

$$2(a^2+b^2+c^2)+(a-b)^2+(b-c)^2+(c-a)^2\geqslant 9.$$

Titu Andreescu –《数学反思》*S277*

题 3.19. 设正实数 a,b,c 均不小于 1，并且满足

$$5(a^2-4a+5)(b^2-4b+5)(c^2-4c+5)\leqslant a+b+c-1,$$

证明：

$$(a^2+1)(b^2+1)(c^2+1)\geqslant (a+b+c-1)^3.$$

Titu Andreescu –《数学反思》*S283*

题 3.20. 设非负实数 a,b,c 满足

$$\sqrt{a}+\sqrt{b}+\sqrt{c}=3,$$

证明:

$$\sqrt{(a+b+1)(c+2)}+\sqrt{(b+c+1)(a+2)}+\sqrt{(c+a+1)(b+2)} \geqslant 9.$$

Titu Andreescu –《数学反思》*S313*

题 3.21. 设 a,b,c 为正实数,证明:

$$\frac{1}{a^3+8abc}+\frac{1}{b^3+8abc}+\frac{1}{c^3+8abc} \leqslant \frac{1}{3abc}.$$

Nguyen Viet Hung –《数学反思》*S385*

题 3.22. 设 a,b,c 为正实数,证明:

$$\frac{a^2}{a+b}+\frac{b^2}{b+c}+\frac{c^2}{c+a}+\frac{3(ab+bc+ca)}{2(a+b+c)} \geqslant a+b+c.$$

Nguyen Viet Hung –《数学反思》*S397*

题 3.23. 设正实数 a,b,c 满足

$$\frac{1}{\sqrt{1+a^3}}+\frac{1}{\sqrt{1+b^3}}+\frac{1}{\sqrt{1+c^3}} \leqslant 1,$$

证明:$a^2+b^2+c^2 \geqslant 12$.

Nguyen Viet Hung –《数学反思》*S412*

题 3.24. 设 a,b,c 为正实数,证明:

$$\frac{a^2-bc}{4a^2+4b^2+c^2}+\frac{b^2-ca}{4b^2+4c^2+a^2}+\frac{c^2-ab}{4c^2+4a^2+b^2} \geqslant 0,$$

并找到所有等号成立的情况.

Vasile Cartoaje –《数学反思》*S54*

题 3.25. 设正实数 a,b,c 满足 $abc=1$,证明:

$$\frac{a+b+1}{a+b^2+c^3}+\frac{b+c+1}{b+c^2+a^3}+\frac{c+a+1}{c+a^2+b^3} \leqslant \frac{(a+1)(b+1)(c+1)+1}{a+b+c}.$$

Titu Andreescu –《数学反思》*O109*

题 3.26. 设正实数 a,b,c 满足 $abc=1$,证明:

$$\frac{1}{a^5(b+2c)^2}+\frac{1}{b^5(c+2a)^2}+\frac{1}{c^5(a+2b)^2}\geqslant\frac{1}{3}.$$

Titu Andreescu –《数学反思》*O161*

题 3.27. 设 a,b,c 为正实数,证明:

$$\frac{a^2}{b}+\frac{b^2}{c}+\frac{c^2}{a}+a+b+c\geqslant\frac{2(a+b+c)^3}{3(ab+bc+ca)}.$$

Pham Huu Duc –《数学反思》*O73*

题 3.28. 设 x,y,z 是两两不同的正实数,证明:

$$\frac{x+y}{(x-y)^2}+\frac{y+z}{(y-z)^2}+\frac{z+x}{(z-x)^2}\geqslant\frac{9}{x+y+z}.$$

Mircea Lascu, Marius Stănean –《数学反思》*S226*

题 3.29. 对所有的实数 x,y,z,证明:

$$(x^2+xy+y^2)(y^2+yz+z^2)(z^2+zx+x^2)\geqslant3(x^2y+y^2z+z^2x)(xy^2+yz^2+zx^2).$$

Gabriel Dospinescu –《数学反思》*O114*

题 3.30. 设 a,b,c 为三角形的三条边的长度,证明:

$$\sqrt{\frac{abc}{-a+b+c}}+\sqrt{\frac{abc}{a-b+c}}+\sqrt{\frac{abc}{a+b-c}}\geqslant a+b+c.$$

Titu Andreescu, Gabriel Dospinescu –《数学反思》*O181*

题 3.31. 设正实数 x,y,z 满足

$$(2x^4+3y^4)(2y^4+3z^4)(2z^4+3x^4)\leqslant(3x+2y)(3y+2z)(3z+2x),$$

证明:$xyz\leqslant1$.

Titu Andreescu –《数学反思》*O237*

题 3.32. 设实数 a,b,c 均大于 -1,并且满足 $a+b+c+abc=4$,证明:

$$\sqrt[3]{(a+3)(b+3)(c+3)}+\sqrt[3]{(a^2+3)(b^2+3)(c^2+3)}\geqslant2\sqrt{ab+bc+ca+13}.$$

Titu Andreescu –《数学反思》*O491*

题 3.33. 设 $0 < a,b,c,d \leqslant 1$,证明:

$$\frac{1}{a+b+c+d} \geqslant \frac{1}{4}+\frac{64}{27}(1-a)(1-b)(1-c)(1-d).$$

An Zhenping –《数学反思》*S362*

题 3.34. 设正实数 x,y,z 满足 $xy+yz+zx=3$,证明:

$$\frac{1}{x^2+5}+\frac{1}{y^2+5}+\frac{1}{z^2+5} \leqslant \frac{1}{2}.$$

Titu Andreescu –《数学反思》*O493*

题 3.35. 设实数 $a,b,c>1$,满足 $abc=4$,证明:

$$(a-1)(b-1)(c-1)\left(\frac{a+b+c}{3}-1\right) \leqslant \left(\sqrt[3]{4}-1\right)^4.$$

Marian Tetiva –《数学反思》*O27*

题 3.36. 设 a,b,c 为三角形的三边长,$s=\frac{a+b+c}{2}$ 为半周长,r 为内径,

$$x=\sqrt{\frac{s-a}{s}},\ y=\sqrt{\frac{s-b}{s}},\ z=\sqrt{\frac{s-c}{s}},$$

$S=x+y+z, Q=xy+xz+yz$,证明:

$$\frac{r}{s} \leqslant \frac{2S-\sqrt{4-Q}}{9} \leqslant \frac{1}{3\sqrt{3}}.$$

Titu Andreescu, Marian Tetiva –《数学反思》*O565*

第 4 章 min / max

在这一章,我们处理代数式的极值问题. 为了解决这类问题,我们常常使用前几章中的方法,以及一些代数变形技巧.

定义 4.1. 设 $x,y\in\mathbb{R}$,定义

$$\max\{x,y\}=\begin{cases}x, & x\geqslant y\\ y, & x<y\end{cases},\quad \min\{x,y\}=\begin{cases}x, & x\leqslant y\\ y, & x>y\end{cases}.$$

定理 4.2. 设 $x,y\in\mathbb{R}$,则有

$$\max\{x,y\}=\frac{x+y+|x-y|}{2},\quad \min\{x,y\}=\frac{x+y-|x-y|}{2}.$$

证明 注意到由于两个数 x,y 中一个是最大值,另一个是最小值,因此有

$$\max\{x,y\}+\min\{x,y\}=x+y,$$
$$\max\{x,y\}-\min\{x,y\}=|x-y|.$$

两个式子相加或相减,然后除以 2,就得到了要证的结果. □

例 4.1. 设 a,b,c 为非负实数. 证明:

$$\min\{2\sqrt{a}-b,2\sqrt{b}-c,2\sqrt{c}-a\}\leqslant 1.$$

Titu Andreescu

证明 用反证法,假设命题不成立,则有

$$(2\sqrt{a}-b)+(2\sqrt{b}-c)+(2\sqrt{c}-a)>1+1+1,$$

配方得

$$(\sqrt{a}-1)^2+(\sqrt{b}-1)^2+(\sqrt{c}-1)^2<0,$$

矛盾. 因此结论成立. □

例 4.2. 设 $x, y, z \in [0,1]$. 求

$$M(x,y,z) = \sqrt{|x-y|} + \sqrt{|y-z|} + \sqrt{|z-x|}$$

的极大值.

中国数学奥林匹克 *2012*

解 不妨设 $0 \leqslant x \leqslant y \leqslant z \leqslant 1$. 由于

$$\sqrt{y-x} + \sqrt{z-y} \leqslant \sqrt{2\left((y-x)+(z-y)\right)} = \sqrt{2(z-x)},$$

因此有

$$M(x,y,z) \leqslant \sqrt{2(z-x)} + \sqrt{z-x} = (\sqrt{2}+1)\sqrt{z-x} \leqslant \sqrt{2}+1,$$

当且仅当 $y-x=z-y, x=0, z=1$ 时,等号成立,解得 $x=0, y=\frac{1}{2}, z=1$. 因此 $M(x,y,z)$ 的最大值为 $\sqrt{2}+1$. □

例 4.3. 求 $\max\{|z+1|^2, |z^2+1|\}$ 的极小值,其中复数 z 满足 $|z|=1$.

Dorel Miheţ

解 设 m 为所求的极小值. 由于 $(z+1)^2-(z^2+1)=2z$ 并且 $|a|+|b| \geqslant |a-b|$ 对所有复数 a 和 b 成立,因此有

$$|z+1|^2 + |z^2+1| \geqslant 2|z| = 2,$$

所以 $\max\{|z+1|^2, |z^2+1|\} \geqslant 1$. 取 z 满足 $z^2+z+1=0$,则得到

$$|z+1| = |-z^2| = |z|^2 = 1,$$

$$|z^2+1| = |-z| = 1.$$

因此 $m=1$ 为极小值. □

习题

题 4.1. 求实数 a, b, c,使得

$$E(a,b,c) = 5a^2 + 8b^2 + 30c^2 - 10ab - 18bc - 8c + 6$$

取到最小值.

Vasile Chiriac –《数学公报》*E:14170*

题 4.2. 对所有实数 x, y, z, 求 $x^4+y^4+z^4-4xyz$ 的最小值.

AwesomeMath 入学测试 *2008,* 测试 B

题 4.3. 设正实数 x, y 满足 $x+y=1$. 求 x^2y^3 的最大可能值和 $3x+4y^3$ 的最小可能值.

Ion Pârşe – 罗马尼亚数学奥林匹克 *2005*

题 4.4. 设正实数 x, y, z 满足

$$\frac{1}{\sqrt{x+13}}+\frac{1}{\sqrt{y+12}}+\frac{1}{\sqrt{z+11}}=\frac{1}{15}.$$

求 $x+y+z$ 的最小值,并且说明何时取到最小值.

Vasile Berghea –《数学公报》*E:14473*

题 4.5. 设 $a, b \in (0, \infty)$ 满足 $(2a+5)(b+1)=6$, 求 $4ab+\frac{1}{ab}$ 的最小值.

Dan Nedeianu –《数学公报》*26453*

题 4.6. 设实数 a, b, c 满足 $a^2+b^2+c^2=1$, 求 $(a+b)c$ 的最大值.

AwesomeMath 入学测试 *2014,* 测试 C

题 4.7. 设实数 a, b, c 满足 $\frac{a}{2}+\frac{b}{3}+\frac{c}{6}=\sqrt{2\ 016}$, 求 $a^2+b^2+c^2$ 的最小值.

AwesomeMath 入学测试 *2016,* 测试 A

题 4.8. 若正整数的四元组 (x, y, z, w) 满足方程

$$2(10x+13y+14z+15w)-\frac{x^2+y^2+z^2+w^2}{3}=2\ 020,$$

求 $x+y+z+w$ 的最大值.

Titu Andreescu – AwesomeMath 入学测试 *2020,* 测试 C

题 4.9. 实数 a, b, c 满足

$$a+b+c=0, \quad a^2+b^2+c^2=1.$$

证明:

$$\max\{(a-b)^2, (b-c)^2, (c-a)^2\} \leqslant 2.$$

Dorel Miheţ – 罗马尼亚数学奥林匹克 *1981*

题 4.10. 设实数 x,y,z 满足

$$\begin{cases} x+y+z=5 \\ xy+yz+zx=3 \end{cases},$$

证明:$-1 \leqslant z \leqslant \frac{13}{3}$.

澳大利亚数学奥林匹克 *1985*

题 4.11. 实数 $a_1 \leqslant a_2 \leqslant \cdots \leqslant a_{10}$ 满足

$$a_1+a_2+\cdots+a_{10} \geqslant 100, \quad a_1^2+a_2^2+\cdots+a_{10}^2 \leqslant 1\ 010.$$

求 a_1 的最小值以及 a_{10} 的最大值.

Neculai Stanciu, Titu Zvonaru –《数学公报》*E:14560*

题 4.12. 对哪些正整数 $n \geqslant 2$,表达式

$$\frac{2^{\lg 2} 3^{\lg 3} \cdot \cdots \cdot n^{\lg n}}{n!}$$

取最小值?(此处 $\lg x$ 表示以 10 为底的对数.)

题 4.13. 实数 x,y 满足 $x-\sqrt{x+2}=\sqrt{y+3}-y$,求 $\min\{x+y\}$ 和 $\max\{x+y\}$.

D.M. Bătineţu-Giurgiu –《数学公报》*26863*

题 4.14. 设 $a,b,c \in [1,\infty)$,证明:

$$(a+b+c)\left(\frac{1}{a}+\frac{1}{b}+\frac{1}{c}\right) \leqslant 9+2\max\{a,b,c\}-2\min\{a,b,c\}.$$

Nicolae Bourbăcuţ –《数学公报》*26609*

题 4.15. 考虑集合

$$A=\left\{(x,y) \mid x \in \mathbb{R}^*, y \in \mathbb{R}^*, x^2(1-xy)+y^2(1+xy)=0\right\}.$$

求 $\min\limits_{(x,y) \in A}\{x^2+y^2\}$.

Neculai Stanciu –《数学公报》*26748*

题 4.16. 给定实数 a,实数 x,y 满足 $x^2-y^2+2xy=a$,求 x^2+y^2 的最小值.

Gotha Günther –《数学公报》*26822*

题 4.17. 对复数 z, 求 $|z^2+z+1|+|z^2-z+1|$ 的最小值.

题 4.18. 设正整数 a,b,c 满足

$$a^2b^2+b^2c^2+c^2a^2-69abc=2\ 016.$$

求 $\min\{a,b,c\}$ 的最小值.

Titu Andreescu –《数学反思》*S395*

题 4.19. 求最大的实数 k, 使得

$$\frac{a^2+b^2+c^2}{3}-\left(\frac{a+b+c}{3}\right)^2\geqslant k\max\{(a-b)^2,(b-c)^2,(c-a)^2\}$$

对所有实数 a,b,c 成立.

Dominik Teiml –《数学反思》*J344*

题 4.20. 对于两两不同的三个实数 x,y,z, 定义

$$E(x,y,z)=\frac{(|x|+|y|+|z|)^3}{|(x-y)(y-z)(z-x)|}.$$

求 $E(x,y,z)$ 的最小值.

AMOC 高级竞赛 *2003*

题 4.21. 设 k 是正整数, 定义函数

$$f_k(x,y)=(x+y)-(x^{2k+1}+y^{2k+1}).$$

对所有满足 $x^2+y^2=1$ 的实数 x,y, 求 f_k 的最大值.

G. Baron – 奥地利数学奥林匹克 *2011*

题 4.22. 实数 x,y 满足 $3x^2+4xy+5y^2=1$, 求 $(x-2)(y+1)$ 的最大值.

Titu Andreescu –《数学反思》*S525*

题 4.23. 设正实数 a,b,c 满足

$$\frac{1}{a}+\frac{1}{b}+\frac{1}{c}=\frac{11}{a+b+c},$$

求

$$(a^4+b^4+c^4)\left(\frac{1}{a^4}+\frac{1}{b^4}+\frac{1}{c^4}\right)$$

的极小值.

Nguyen Viet Hung –《数学反思》*S528*

题 4.24. 设 a,b 为实数,求

$$E(a,b)=\frac{a+b}{(4a^2+3)(4b^2+3)}$$

的最大值.

Marius Stănean – 巴尔干初中数学奥林匹克罗马尼亚选拔考试 *2019*

题 4.25. 设正实数 a,b,c 满足 $a+b\leqslant 3c$,求

$$\left(\frac{a}{6b+c}+\frac{a}{b+6c}\right)\left(\frac{b}{6c+a}+\frac{b}{c+6a}\right)$$

的最大值.

Titu Andreescu –《数学反思》*S556*

题 4.26. 求 k,使得边长为 a,b,c 的三角形为直角三角形,当且仅当

$$\sqrt[6]{a^6+b^6+c^6+3a^2b^2c^2}=k\max\{a,b,c\}.$$

Adrian Andreescu –《数学反思》*S505*

题 4.27. 设正实数 $a_1,a_2,\cdots,a_n$ 满足

$$a_1+a_2+\cdots+a_n\leqslant n.$$

求

$$\frac{1}{a_1}+\frac{1}{2a_2^2}+\cdots+\frac{1}{na_n^n}$$

的最小值.

Nguyen Viet Hung –《数学反思》*S559*

题 4.28. 实数 a,b,x 满足

$$(4a^2b^2+1)x^2+9(a^2+b^2)\leqslant 2\ 018.$$

证明:$20(4ab+1)x+9(a+b)\leqslant 2\ 018$.

Titu Andreescu –《数学反思》*O459*

题 4.29. 求端点分别在双曲线 $xy=5$ 和椭圆 $\frac{x^2}{4}+4y^2=2$ 上的线段的长度的最小值.

Titu Andreescu, Oleg Mushkarov –《数学反思》*U420*

题 4.30. 设实数 a,b,c,d 满足

$$(a^2+1)(b^2+1)(c^2+1)(d^2+1)=16.$$

证明:

$$-3 \leqslant ab+bc+cd+da+ac+bd-abcd \leqslant 5.$$

Titu Andreescu, Gabriel Dospinescu –《数学反思》*O169*

题 4.31. 设实数 a,b 满足 $3 \leqslant a^2+ab+b^2 \leqslant 6$, 证明:

$$2 \leqslant a^4+b^4 \leqslant 72.$$

Titu Andreescu –《数学反思》*O241*

题 4.32. 设实数 a,b,c 满足 $a^2+b^2+c^2=6$, 求

$$\left(\frac{a+b+c}{3}-a\right)^5+\left(\frac{a+b+c}{3}-b\right)^5+\left(\frac{a+b+c}{3}-c\right)^5$$

的所有可能值.

Marius Stănean –《数学反思》*O546*

题 4.33. 设 a,b 为实数, 求表达式

$$\frac{(1-a)(1-b)(1-ab)}{(1+a^2)(1+b^2)}$$

的最大值和最小值.

Marius Stănean –《数学反思》*O515*

题 4.34. 设正实数 a,b,c 满足

$$(a^2+1)(b^2+1)(c^2+1)\left(\frac{1}{a^2b^2c^2}+1\right)=2\ 011.$$

求 $\max\{a(b+c),b(c+a),c(a+b)\}$ 的最大值.

Titu Andreescu, Gabriel Dospinescu –《数学反思》*O198*

题 4.35. 设实数 x,y,z 都不在区间 $(-1,1)$ 内, 并且满足

$$\frac{1}{x}+\frac{1}{y}+\frac{1}{z}+x+y+z=0.$$

求 $\frac{z}{x+y}$ 的最小值.

Marius Stănean –《数学反思》*O559*

题 4.36. 考虑四个正数 a, b, c, d,满足

$$abc + abd + acd + bcd = ab + ac + ad + bc + bd + cd$$

并且不是其中两个数均小于 1,另外两个数均大于 1 的情况. 求

$$a + b + c + d - abcd$$

的最小值.

Marian Tetiva –《数学反思》*S570*

第 5 章 $a^3+b^3+c^3-3abc$

引理 5.1. 对所有的 a,b,c,有如下的恒等式:

$$a^3+b^3+c^3-3abc=(a+b+c)(a^2+b^2+c^2-ab-bc-ca) \tag{5.1}$$

$$=\frac{1}{2}(a+b+c)\left((a-b)^2+(b-c)^2+(c-a)^2\right). \tag{5.2}$$

解法一 我们有

$$\begin{aligned}
&a^3+b^3+c^3-3abc\\
=&(a+b)^3+c^3-3ab(a+b)-3abc\\
=&(a+b)^3+c^3-3ab(a+b+c)\\
=&\left((a+b)+c\right)\left((a+b)^2-(a+b)c+c^2\right)-3ab(a+b+c)\\
=&(a+b+c)(a^2+2ab+b^2-ca-bc+c^2)-3ab(a+b+c)\\
=&(a+b+c)(a^2+b^2+c^2+2ab-bc-ca-3ab)\\
=&(a+b+c)(a^2+b^2+c^2-ab-bc-ca)\\
=&\frac{1}{2}(a+b+c)\left((a-b)^2+(b-c)^2+(c-a)^2\right).
\end{aligned}$$

□

解法二 设 P 为以 a,b,c 为根的三次多项式:

$$P(x)=x^3-(a+b+c)x^2+(ab+bc+ca)x-abc.$$

由于 a,b,c 满足 $P(x)=0$,因此有

$$\begin{aligned}
a^3-(a+b+c)a^2+(ab+bc+ca)a-abc=&0,\\
b^3-(a+b+c)b^2+(ab+bc+ca)b-abc=&0,\\
c^3-(a+b+c)c^2+(ab+bc+ca)c-abc=&0.
\end{aligned}$$

相加得到

$$a^3+b^3+c^3-(a+b+c)(a^2+b^2+c^2)+(ab+bc+ca)(a+b+c)-3abc=0.$$

因此

$$\begin{aligned}a^3+b^3+c^3-3abc&=(a+b+c)(a^2+b^2+c^2-ab-bc-ca)\\&=\frac{1}{2}(a+b+c)\left((a-b)^2+(b-c)^2+(c-a)^2\right).\end{aligned}$$

□

解法三 考虑行列式

$$D=\begin{vmatrix}a&b&c\\c&a&b\\b&c&a\end{vmatrix}.$$

一方面,将 D 展开,得到 $D=a^3+b^3+c^3-3abc$. 另一方面,将所有的列加到第一列,得到

$$\begin{aligned}D&=\begin{vmatrix}a+b+c&b&c\\a+b+c&a&b\\a+b+c&c&a\end{vmatrix}\\&=(a+b+c)\begin{vmatrix}1&b&c\\1&a&b\\1&c&a\end{vmatrix}\\&=(a+b+c)(a^2+b^2+c^2-ab-bc-ca).\end{aligned}$$

□

由式 (5.1) 可得:若 $a+b+c=0$,则有 $a^3+b^3+c^3=3abc$. 此外,若 $a,b,c\geqslant 0$,则 $a+b+c\geqslant 0$, 由式 (5.2) 可得 $a^3+b^3+c^3\geqslant 3abc$. 若取 $a=\sqrt[3]{x}$, $b=\sqrt[3]{y}$, $c=\sqrt[3]{z}$,则这就是关于 x,y,z 的均值不等式.

例 5.1. 设 a,b,c 为互不相同的实数,满足 $a^3+9ab+b^3=27, b^3+6bc+c^3=8$. 计算 $c^3-3ca-a^3$.

Adrian Andreescu

解 根据恒等式

$$u^3+v^3+w^3-3uvw=\frac{1}{2}(u+v+w)\left((u-v)^2+(v-w)^2+(w-u)^2\right)$$

得到当且仅当 $u=v=w$ 或者 $u+v+w=0$ 时,$u^3+v^3+w^3-3uvw=0$. 所给条件可以写成

$$a^3+b^3+(-3)^3-3ab(-3)=0,$$

以及

$$b^3+c^3+(-2)^3-3bc(-2)=0.$$

由于 $a\neq b$, $b\neq c$, 因此必有 $a+b-3=0$ 以及 $b+c-2=0$. 相减, 得到 $c-a+1=0$,因此 $c^3-a^3+1-3ca=0$. 于是 $c^3-a^3-3ca=-1$. □

例 5.2. 证明:对任意实数 x,有

$$x^3-\lfloor x\rfloor^3-\{x\}^3=3x\lfloor x\rfloor\{x\},$$

其中 $\lfloor x\rfloor$ 和 $\{x\}$ 分别为 x 的整数部分与小数部分.

Titu Andreescu

证明 从 $x-\lfloor x\rfloor-\{x\}=0$ 和恒等式 (5.1) 可以直接得到. □

例 5.3. 设 F_n 为第 n 个斐波那契数, 定义为 $F_1=1$, $F_2=1$ 并且 $F_n=F_{n-1}+F_{n-2}, n\geqslant 3$. 证明:

$$\frac{F_n^3+F_{n+1}^3-F_{n+2}^3}{F_nF_{n+1}F_{n+2}}$$

不依赖于 n.

Titu Andreescu

证明 设 $a=F_n, b=F_{n+1}, c=-F_{n+2}$. 由于 $a+b+c=0$,因此由式 (5.1) 可得

$$a^3+b^3+c^3=3abc\Rightarrow\frac{a^3+b^3+c^3}{abc}=3,$$

即

$$\frac{F_n^3+F_{n+1}^3-F_{n+2}^3}{F_nF_{n+1}F_{n+2}}=-3,$$

因此得到了结论. □

例 5.4. 设 a 为实数. 证明:

$$5(\sin^3 a+\cos^3 a)+3\sin a\cos a=0.04$$

当且仅当 $5(\sin a+\cos a)+2\sin a\cos a=0.04$.

Titu Andreescu –《数学反思》*S12*

证明 第一个等式可以改写为

$$\sin^3 a+\cos^3 a+\left(-\frac{1}{5}\right)^3-3\sin a\cos a\left(-\frac{1}{5}\right)=0.$$

表达式 $x^3+y^3+z^3-3xyz$ 因式分解得到

$$(x+y+z)\frac{1}{2}\left((x-y)^2+(y-z)^2+(z-x)^2\right).$$

令 $x=\sin a, y=\cos a, z=-\frac{1}{5}$. 因此有 $x^3+y^3+z^3-3xyz=0$. 于是 $x+y+z=0$ 或者 $x=y=z$. 后者会得到 $\sin a=\cos a=-\frac{1}{5}$,与恒等式 $\sin^2 a+\cos^2 a=1$ 矛盾. 因此 $x+y+z=0$,即 $\sin a+\cos a=\frac{1}{5}$,进而有

$$5(\sin a+\cos a)=1,$$

以及

$$\sin^2 a+2\sin a\cos a+\cos^2 a=\frac{1}{25}.$$

于是得到 $1+2\sin a\cos a=0.04$,因此

$$5(\sin a+\cos a)+2\sin a\cos a=0.04.$$

反之,若 $5(\sin a+\cos a)+2\sin a\cos a=0.04$,则有

$$125(\sin a+\cos a)=1-50\sin a\cos a.$$

两边平方,令 $b=2\sin a\cos a$,则得到

$$125^2+125^2b=1-50b+25^2b^2.$$

这个恒等式等价于 $(25b+24)(25b-651)=0$. 我们得到 $2\sin a\cos a=-0.96$ 或者 $2\sin a\cos a=25.04$. 后者与 $\sin 2a\leqslant 1$ 矛盾. 因此 $2\sin a\cos a=-0.96$,于是得到 $\sin a+\cos a=0.2$. 但是我们在第一段看到,这给出等式

$$5(\sin^3 a+\cos^3 a)+3\sin a\cos a=0.04,$$

这样就完成了题目的证明. □

习题

题 5.1. 求方程的实数解

$$(x^2-x-2)^3+(x^2+x+2)^3=(2x^2)^3.$$

Nicolae Ivăşchescu –《数学公报》*E:14376*

题 5.2. 实数 x,y,z 满足 $x+y+z\neq 0$ 和 $x+y+z\neq 2xyz$,证明:

$$\frac{x^3+y^3+z^3}{2xyz-(x+y+z)}\neq\frac{3}{2}.$$

Titu Andreescu –《蒂米什瓦拉数学学报》,题 *1513*

题 5.3. 整数 a,b,c,d 中恰有一个为负数,并且满足

$$a^3+b^3+c^3+d^3+3abcd=2\ 016,$$

求这个负整数的最大值.

Titu Andreescu – AwesomeMath 入学测试 *2016,* 测试 C

题 5.4. 若正整数 $a\leqslant b\leqslant c\leqslant d$ 满足

$$a^3+b^3+c^3+d^3=(a^2-1)bcd+2\ 019,$$

求 a 的最小值.

Titu Andreescu – AwesomeMath 入学测试 *2019,* 测试 B

题 5.5. 设 $\{a_n\}_{n\geqslant 1}$ 为正实数数列,满足 $a_1=1,a_2=2$ 以及

$$\frac{a_{n+1}^3+a_{n-1}^3}{9a_n}+a_{n+1}a_{n-1}=3a_n^2,\quad \forall n\geqslant 2.$$

求 a_n 的通项公式.

Adrian Andreescu –《数学反思》*J517*

题 5.6. 证明:正整数 a,b,c 是连续的三个正整数的排列,当且仅当

$$a^3+b^3+c^3=3(a+b+c+abc).$$

Adrian Andreescu –《数学反思》*J525*

题 5.7. 设 k 是非零整数,

$$t=\sqrt[3]{k+\sqrt{k^2-1}}+\sqrt[3]{k-\sqrt{k^2-1}}+1.$$

证明:t^3-3t^2 是整数.

Titu Andreescu –《数学反思》*S13*

题 5.8. 求所有 $a^3+b^3+c^3-3abc$ 形式的整数,其中 a,b,c 均为正整数.

Titu Andreescu –《数学反思》*J79*

题 5.9. 证明:如果三个十进制数 $\overline{abc},\overline{bca},\overline{cab}$ 都被正整数 k 整除,那么

$$a^3+b^3+c^3-3abc$$

也被 k 整除.

Titu Andreescu –《蒂米什瓦拉数学学报》,题 *2839*

题 5.10. 求最小的实数 r,使得若三角形的三边长为 a,b,c,则有

$$\frac{\max\{a,b,c\}}{\sqrt[3]{a^3+b^3+c^3+3abc}}<r.$$

Titu Andreescu –《数学反思》*S85*

题 5.11. 求方程的正整数解

$$x^3+y^3+z^3-3xyz=2\ 021.$$

Titu Andreescu – AwesomeMath 入学测试 *2021,* 测试 C

题 5.12. 证明:曲线 $x^3+3xy+y^3=1$ 上存在唯一一组三个不同的点 A,B,C 构成一个等边三角形,并求它的面积.

Titu Andreescu – Putnam Competition *2006*

题 5.13. 求方程 $x^3-y^3-xy=1$ 的整数解.

Titu Andreescu, Alessandro Ventullo

题 5.14. 求整数对 (m,n) 的个数,使得 $mn\geqslant 0$ 且

$$m^3+99mn+n^3=33^3.$$

Titu Andreescu – AHSME *1999*

题 5.15. 求方程的所有整数解

$$(x-1)x(x+1)+(y-1)y(y+1)=24-9xy.$$

G. Baron – 奥地利数学奥林匹克 *2012*

题 5.16. 设实数 a,b,c 满足

$$\left(-\frac{a}{2}+\frac{b}{3}+\frac{c}{6}\right)^3+\left(\frac{a}{3}+\frac{b}{6}-\frac{c}{2}\right)^3+\left(\frac{a}{6}-\frac{b}{2}+\frac{c}{3}\right)^3=\frac{1}{8}.$$

证明:

$$(a-3b+2c)(2a+b-3c)(-3a+2b+c)=9.$$

Titu Andreescu –《数学反思》*J243*

题 5.17. 证明:对任意正整数 $m,n,8m^6+27m^3n^3+27n^6$ 是合数.

Titu Andreescu –《数学反思》*S47*

题 5.18. 设整数 n 使得 n^2+11 为素数,证明:$n+4$ 不是完全立方数.

Titu Andreescu –《数学反思》*S393*

题 5.19. 求方程的正整数解

$$\frac{x^2-y}{8x-y^2}=\frac{y}{x}.$$

Titu Andreescu –《数学反思》*J361*

题 5.20. 求方程的正整数解

$$x^3-\frac{13}{2}xy-y^3=2\ 020.$$

Adrian Andreescu –《数学反思》*J535*

题 5.21. 求方程的整数解

$$(x^3-1)(y^3-1)=3(x^2y^2+2).$$

Titu Andreescu –《数学反思》*O397*

题 5.22. 设 p 为素数,求方程的正整数解

$$(x^2-yz)^3+(y^2-zx)^3+(z^2-xy)^3-3(x^2-yz)(y^2-zx)(z^2-xy)=p^2.$$

Alessandro Ventullo –《数学反思》*S561*

题 5.23. 设正整数 m,n,p 满足

$$(m-n)^2+(n-p)^2+(p-m)^2=\frac{mnp}{2}.$$

证明:$m+n+p+12$ 整除 $m^3+n^3+p^3$.

Titu Andreescu, Marian Tetiva

题 5.24. 设 a 和 b 为不同的实数,证明:

$$(3a+1)(3b+1)=3a^2b^2+1$$

当且仅当 $\left(\sqrt[3]{a}+\sqrt[3]{b}\right)^3=a^2b^2$.

Adrian Andreescu –《数学反思》*J469*

题 5.25. 设 a,b,c 为不全相等的非零实数,满足

$$\left(\frac{a^2}{bc}-1\right)^3+\left(\frac{b^2}{ca}-1\right)^3+\left(\frac{c^2}{ab}-1\right)^3=3\left(\frac{a^2}{bc}+\frac{b^2}{ca}+\frac{c^2}{ab}-\frac{bc}{a^2}-\frac{ca}{b^2}-\frac{ab}{c^2}\right).$$

证明:$a+b+c=0$.

Titu Andreescu –《数学反思》*J479*

题 5.26. 设 a 和 b 是不同的实数,证明:

$$27ab\left(\sqrt[3]{a}+\sqrt[3]{b}\right)^3=1$$

当且仅当 $27ab(a+b+1)=1$.

Titu Andreescu –《数学反思》*S499*

题 5.27. 设 a 和 b 为正实数,证明:$\frac{a^3-b^3}{ab+3}\geqslant 9$ 当且仅当 $\frac{a-3}{b+3}\geqslant\frac{b}{a}$.

Titu Andreescu

题 5.28. 设 a,b 为不同的实数,满足 $a^4+b^4+3ab=\frac{1}{ab}$. 计算

$$\sqrt[3]{\frac{a}{b}}+\sqrt[3]{\frac{b}{a}}-\sqrt{2+\frac{1}{ab}}.$$

Adrian Andreescu –《数学反思》*J459*

题 5.29. 设 m 和 n 为大于 2 的整数,证明:

$$(mn+3)^3+27\geqslant 8m^3+3(2mn+3)^2+8n^3.$$

Titu Andreescu

题 5.30. 设实数 a,b,c 满足

$$a^3+b^3+c^3-1=3(a-1)(b-1)(c-1).$$

证明:$a+b+c\leqslant 2$.

Titu Andreescu –《数学反思》*S517*

题 5.31. 设实数 a,b,c 满足 $|a|^3\leqslant bc$,并且

$$a^6+b^6+c^6\geqslant \frac{1}{27},$$

证明:$b^2+c^2\geqslant \frac{1}{3}$.

Titu Andreescu –《数学反思》*J72*

题 5.32. 实数 x,y,z 满足 $x+y+z=1$,证明:

$$x^3+y^3+z^3\geqslant 3xyz+3(x-y)(y-z).$$

Emil C. Popa –《数学公报》*C.O:5211*

题 5.33. 设 a 和 b 为非零实数,满足

$$ab\geqslant \frac{1}{a}+\frac{1}{b}+3.$$

证明:

$$ab\geqslant \left(\frac{1}{\sqrt[3]{a}}+\frac{1}{\sqrt[3]{b}}\right)^3.$$

Titu Andreescu –《数学反思》*J301*

题 5.34. 设实数 a,b,c 均不小于 $\frac{1}{2}$ 且满足 $a+b+c=3$. 证明:

$$\sqrt{a^3+3ab+b^3-1}+\sqrt{b^3+3bc+c^3-1}+\sqrt{c^3+3ca+a^3-1}$$
$$+\frac{1}{4}(a+5)(b+5)(c+5)\leqslant 60.$$

等号何时成立?

Titu Andreescu –《数学反思》*S495*

题 5.35. 设整数 m 和 n 均大于 1,证明:

$$\left(m^3-1\right)\left(n^3-1\right) \geqslant 3m^2n^2+1.$$

Titu Andreescu –《数学反思》*J432*

题 5.36. 设 $f(x,y)=\frac{x^3-y^3}{6}+3xy+48$,奇数 m 和 n 满足

$$|f(m,n)| \leqslant mn+37.$$

计算 $f(m,n)$.

Titu Andreescu –《数学反思》*O385*

第 6 章 $a+b\mathrm{i}$

定义 6.1. 一个形如 $a+b\mathrm{i}$ 的数称为复数，其中 $a,b\in\mathbb{R},\mathrm{i}^2=-1$. 我们通常用符号 z 来表示一个复数，即

$$z=a+b\mathrm{i}.$$

若 $a=0$，则称 $z=b\mathrm{i}$ 为一个虚数.

我们记所有复数构成的集合为 $\mathbb{C}$，即

$$\mathbb{C}=\{a+b\mathrm{i}\mid a,b\in\mathbb{R},\mathrm{i}^2=-1\}.$$

定义 6.2. 设 $z=a+b\mathrm{i}$ 为一个复数. 实数 a 和 b 分别称为 z 的实部与虚部，记为

$$a=\mathrm{Re}(z),\quad b=\mathrm{Im}(z).$$

定义 6.3. 设 $z=a+b\mathrm{i},w=c+d\mathrm{i}$ 为复数. 和 $z+w$ 自然定义为

$$z+w=(a+b\mathrm{i})+(c+d\mathrm{i})=(a+c)+(b+d)\mathrm{i},$$

将 w 换成 $-w$，我们定义两个复数的差为

$$z-w=(a+b\mathrm{i})-(c+d\mathrm{i})=(a-c)+(b-d)\mathrm{i}$$

显然，$z=a+b\mathrm{i}$ 为实数，当且仅当 $b=0$. 于是得到，对于复数 $z=a+b\mathrm{i}$ 和 $w=c+d\mathrm{i}$，有

$$z=w\ \Leftrightarrow z-w=0\ \Leftrightarrow (a-c)+(b-d)\mathrm{i}=0\ \Leftrightarrow a=c,b=d.$$

定义 6.4. 设 $z=a+b\mathrm{i}$ 和 $w=c+d\mathrm{i}$ 为两个复数. 乘积 $z\cdot w$ 是通过分配律和关系 $\mathrm{i}^2=-1$ 定义，即

$$z\cdot w=(a+b\mathrm{i})(c+d\mathrm{i})=ac+ad\mathrm{i}+bc\mathrm{i}+bd\mathrm{i}^2=(ac-bd)+(ad+bc)\mathrm{i}$$

现在,设复数 $z=a+b\mathrm{i}\neq 0$. 则

$$\frac{1}{z}=\frac{1}{a+b\mathrm{i}}=\frac{1}{a+b\mathrm{i}}\cdot\frac{a-b\mathrm{i}}{a-b\mathrm{i}}=\frac{a}{a^2+b^2}-\frac{b}{a^2+b^2}\mathrm{i}$$

称为 z 的倒数. 所以我们可以定义两个复数 $z=a+b\mathrm{i}$ 和 $w=c+d\mathrm{i}(w\neq 0)$ 的商为

$$\frac{z}{w}=z\cdot\frac{1}{w}=(a+b\mathrm{i})\left(\frac{c}{c^2+d^2}-\frac{d}{c^2+d^2}\mathrm{i}\right)=\frac{ac+bd}{c^2+d^2}+\frac{bc-ad}{c^2+d^2}\mathrm{i}.$$

定义 6.5. 设 $z=a+b\mathrm{i}$ 为复数,定义 z 的共轭为

$$\overline{z}=a-b\mathrm{i}.$$

注意到一个复数 z 的共轭 $\overline{z}$ 和 z 相加或相乘均得到实数. 事实上, $z+\overline{z}=2a=2\mathrm{Re}(z)$, 而 $z\cdot\overline{z}=a^2+b^2$.

复数的共轭与根式的共轭类似 (即 $a-b\sqrt{d}$ 为 $a+b\sqrt{d}$ 的共轭), 实际上二者均为代数数论中更一般的共轭的概念的特例.

定理 6.6. 对于 $z,w\in\mathbb{C}$, 我们有:

(1) $\overline{z+w}=\overline{z}+\overline{w}$.

(2) $\overline{z-w}=\overline{z}-\overline{w}$.

(3) $\overline{zw}=\overline{z}\cdot\overline{w}$.

(4) $\overline{z^n}=\overline{z}^n, n\in\mathbb{N}$.

(5) 若 $z\neq 0$, 则 $\overline{\left(\frac{1}{z}\right)}=\frac{1}{\overline{z}}$.

(6) 若 $w\neq 0$, 则 $\overline{\left(\frac{z}{w}\right)}=\frac{\overline{z}}{\overline{w}}$.

(7) $\overline{(\overline{z})}=z$.

定义 6.7. 设 $z=a+\mathrm{i}b$ 为复数, 定义 z 的模为实数

$$|z|=\sqrt{a^2+b^2}.$$

模是一个积性函数 (即 $|zw|=|z|\cdot|w|$), 为实数上的绝对值函数的延拓.

定理 6.8. 设 $z,w\in\mathbb{C}$, 则有:

(1) $-|z|\leqslant \mathrm{Re}(z)\leqslant |z|, -|z|\leqslant \mathrm{Im}(z)\leqslant |z|$.

(2) $|z|\geqslant 0$ 对所有 $z\in\mathbb{C}$ 成立, 并且 $|z|=0$, 当且仅当 $z=0$.

(3) $|z|=|-z|=|\overline{z}|$.

(4) $z\cdot\overline{z}=|z|^2$.

(5) $|zw|=|z|\cdot|w|$.

(6) 若 $z\neq 0$, 则 $\left|\frac{1}{z}\right|=\frac{1}{|z|}$.

(7) 若 $w\neq 0$, 则 $\left|\frac{z}{w}\right|=\frac{|z|}{|w|}$.

定理 6.9 (三角不等式). 设 $z_1, z_2, \cdots, z_n$ 为复数,则下面的不等式成立

$$|z_1+z_2+\cdots+z_n| \leqslant |z_1|+|z_2|+\cdots+|z_n|.$$

当且仅当 $z_1, z_2, \cdots, z_n$ 在复平面上的像都在原点出发的同一条射线上时,等号成立,等价地,当所有 $1 \leqslant i, j \leqslant n, z_j \neq 0$,有 $\frac{z_i}{z_j}$ 为非负实数时,等号成立.

考虑欧式平面 $\mathbb{R}^2$ 上的笛卡儿坐标系,对每个复数 $z=x+y\mathrm{i}(x, y \in \mathbb{R})$,我们可以对应一个唯一的点 $P(x, y) \in \mathbb{R}^2$,通常称 P 为复数 z 的像,z 为 P 的复坐标.

这样,我们就定义了一个一一映射

$$f: \mathbb{C} \rightarrow \mathbb{R}^2, \quad x+y\mathrm{i} \mapsto (x, y).$$

定义 6.10. 设 $z=x+y\mathrm{i}$ 为非零复数,$P(x, y)$ 和 $O(0,0)$ 为复平面上的点. 定义 z 的辐角,记为 $\operatorname{Arg}(z)$,为坐标系的正 x-轴与线段 OP 逆时针方向形成的夹角. 一般约定,$z=0$ 的辐角是未定义的.

根据上面的定义,z 的辐角在区间 $[0,2\pi)$ 中. 这个定义的不足之处在于当我们从正实轴下方向正实轴上方移动时,辐角不是连续的. 避免这一点的一个方法是认为 z 的辐角是一个多值函数,同一个复数的不同的辐角之间可以相差 2π 的整数倍 (我们将这个定义记为 $\arg(z)$). 如果这样约定,那么取值在 $[0,2\pi)$ 的辐角称为 z 的辐角主值. 为了简单起见,我们通常不区分关于辐角的这两个概念.

对于复数 z,记 $\rho=|z|, \theta$ 为辐角. 则 (ρ, θ) 为 z 在复平面上的像的极坐标. z 的直角坐标为 $x=\rho \cos \theta, y=\rho \sin \theta$.

定义 6.11. 设 z 为复数,$\rho \in[0, \infty)$ 为它的模 $|z|, \theta \in[0,2\pi)$ 为它的辐角,则

$$z=\rho(\cos \theta+\mathrm{i} \sin \theta) \tag{6.1}$$

称为 z 的三角形式.

定理 6.12. 设 $z=\rho_1(\cos \theta_1+\mathrm{i} \sin \theta_1), w=\rho_2(\cos \theta_2+\mathrm{i} \sin \theta_2)$,则有:

(1) $zw=\rho_1 \rho_2(\cos(\theta_1+\theta_2)+\mathrm{i} \sin(\theta_1+\theta_2))$.

(2) 若 $w \neq 0$,则 $\frac{z}{w}=\frac{\rho_1}{\rho_2}(\cos(\theta_1-\theta_2)+\mathrm{i} \sin(\theta_1-\theta_2))$.

推论 6.13 (棣莫弗公式). 设 $z=\rho(\cos \theta+\mathrm{i} \sin \theta)$ 为复数,则有

$$z^n=\rho^n(\cos n\theta+\mathrm{i} \sin n\theta),$$

对所有非负整数 n 成立. 若 $z \neq 0$,则公式对 $n \in \mathbb{Z}$ 成立.

定义 6.14. 设 z 为复数. 满足 $\omega^n=z$ 的数 ω 称为 z 的一个 n 次根.

定理 6.15. 设 z 为非零复数,则 z 恰有 n 个不同的 n 次根. 若记

$$z=\rho(\cos\theta+\mathrm{i}\sin\theta),\quad \rho>0,\theta\in[0,2\pi),$$

则这些根为

$$\omega_k=\sqrt[n]{\rho}\left(\cos\frac{\theta+2k\pi}{n}+\mathrm{i}\sin\frac{\theta+2k\pi}{n}\right),\quad k=0,1,\cdots,n-1. \tag{6.2}$$

注 在定理中取 $z=1$,则得到 n 次单位根. 这是 $\omega^n=1$ 的所有解,可以表示为

$$\omega_k=\cos\frac{2k\pi}{n}+\mathrm{i}\sin\frac{2k\pi}{n},\quad k=0,1,\cdots,n-1. \tag{6.3}$$

例 6.1. 求所有的复数 z,使得对任意实数 α 以及正整数 n,有

$$(\cos\alpha+z\sin\alpha)^n=\cos n\alpha+z\sin n\alpha.$$

Adrian Andreescu –《数学反思》*J564*

解 取 $\alpha=\frac{\pi}{2}, n=3$ 得到 $z^3=-z$. 因为当 $z=0$ 时,$\cos^n\alpha$ 不恒等于 $\cos n\alpha$,所以 $z^2=-1$,于是 $z=\mathrm{i}$ 或 $z=-\mathrm{i}$. 两个都满足题目条件 (棣莫弗公式). □

例 6.2. 设 $z_0=\cos\frac{2\pi}{7}+\mathrm{i}\sin\frac{2\pi}{7}$. 证明:$z_1=z_0+z_0^2+z_0^4$ 和 $z_2=z_0^3+z_0^5+z_0^6$ 为方程 $z^2+z+2=0$ 的两个根.

证明 我们有 $z_0^7=1, z_0\neq 1$,因此

$$z_0^6+z_0^5+z_0^4+z_0^3+z_0^2+z_0+1=0.$$

于是有

$$z_1+z_2=z_0+z_0^2+z_0^4+z_0^3+z_0^5+z_0^6=-1,$$

而且

$$\begin{aligned}z_1z_2&=(z_0+z_0^2+z_0^4)(z_0^3+z_0^5+z_0^6)\\&=z_0^4(1+z_0+z_0^2+z_0^3+z_0^4+z_0^5+z_0^6+2z_0^3)\\&=2z_0^7=2.\end{aligned}$$

因此得到了结论. □

例 6.3. 求方程组的所有复数解.

$$z+\frac{2\ 017}{w}=4-\mathrm{i},\quad w+\frac{2\ 018}{z}=4+\mathrm{i}.$$

Titu Andreescu –《数学反思》*S427*

解 我们有 $\left(z+\frac{2\ 017}{w}\right)\left(w+\frac{2\ 018}{z}\right)=17$,即

$$zw+\frac{4\ 070\ 306}{zw}+4\ 018=0\ \Leftrightarrow (zw)^2+4\ 018zw+4\ 070\ 306=0,$$

因此

$$zw=-2\ 009-185\mathrm{i},\quad zw=-2\ 009+185\mathrm{i}$$

于是

$$z+\frac{2\ 017}{w}=4-\mathrm{i}\ \Rightarrow\ zw+2\ 017=(4-\mathrm{i})w\ \Rightarrow\ w=\frac{zw+2\ 017}{4-\mathrm{i}},$$
$$w+\frac{2\ 018}{z}=4+\mathrm{i}\ \Rightarrow\ (4+\mathrm{i})z=zw+2\ 018\ \Rightarrow\ z=\frac{zw+2\ 018}{4+\mathrm{i}}.$$

然后有

$$w_1=\frac{-2\ 009-185\mathrm{i}+2\ 017}{4-\mathrm{i}}=\frac{217-732\mathrm{i}}{17},$$
$$z_1=\frac{-2\ 009-185\mathrm{i}+2\ 018}{4+\mathrm{i}}=\frac{-149-749\mathrm{i}}{17}$$

或者

$$w_2=\frac{-2\ 009+185\mathrm{i}+2\ 017}{4-\mathrm{i}}=-9+44\mathrm{i},$$
$$z_2=\frac{-2\ 009+185\mathrm{i}+2\ 018}{4+\mathrm{i}}=13+43\mathrm{i}.$$

□

例 6.4. 设 n 为正整数. 证明:方程 $z^n+z+1=0$ 有模为 1 的复数解,当且仅当 $n=3m+2$,m 是非负整数.

罗马尼亚数学奥林匹克 *2007*

证法一 若 $n=3m+2$,m 是非负整数. 则 $\cos\left(\frac{2\pi}{3}\right)+\mathrm{i}\sin\left(\frac{2\pi}{3}\right)$ 显然是一个模为 1 的解. 反之,若 z 是一个模为 1 的解,则 $\overline{z}=\frac{1}{z}$ 也是解. 于是有

$$z^n+z+1=0=z^n+z^{n-1}+1$$

给出 $z^{n-1}=z$,$z^n=z^2$,进而得到 $z^2+z+1=0$. 因此 $z\neq 1$ 并且 $z^3=1$. 若 $z^a=1$ 或者 $z^b=1$,则有 $z^{\gcd(a,b)}=1$. 由于已知 $z^3=1$,$z^{n-2}=1$,但是 $z^1\neq 1$,因此 $n-2$ 为 3 的倍数. 于是 $n=3m+2$,m 是非负整数. □

证法二 设 $P(z)=z^n+z+1=0$. 若 $P(\omega)=0,|\omega|=1$,则有

$$\omega=\cos\theta+\mathrm{i}\sin\theta,$$

因此,利用棣莫弗公式,有 $\omega^n=\cos n\theta+\mathrm{i}\sin n\theta$. 代入得到

$$0=(\cos n\theta+\cos\theta+1)+\mathrm{i}(\sin n\theta+\sin\theta),$$

因此 $\sin^2 n\theta=\sin^2\theta$ 并且 $\cos^2 n\theta=\cos^2\theta+2\cos\theta+1$. 于是 $\cos\theta=-\frac{1}{2}$. 因此得到 $\omega^3=1,\omega^2+\omega+1=0$,于是 $\omega^n=\omega^2,n\equiv 2\pmod 3$.

反之,若 $n\equiv 2\pmod 3$,则取三次单位根 $\omega,\omega\neq 1$. 代入得到

$$P(\omega)=\omega^{3m+2}+\omega+1=\omega^2+\omega+1=0.$$

事实上,还可以得到 $P(z)=(z^2+z+1)Q(z)$,其中 Q 是整系数多项式. □

习题

题 6.1. 设复数 z 和 w 满足 $3z^2-3zw+2w^2=0$,证明:

$$(3z^2)^3+(3zw)^3+(2w^2)^3=0.$$

Titu Andreescu

题 6.2. 求所有的复数对 (z,w),满足方程组

$$\frac{2\,018}{z}-w=15+28\mathrm{i},\quad \frac{2\,018}{w}-z=15-28\mathrm{i}.$$

Titu Andreescu –《数学反思》*S451*

题 6.3. 设 $a,b\in[-2,2]$,证明:方程

$$z^4+(a+b)z^3+(ab+2)z^2+(a+b)z+1=0$$

的所有解的模长均为 1.

题 6.4. 设两两不同的复数 z_1,z_2,z_3 均不是实数,模长相同. 证明:若 $z_1+z_2z_3$, $z_2+z_3z_1$, $z_3+z_1z_2$ 均为实数,则 $z_1z_2z_3=1$.

Laurenţiu Panaitopol – 罗马尼亚数学奥林匹克 *1979*

题 6.5. 设复数 z_1, z_2, z_3 满足

$$z_1 + z_2 + z_3 = z_1z_2 + z_2z_3 + z_3z_1 = 0.$$

证明:$|z_1| = |z_2| = |z_3|$.

题 6.6. 设复数 z 满足 $z \in \mathbb{C} \setminus \mathbb{R}$,并且

$$\frac{1+z+z^2}{1-z+z^2} \in \mathbb{R}.$$

证明:$|z| = 1$.

题 6.7. 设 z, w 为复数,证明:$|1+z| + |1+w| + |1+zw| \geqslant 2$.

题 6.8. 设 n 为给定正整数,求所有的实数对 (a, b),使得 $(a+b\mathrm{i})^n = b + a\mathrm{i}$.

Titu Andreescu

题 6.9. 有多少不超过 1 000 的正整数 n 满足

$$(\sin t + \mathrm{i}\cos t)^n = \sin nt + \mathrm{i}\cos nt$$

对所有实数 t 成立?

Titu Andreescu – AIME II *2005*

题 6.10. 求所有的正整数 n,使得

$$2(6+9\mathrm{i})^n - 3(1+8\mathrm{i})^n = 3(7+4\mathrm{i})^n.$$

Titu Andreescu –《数学反思》*J356*

题 6.11. 求所有的整数 n,使得存在整数 a 和 b,满足 $(a+b\mathrm{i})^4 = n + 2\ 016\mathrm{i}$.

Titu Andreescu –《数学反思》*S361*

题 6.12. 求所有的复数 z,满足

$$(z - z^2)(1 - z + z^2)^2 = \frac{1}{7}.$$

Titu Andreescu –《数学反思》*S257*

题 6.13. 复数 z 满足 $\left|z+\frac{1}{z}\right|=\sqrt{5}$,证明:

$$\left(\frac{\sqrt{5}-1}{2}\right)^2 \leqslant |z| \leqslant \left(\frac{\sqrt{5}+1}{2}\right)^2.$$

Mihaly Bencze –《数学反思》*J357*

题 6.14. 设复数 z 满足 $|z| \geqslant 1$,证明:

$$\frac{|2z-1|^5}{25\sqrt{5}} \geqslant \frac{|z-1|^4}{4}.$$

Florin Stănescu –《数学反思》*S377*

题 6.15. 设复数 z_1, z_2 的模长相等,a 是大于 1 的实数,证明:

$$(a+1)|z_1+z_2| \leqslant 2|az_1+z_2|.$$

Marin Chirciu –《数学公报》*26429*

题 6.16. 设复数 z 满足 $|z+1+\mathrm{i}|=2$,分别求使得 $|z-2+5\mathrm{i}|$ 取到最大值和最小值的 z.

Liana Agnola, Daniela Burtoiu –《数学公报》*26473*

题 6.17. 设复数 a, b, c 满足 $|a|=|b|=|c|=1$,证明:

$$|a-b|^2+|a-c|^2-|b-c|^2 \geqslant -1.$$

Dan Nedeianu –《数学公报》*26496*

题 6.18. 设复数 z_1, z_2, z_3 满足 $|z_1|=|z_2|=|z_3|=R, z_2 \neq z_3$. 证明:

$$\min_{a\in\mathbb{R}} |az_2+(1-a)z_3-z_1| = \frac{1}{2R}|z_1-z_2| \cdot |z_1-z_3|.$$

Dorin Andrica – 罗马尼亚数学奥林匹克 *1984*

题 6.19. 是否可以在一个半径为 1 的圆上取 1 975 个不同的点,使得任意两个点之间的距离为一个有理数(距离为以两个点为端点的弦的长度)?

国际数学奥林匹克 *1975*

题 6.20. 对多项式 $X^4+\mathrm{i}X^2-1$ 的任意复根 z,记 $w_z=z+\frac{2}{z}, f(x)=x^2-3$,证明:

$$|(f(w_z)-1)f(w_z-1)f(w_z+1)|$$

是不依赖于 z 的一个整数.

Titu Andreescu –《数学反思》*U416*

题 6.21. 设复系数多项式

$$P(x)=x^n+a_1x^{n-1}+\cdots+a_n$$

的根为 $x_1,x_2,\cdots,x_n$,

$$Q(x)=x^n+b_1x^{n-1}+\cdots+b_n$$

的根为 $x_1^2,x_2^2,\cdots,x_n^2$. 证明:若

$$\operatorname{Im}(a_1+a_3+a_5+\cdots)=0,\quad \operatorname{Im}(a_2+a_4+a_6+\cdots)=0,$$

则 $\operatorname{Im}(b_1+b_2+\cdots+b_n)=0$.

Titu Andreescu –《数学公报》*17275*

题 6.22. 复数 z_k, $k=1,2,\cdots,5$ 有相同的非零模长,且满足

$$\sum_{k=1}^{5}z_k=\sum_{k=1}^{5}z_k^2=0.$$

证明:z_1, z_2, $\cdots$,z_5 对应一个正五边形的顶点.

Daniel Jinga – 罗马尼亚数学奥林匹克 *2003*

题 6.23. 复数 a,b,c 满足

$$\begin{cases}(a+b)(a+c)=b\\(b+c)(b+a)=c\\(c+a)(c+b)=a\end{cases}.$$

证明:a,b,c 均为实数.

Mihai Cipu – 罗马尼亚国家队选拔考试 *2001*

题 6.24. 求方程组的复数解

$$\begin{cases} x(x-y)(x-z)=3 \\ y(y-x)(y-z)=3 \\ z(z-x)(z-y)=3 \end{cases}.$$

Mihai Piticari – 罗马尼亚数学奥林匹克区域赛 *2002*

题 6.25. 求所有的正实数 x, y,满足方程组

$$\sqrt{3x}\left(1+\frac{1}{x+y}\right)=2, \quad \sqrt{7y}\left(1-\frac{1}{x+y}\right)=4\sqrt{2}.$$

越南数学奥林匹克 *1996*

题 6.26. 设实数 a, b 满足 $0<a<b<1, z \in \mathbb{C} \setminus \mathbb{R}$ 使得

$$\frac{(z-a)(z-b)}{z(z-1)}$$

是一个正实数. 证明:$\left|1-\frac{1}{z}\right|=\sqrt{\frac{(a-1)(b-1)}{ab}}$.

Marian Andronache –《数学公报》*26599*

题 6.27. 设实数 $b>0, n$ 是正整数. 证明:方程 $z^{n+1}=bz^n-z-b$ 有一个模长为 1 的复根,当且仅当 $b=1$ 并且 $n \equiv 1 \pmod 4$.

Ioan Băetu –《数学公报》*26824*

题 6.28. 设 a, b, c 是互不相同的实数,n 是正整数. 求所有的非零复数 z,使得

$$az^n+b\overline{z}+\frac{c}{z}=bz^n+c\overline{z}+\frac{a}{z}=cz^n+a\overline{z}+\frac{b}{z}.$$

Titu Andreescu –《数学反思》*S293*

题 6.29. 设复数 $z_1, z_2, \cdots, z_n$ 满足

$$|z_1|=|z_2|=\cdots=|z_n|=r>0.$$

证明:

$$\operatorname{Re}\left(\sum_{j=1}^{n}\sum_{k=1}^{n}\frac{z_j}{z_k}\right)=0$$

当且仅当

$$\sum_{k=1}^{n} z_k=0.$$

Titu Andreescu – 罗马尼亚数学奥林匹克 *1987*

题 6.30. 证明：$k\sin k^\circ(k=2,4,\cdots,180)$ 的算术平均值为 $\cot 1^\circ$.

Titu Andreescu – 美国数学奥林匹克 *1996*

题 6.31. 对任意复数 z，定义集合

$$A_z=\{1+z+z^2+\cdots+z^n \mid n\in\mathbb{N}\}.$$

(1) 求复数 z，使得 A_z 是有限集.

(2) 有多少复数 z，使得 A_z 恰有 2 013 个元素？

Vladimir Cerbu –《数学公报》*26851*

题 6.32. 设 U_n 为所有 n 次单位根构成的集合. 证明：下面的命题等价：

(1) 存在 $\alpha\in U_n$，使得 $1+\alpha\in U_n$.

(2) 存在 $\beta\in U_n$，使得 $1-\beta\in U_n$.

罗马尼亚数学奥林匹克 *1990*

题 6.33. 一个复数的有限集 A 具有性质：$z\in A$ 可以推出 $z^n\in A$ 对所有正整数 n 成立. 证明：$\sum\limits_{z\in A} z$ 是一个整数.

Paltin Ionescu – 罗马尼亚数学奥林匹克 *2003*

题 6.34. 求所有由复数 z 和正整数 n 构成的数对 (z,n)，使得 $|z|\in\mathbb{Z}_+$，并且

$$z+z^2+\cdots+z^n=n|z|.$$

Dorin Andrica, Mihai Piticari –《数学反思》*O88*

题 6.35. 考虑非零复数 z 以及实数序列

$$a_n=\left|z^n+\frac{1}{z^n}\right|,\ n\geqslant 1.$$

(1) 证明：若 $a_1>2$，则

$$a_{n+1}<\frac{a_n+a_{n+2}}{2},\quad \forall n\in\mathbb{Z}_+.$$

(2) 证明：若存在 $k\in\mathbb{Z}_+$，使得 $a_k\leqslant 2$，则 $a_1\leqslant 2$.

罗马尼亚数学奥林匹克区域赛 *2010*

题 6.36. 设有理数 a,b 使得复数 $z=a+b\mathrm{i}$ 的模长为 1. 证明：对任意奇数 n，复数 $z_n=1+z+z^2+\cdots+z^{n-1}$ 的模长都是有理数.

罗马尼亚数学奥林匹克区域赛 *2012*

第 7 章 $(a^2+b^2)(c^2+d^2)$

设 a,b,c,d 为实数,简单的计算可知

$$(ac-bd)^2+(ad+bc)^2=(a^2+b^2)(c^2+d^2). \tag{7.1}$$

这是拉格朗日恒等式,还可以用复数证明. 设 $z=a+\mathrm{i}b$, $w=c+\mathrm{i}d$, 其中 a,b,c,d 为实数,$\mathrm{i}^2=-1$. 于是有

$$|z|^2=a^2+b^2,\quad |w|^2=c^2+d^2,$$

由于 $zw=(ac-bd)+\mathrm{i}(ad+bc)$,因此得到

$$|zw|^2=(ac-bd)^2+(ad+bc)^2.$$

由 $|zw|^2=|z|^2|w|^2$ 就得到了结论.

注意到拉格朗日恒等式还可以写成

$$(ad-bc)^2+(ac+bd)^2=(a^2+b^2)(c^2+d^2). \tag{7.2}$$

由式 (7.1) 可得

$$(a^2+1)(b^2+1)=(ab-1)^2+(a+b)^2$$

以及

$$\begin{aligned}(a^2+1)(b^2+1)(c^2+1)&=\left((ab-1)^2+(a+b)^2\right)(c^2+1)\\&=((ab-1)c-(a+b))^2+((ab-1)+(a+b)c)^2\\&=(abc-a-b-c)^2+(ab+bc+ca-1)^2. \end{aligned}\tag{7.3}$$

例 7.1. 将 $17^{17}+17^7$ 写成两个平方数之和.

AwesomeMath 入学考试 *2013*, 测试 C

解 由式 (7.1) 可得

$$\begin{aligned}17^{17}+17^7&=17^7(17^{10}+1)\\&=17\times17^6(17^{10}+1)\\&=17^6(4^2+1)(17^{10}+1)\\&=17^6(4\times17^5-1)^2+17^6(4+17^5)^2\\&=\left(17^3(4\times17^5-1)\right)^2+\left(17^3(4+17^5)\right)^2,\end{aligned}$$

□

例 7.2. 设 a 和 b 为非负整数. 证明:对任意正整数 n,

$$(a^2+b^2)^n$$

可以写成两个非负整数的平方和.

证法一 我们对 n 归纳证明这一点. 性质对 $n=1$ 显然成立. 假设 $(a^2+b^2)^k=u^2+v^2$,u 和 v 为非负整数,则有

$$(a^2+b^2)^{k+1}=(a^2+b^2)(u^2+v^2)=(au-bv)^2+(av+bu)^2,$$

完成了证明. □

证法二 下面的公式直接证明了命题:若 n 为奇数,则有

$$(a^2+b^2)^n=\left(a(a^2+b^2)^{\frac{n-1}{2}}\right)^2+\left(b(a^2+b^2)^{\frac{n-1}{2}}\right)^2,$$

若 n 为偶数,则有

$$(a^2+b^2)^n=\left((a^2-b^2)(a^2+b^2)^{\frac{n-2}{2}}\right)^2+\left(2ab(a^2+b^2)^{\frac{n-2}{2}}\right)^2.$$

□

例 7.3. 设 r 和 s 为非负整数的平方. 证明:对任意正整数 k,$(r^2+2\,023rs+s^2)^k$ 可以写成两个非负整数的平方和.

证明 总有 $r^2+2\,023rs+s^2=(r-s)^2+(45\sqrt{rs})^2$,应用例 7.2 即可. □

习题

题 7.1. 将 $2\ 018^{2\ 019}+2\ 018$ 写成两个平方数的和.

Titu Andreescu – AwesomeMath 入学测试 *2018,* 测试 C

题 7.2. 将 $2\ 020^{2\ 021}-2\ 020^{1\ 011}+2\ 020$ 写成两个平方数的和.

Titu Andreescu – AwesomeMath 入学测试 *2021,* 测试 A

题 7.3. 设 m,n 是不同的正整数. 将 m^6+n^6 写成不同于 m^6 和 n^6 的两个平方数的和.

题 7.4. 设实数 a,b,c,d 满足 $ad+bc=44$ 和

$$a^2+b^2=\frac{2\ 017}{c^2+d^2}.$$

求 $ac-bd$ 的所有可能值.

Titu Andreescu – AwesomeMath 入学测试 *2017,* 测试 A

题 7.5. 设整数 a,b,c,d 满足 $ad-bc=1$,证明:$\frac{a^2+b^2}{ac+bd}$ 是既约分数.

题 7.6. 证明:对任意正整数 m,n 和非负整数 k,

$$(m^4+4m^2n^2+n^4)^{2^k}$$

可以写成三个正整数的平方和.

Titu Andreescu

题 7.7. 设 $P_k(x)$ 和 $Q_k(x)$ 为整系数多项式,$k=1,\cdots,n$. 证明:存在整系数多项式 $P(x)$ 和 $Q(x)$,使得

$$\prod_{k=1}^{n}\left(P_k^2(x)+Q_k^2(x)\right)=P^2(x)+Q^2(x).$$

Titu Andreescu –《蒂米什瓦拉数学学报》,题 *2298*

题 7.8. 设 m,n 是整数. 证明:不存在整数 k,使得 $(k^2+mn)^2+k^2(m-n)^2$ 为两个连续奇数的乘积.

Adrian Andreescu

题 7.9. 设整数 a,b,c,d 满足

$$a(bc-1)+b(cd-1)+c(da-1)+d(ab-1)=0.$$

证明:$(a^2+1)(b^2+1)(c^2+1)(d^2+1)$ 是完全平方数.

Titu Andreescu

题 7.10. 证明: 存在无穷多整数的三元组 (a,b,c), 使得 $ab+bc+ca=1$ 并且 $(a^2+1)(b^2+1)(c^2+1)$ 是完全平方数.

Titu Andreescu –《数学反思》*O560*

题 7.11. 证明:存在无穷多整数组成的三元组 (a,b,c),满足 $ab+bc+ca=-1$,并且 $(a^2-1)(b^2-1)(c^2-1)$ 是平方数.

Titu Andreescu

题 7.12. 设 x_1,x_2,x_3,y_1,y_2,y_3 为非零实数,证明:

$$\begin{aligned}\sqrt{2(x_1^2+y_1^2)(x_2^2+y_2^2)(x_3^2+y_3^2)}\geqslant&|x_1x_2y_3+x_2x_3y_1+x_3x_1y_2-y_1y_2y_3|+\\&|x_1y_2y_3+x_2y_3y_1+x_3y_1y_2-x_1x_2x_3|.\end{aligned}$$

Titu Andreescu

题 7.13. 证明:

$$(a^2+4)(b^2+4)(c^2+4)=(abc-4a-4b-4c)^2+4(ab+bc+ca-4)^2.$$

Titu Andreescu

题 7.14. 设实数 a,b,c,d 满足

$$|(a^2-b^2)cd-ab(c^2-d^2)|=2,\quad |(ac+bd)^2-(ad-bc)^2|=3.$$

计算 $(a^2+b^2)(c^2+d^2)$.

Titu Andreescu

题 7.15. 记

$$f(x,y)=\left((x+y)^2+(2xy-x+y-1)^2\right)\left((x+y)^2+(2xy+x-y-1)^2\right).$$

证明:$f(\sqrt[8]{7},\sqrt[8]{9})=q+r\sqrt{s}$,其中 q,r,s 都是正整数,并且 s 不含平方数因子.

Titu Andreescu

题 7.16. 设 $a,b,c,d>0$ 满足 $ac+bd=2$,证明:

$$(ad-bc)^2+2\geqslant ad+bc.$$

Ion Nedelcu –《数学公报》*26529*

题 7.17. 对任意非负实数 x,y,证明:

$$\left((\sqrt{xy}-1)^2-(x+y)\right)^2+2\left((x-1)\sqrt{y}+(y-1)\sqrt{x}\right)^2=(x^2+1)(y^2+1).$$

Titu Andreescu

题 7.18. 证明:方程 $x^2+y^2=z^5+z$ 有无穷多互素的整数解.

英国数学奥林匹克 *1985*

题 7.19. 设 $\angle X,\angle Y,\angle Z$ 为一个三角形的三个内角,证明:

$$\left|\tan\frac{X}{2}+\tan\frac{Y}{2}+\tan\frac{Z}{2}-\tan\frac{X}{2}\tan\frac{Y}{2}\tan\frac{Z}{2}\right|=\sec\frac{X}{2}\sec\frac{Y}{2}\sec\frac{Z}{2}.$$

题 7.20. 设整数 k,m,n 满足 $k+m+n=1$,证明:

$$(k^2+m^2+n^2+7)^2+(kmn-4)^2$$

不是一个奇数的平方.

Titu Andreescu –《数学反思》*S577*

第 8 章　a^4+4b^4

设 a 和 b 为实数. Sophie Germain 技巧为下面的因式分解方法:

$$\begin{aligned}a^4+4b^4&=a^4+4a^2b^2+4b^4-4a^2b^2\\&=(a^2+2b^2)^2-(2ab)^2\\&=(a^2-2ab+2b^2)(a^2+2ab+2b^2)\\&=\left((a-b)^2+b^2\right)\left((a+b)^2+b^2\right).\end{aligned}\tag{8.1}$$

公式的第三行是 Sophie Germain 技巧的最常用形式. 最后一行的公式好处是给出了因子的下界. 例如,若 $|b|>1$ 或者 $|b|=1$ 且 $a\neq\pm b$,则两个因子都大于 1.

特别地,若 $b=1$,则有

$$\begin{aligned}a^4+4&=(a^2-2a+2)(a^2+2a+2)\\&=\left((a-1)^2+1\right)\left((a+1)^2+1\right).\end{aligned}\tag{8.2}$$

若 $a=m,b=2^{\frac{n-1}{2}}$,其中 m,n 为正整数,n 为奇数,则有

$$\begin{aligned}m^4+4^n&=\left(m^2-m\cdot2^{\frac{n+1}{2}}+2^n\right)\left(m^2+m\cdot2^{\frac{n+1}{2}}+2^n\right)\\&=\left((m-2^{\frac{n-1}{2}})^2+2^{n-1}\right)\left((m+2^{\frac{n-1}{2}})^2+2^{n-1}\right).\end{aligned}\tag{8.3}$$

例 8.1. 求所有 n^4+4^n 形式的素数,其中 n 为非负整数.

解　若 $n=0$,则 $n^4+4^n=1$. 若 n 为偶数,则 n^4+4^n 是大于 2 的偶数,因此不是素数. 若 n 为奇数,则有

$$\begin{aligned}p&=n^4+4^n\\&=(n^2+2^n)^2-n^2\cdot2^{n+1}\\&=\left(n^2-n\cdot2^{\frac{n+1}{2}}+2^n\right)\left(n^2+n\cdot2^{\frac{n+1}{2}}+2^n\right).\end{aligned}$$

由于对于正整数 n,有 $n^2+n\cdot 2^{\frac{n+1}{2}}+2^n>1$,因此必然有

$$n^2+2^n-n\cdot 2^{\frac{n+1}{2}}=1,$$

即

$$\left(n-2^{\frac{n-1}{2}}\right)^2+2^{n-1}=1.$$

由于左端不小于 2^{n-1},因此 $2^{n-1}\leqslant 1$,得到 $n=1$. 因此 $p=5$ 是唯一的解. □

例 8.2. 令

$$f(m,n)=(mn+4)^2+4(m-n)^2.$$

证明:$f(2\ 021^2,2\ 023^2)$ 被 $(2\ 022^2+1)^2$ 整除.

Titu Andreescu

证明 我们有因式分解

$$f(m,n)=m^2n^2+8mn+16+4m^2-8mn+4n^2=(m^2+4)(n^2+4),$$

因此

$$f(2\ 021^2,2\ 023^2)=(2\ 021^4+4)(2\ 023^4+4).$$

由于

$$k^4+4=(k^2-2k+2)(k^2+2k+2)=\left((k-1)^2+1\right)\left((k+1)^2+1\right),$$

因此 $2\ 021^4+4$ 和 $2\ 023^4+1$ 都被 $2\ 022^2+1$ 整除,证明完成. □

例 8.3. 计算

$$\sum_{n=1}^{\infty}\frac{n}{n^4+\frac{1}{4}}.$$

Titu Andreescu

解 我们有

$$\begin{aligned}\frac{n}{n^4+\frac{1}{4}}&=\frac{4n}{4n^4+1}\\&=\frac{4n}{(2n^2-2n+1)(2n^2+2n+1)}\\&=\frac{1}{(n-1)^2+n^2}-\frac{1}{n^2+(n+1)^2},\end{aligned}$$

因此裂项求和得到

$$\begin{aligned}\sum_{n=1}^{\infty}\frac{n}{n^4+\frac{1}{4}}&=\sum_{n=1}^{\infty}\left(\frac{1}{(n-1)^2+n^2}-\frac{1}{n^2+(n+1)^2}\right)\\&=\lim_{m\to\infty}\sum_{n=1}^{m}\left(\frac{1}{(n-1)^2+n^2}-\frac{1}{n^2+(n+1)^2}\right)\\&=1-\lim_{m\to\infty}\frac{1}{m^2+(m+1)^2}=1.\end{aligned}$$

□

习题

题 8.1. 证明:$3^{4^5}+4^{5^6}$ 可以写成两个大于 $10^{2\,009}$ 的整数的乘积.

Dorin Andrica – 罗马尼亚数学奥林匹克 *2009*

题 8.2. 是否存在整数 n,使得 $4^{5^n}+5^{4^n}$ 是一个素数?

Titu Andreescu –《数学反思》*J277*

题 8.3. 设正整数 a 和 b 均大于 1,证明:

$$4(a^4+b^4)^2+9(ab)^4$$

至少被 4 个素数(可以相同)整除.

Titu Andreescu

题 8.4. 证明:$1024\underbrace{00\cdots0}_{2\,012\text{个}0}2401$ 是合数.

Titu Andreescu –《数学反思》*J343*

题 8.5. 证明:$2^{2\,022}+1$ 是两个相差 2^{507} 的正整数的乘积.

Titu Andreescu

题 8.6. 证明:

$$\left((ab-1)^2+1\right)^2\left((ab+1)^2+1\right)^2+4a^3b^3(a-b)^2=(a^3b^5+4)(a^5b^3+4).$$

Titu Andreescu

题 8.7. 证明:

$$(x,y,z,w)=(2n-1,2n^2,2n+1,8n^4+2),\quad n=1,2,3,\cdots$$

是方程

$$(x^2+1)(y^2+1)(z^2+1)=w^2$$

的解.

Titu Andreescu

题 8.8. 设实数 a 和 b 满足

$$\begin{aligned}&\left((a-1)^2+1\right)\left((b-1)^2+1\right)\left((a+1)^2+1\right)\left((b+1)^2+1\right)\\=&(a^2b^2+2)^2+(2ab+4)^2.\end{aligned}$$

证明:$|a-b|=1$.

Titu Andreescu

题 8.9. 设

$$E(a,b)=(4ab-1)^2+4(a+b)^2.$$

证明:$E(2\ 022^2,2\ 023^2)$ 被 $(2\ 021^2+2\ 022^2)(2\ 023^2+2\ 024^2)$ 整除.

Titu Andreescu

题 8.10. 设 m 和 n 为奇数,证明:$(m^2n^2-4)^2+4(m^2+n^2)^2$ 的末位数为 1 或者 5.

Titu Andreescu

题 8.11. 将 $P(x)=325x^4+4x^3+6x^2+4x+1$ 写成两个整系数非常数多项式的乘积.

题 8.12. 求最小的正整数 n,使得多项式

$$P(x)=x^{n-4}+4n$$

是 4 个整系数非常数多项式的乘积.

Titu Andreescu –《数学反思》*S18*

题 8.13. 设

$$a_n = 1 - \frac{2n^2}{1+\sqrt{1+4n^4}}, \quad \forall n = 1,2,3,\cdots.$$

证明:$\sqrt{a_1} + 2\sqrt{a_2} + \cdots + 20\sqrt{a_{20}}$ 是整数.

Titu Andreescu –《数学反思》*J559*

题 8.14. 计算 $\sum\limits_{k\geqslant 1} \frac{64k}{k^4+64}$.

Titu Andreescu

题 8.15. 证明:$\prod\limits_{k=1}^{340} ((2k+1)^4+4)$ 是完全平方数.

Titu Andreescu

题 8.16. 设卢卡斯序列 $\{L_n\}_{n\geqslant 1}$ 为:

$$L_1 = 1, \quad L_2 = 3, \quad L_{n+2} = L_{n+1} + L_n, \quad n = 1,2,3,\cdots.$$

证明:若 $n = \frac{1}{4}(L_{6m+1} - 1)$,$m$ 是正整数,则

$$\prod_{k=1}^{n} ((4k-1)^4 + 64)$$

为完全平方数.

Titu Andreescu –《数学反思》*O575*

题 8.17. 证明:对任意正整数 n,乘积

$$\frac{4(2k+1)}{2k^2-2k+1} + 1, \quad k = 0,1,\cdots,10^n - 1,$$

是一个正整数,其数码和为 5.

Titu Andreescu

题 8.18. 求所有的正整数 n,使得

$$\left(1^4 + \frac{1}{4}\right)\left(2^4 + \frac{1}{4}\right)\cdot\cdots\cdot\left(n^4 + \frac{1}{4}\right)$$

为有理数的平方.

Titu Andreescu –《数学反思》*O145*

题 8.19. 设函数 $f:\mathbb{Q}\times\mathbb{Q}\to\mathbb{Q}$ 为

$$f(x,y)=(x^2+1)(y^2+1),$$

有理数 a,b,c 满足

$$a^2b^2c^2=4(a^2+b^2+c^2).$$

证明: $f(a-1,b+1),f(b-1,c+1),f(c-1,a+1)$ 的乘积为有理数的平方.

Titu Andreescu

题 8.20. 定义序列 $\{x_n\}_{n\in\mathbb{Z}_+}$ 和 $\{y_n\}_{n\in\mathbb{Z}_+}$ 为

$$x_1=3,\quad x_n=3x_{n-1}+4y_{n-1},\quad n\geqslant 2,$$

$$y_1=2,\quad y_n=2x_{n-1}+3y_{n-1},\quad n\geqslant 2.$$

证明: $z_n=1+4x_n^2y_n^2,n=1,2,3,\cdots$ 不包含素数.

Titu Andreescu –《蒂米什瓦拉数学学报》,题 *2571*

题 8.21. 考虑实数 a, 对任意正整数 n, 设

$$z_n=(2a^2+\mathrm{i})^n,\quad v_n=(a-1+a\mathrm{i})^n,\quad w_n=(a+1+a\mathrm{i})^n.$$

令 $A_n(z_n)$ 和 $B_n(v_nw_n)$ 分别为 z_n 和 v_nw_n 代表的复平面上的点. 证明: 线段 A_nB_n 的垂直平分线经过一个定点.

Titu Andreescu

题 8.22. 设 $\boldsymbol{A}$ 为 $n\times n$ 矩阵, 满足 $\boldsymbol{A}^4=\boldsymbol{I}_n$. 证明: $\boldsymbol{A}^2+(\boldsymbol{A}+\boldsymbol{I}_n)^2$ 和 $\boldsymbol{A}^2+(\boldsymbol{A}-\boldsymbol{I}_n)^2$ 为可逆矩阵.

Adrian Andreescu –《数学反思》*U553*

题 8.23. 设 K 为 q 个元素的有限域, 证明:

(1) 若 $q\equiv 1\pmod 4$, 则多项式 $f(x)=x^4+4$ 在 K 上有四个根.

(2) 多项式 $g(x)=x^8-16$ 在 K 上至少有一个根.

Dorel Miheţ –《数学公报》*C.O:5210*

第 9 章　$t+k/t$

对每个正实数 t,以及非负实数 k,从均值不等式可得

$$t+\frac{k}{t}\geqslant 2\sqrt{k}. \tag{9.1}$$

令 $f_k(t)=t+\frac{k}{t}$,对非零实数 t 有

$$f_k(t)+f_k\left(\frac{1}{t}\right)=(k+1)\left(t+\frac{1}{t}\right)=(k+1)f_1(t). \tag{9.2}$$

此外,有

$$f_1(t)^2=\left(t+\frac{1}{t}\right)^2=t^2+\frac{1}{t^2}+2=f_1(t^2)+2, \tag{9.3}$$

$$f_1(t)^3=\left(t+\frac{1}{t}\right)^3=t^3+\frac{1}{t^3}+3\left(t+\frac{1}{t}\right)=f_1(t^3)+3f_1(t). \tag{9.4}$$

一般地,我们可以用二项式定理得到

$$f_1(t)^n=\sum_{i=0}^{n}a_i f_1(t^i),$$

其中 $a_i\in\mathbb{Z}$,$i=0,1,\cdots,n$,其具体值为

$$a_i=\begin{cases}\binom{n}{\frac{n+i}{2}}, & i\equiv n\ (\mathrm{mod}\ 2)\\ 0, & i\not\equiv n\ (\mathrm{mod}\ 2)\end{cases}.$$

还有一个这方面的相反的公式. 定义整系数多项式 $T_m(x)$ 为

$$T_0(x)=2, T_1(x)=x,\quad T_n(x)=xT_{n-1}(x)-T_{n-2}(x),\ n\geqslant 2.$$

于是有 $T_2(x)=x^2-2$,$T_3(x)=x^3-3x$. 对比方程 (9.3),(9.4)可得

$$f_1(t^n)=T_n(f_1(t))$$

当 $n=2,3$ 时成立. 这个公式对任意正整数 n 都成立,可以利用公式

$$t^n+\frac{1}{t^n}=\left(t+\frac{1}{t}\right)\left(t^{n-1}+\frac{1}{t^{n-1}}\right)-\left(t^{n-2}+\frac{1}{t^{n-2}}\right)$$

和数学归纳法证明.

例 9.1. 设实数 $a>1$ 满足

$$22\left(a+\frac{1}{a}\right)=\sqrt{2\,017}.$$

计算 $a-\frac{1}{a}$.

Titu Andreescu – AwesomeMath 入学考试 *2017*, 测试 C

解 注意到

$$\left(a+\frac{1}{a}\right)^2-\left(a-\frac{1}{a}\right)^2=4.$$

因此

$$\left(a-\frac{1}{a}\right)^2=\frac{2\,017}{484}-4=\frac{81}{484}.$$

由于 $a>1$,于是 $a-\frac{1}{a}>0$,因此得到 $a-\frac{1}{a}=\frac{9}{22}$. □

例 9.2. 设 r 为正实数,满足

$$\sqrt[4]{r}-\frac{1}{\sqrt[4]{r}}=14.$$

证明:

$$\sqrt[6]{r}+\frac{1}{\sqrt[6]{r}}=6.$$

Titu Andreescu – AwesomeMath 入学考试 *2008*, 测试 C

证明 第一步是得到 $\sqrt{r}+\frac{1}{\sqrt{r}}$. 显然,

$$\left(\sqrt[4]{r}-\frac{1}{\sqrt[4]{r}}\right)^2=\sqrt{r}+\frac{1}{\sqrt{r}}-2=196,$$

于是

$$\sqrt{r}+\frac{1}{\sqrt{r}}=198.$$

再有

$$\left(\sqrt[6]{r}+\frac{1}{\sqrt[6]{r}}\right)^3=\sqrt{r}+\frac{1}{\sqrt{r}}+3\left(\sqrt[6]{r}+\frac{1}{\sqrt[6]{r}}\right).$$

记 $x=\sqrt[6]{r}+\frac{1}{\sqrt[6]{r}}\geqslant 2$. 于是 $x^3-3x=198$. 容易发现 $x=6$ 是一个解. 而 $x^3-3x=x(x^2-3)$ 在 $[2,\infty)$ 上是增函数,因此 $x=6$ 为唯一解. □

例 9.3. 求方程的实数解：

$$(x-1)^2 = 3\sqrt{x}(x+1).$$

Titu Andreescu

解 首先，$x=0$ 不满足方程，因此 $x>0$. 方程两边除以 x 得到等价的形式

$$x-2+\frac{1}{x} = 3\left(\sqrt{x}+\frac{1}{\sqrt{x}}\right).$$

记 $\sqrt{x}+\frac{1}{\sqrt{x}} = y > 0$，我们得到 $y^2-4=3y$，其正数解为 $y=4$. 于是

$$x+\frac{1}{x} = y^2-2 = 14,$$

化为二次方程 $x^2-14x+1=0$，解得

$$x_1 = 7+4\sqrt{3}, \quad x_2 = 7-4\sqrt{3}$$

两个根均为正数，因此满足原始方程. □

习题

题 9.1. 设 $x+\frac{1}{x}=a, y+\frac{1}{y}=b, xy+\frac{1}{xy}=c$，证明：$a^2+b^2+c^2-abc$ 为完全平方数.

题 9.2. 设 a,b,c 为两两不同的非零实数，满足 $ab+\frac{1}{ab}=bc+\frac{1}{bc}=ca+\frac{1}{ca}$，证明：$(abc)^2=1$.

题 9.3. 设正实数 a 满足 $a^2+\frac{16}{a^2}=2\ 017$，计算 $\sqrt{a}+\frac{2}{\sqrt{a}}$.

Titu Andreescu – AwesomeMath 入学测试 *2017*, 测试 A

题 9.4. 求方程的实数解

$$x+\frac{1}{x} = 2\sqrt{x-\frac{1}{x}}.$$

Titu Andreescu

题 9.5. 求方程的正实数解

$$\sqrt{x^4-4x}+\frac{1}{x^2} = 1.$$

Titu Andreescu –《数学反思》*J407*

题 9.6. 设 a 为正实数,求方程的实数解

$$x^3-3x=a+\frac{1}{a}.$$

Titu Andreescu

题 9.7. 设正实数 a 使得对某个正整数 n,

$$3\left(a^{n-1}+\frac{1}{a^{n-1}}\right),\quad 5\left(a^n+\frac{1}{a^n}\right),\quad 3\left(a^{n+1}+\frac{1}{a^{n+1}}\right)$$

是一个等差数列,求所有可能的 a.

Titu Andreescu

题 9.8. 设 t 和 k 为正实数,证明:不存在正整数 n,使得

$$t^{n-1}+\frac{k}{t^{n-1}},\quad t^n+\frac{k}{t^n},\quad t^{n+1}+\frac{k}{t^{n+1}}$$

为一个非常数的等比数列.

Titu Andreescu

题 9.9. 设非零实数 a 满足

$$\left(a-\frac{1}{a}\right)\left(\frac{1}{a}-a+1\right)=\frac{1}{4},$$

计算

$$\left(a^3-\frac{1}{a^3}\right)\left(\frac{1}{a^3}-a^3+1\right).$$

Titu Andreescu

题 9.10. 设正实数 a,b 满足

$$\frac{a^3}{b^2}+\frac{b^3}{a^2}=5\sqrt{5ab}.$$

证明:

$$\sqrt{\frac{a}{b}}+\sqrt{\frac{b}{a}}=\sqrt{5}.$$

Adrian Andreescu –《数学反思》*S475*

题 9.11. 设非零实数 a 满足:存在实数 $b\geqslant 1$,使得 $a^3+\frac{1}{a^3}=b\sqrt{b+3}$. 证明: $a^2+\frac{1}{a^2}=b+1$.

Titu Andreescu –《数学反思》*S571*

题 9.12. 已知 $a_1, a_2, \cdots, a_n > 0$ 且 $a_1 + a_2 + \cdots + a_n = \sqrt{n}$,证明:

$$\left(a_1 + \frac{1}{a_1}\right)^2 + \left(a_2 + \frac{1}{a_2}\right)^2 + \cdots + \left(a_n + \frac{1}{a_n}\right)^2 \geqslant (n+1)^2.$$

Titu Andreescu, Alessandro Ventullo –《数学反思》*S576*

题 9.13. 设 a 是正实数,$f(x) = a^x + \frac{1}{a^x}$. 已知 $f\left(\frac{2}{3}\right) = 1 + 2\sqrt{2}$, 求 $f\left(\frac{3}{2}\right)$.

Adrian Andreescu –《数学反思》*J577*

题 9.14. 设 $x^2 + x\sqrt{5} + 1 = 0$,求实数 a 使得

$$x^{10} + ax^5 + 1 = 0.$$

Titu Andreescu – AwesomeMath 入学测试 *2011,* 测试 C

题 9.15. 设有理数 r_1 使得方程

$$x^2 + r_1 x + 1 = 0$$

有有理根. 证明:对任意正整数 n, 存在有理数 r_n, 使得 $x^{2n} + r_n x^n + 1 = 0$ 有有理根.

Titu Andreescu

题 9.16. 证明:对任意正整数 $n \geqslant 2$,

$$\sqrt[n]{\sqrt{5}+2} + \sqrt[n]{\sqrt{5}-2}$$

是一个无理数.

Titu Andreescu

题 9.17. 求方程组的实数解

$$x^3 = 3x + y, \quad y^3 = 3y + z, \quad z^3 = 3z + x.$$

Titu Andreescu

题 9.18. 求方程组的非零实数解

$$x - \frac{1}{x} = 2y, \quad y - \frac{1}{y} = 2z, \quad z - \frac{1}{z} = 2w, \quad w - \frac{1}{w} = 2x.$$

Titu Andreescu

题 9.19. 求方程组的非零实数解

$$x-\frac{1}{x}+\frac{2}{y}=y-\frac{1}{y}+\frac{2}{z}=z-\frac{1}{z}+\frac{2}{x}=0.$$

Adrian Andreescu –《数学反思》*J561*

题 9.20. 设 a,b,c 为两两不同的实数,证明:

$$\left(a+\frac{1}{a}\right)^2\left(1-b^4\right),\quad \left(b+\frac{1}{b}\right)^2\left(1-c^4\right),\quad \left(c+\frac{1}{c}\right)^2\left(1-a^4\right)$$

中至少有一个不等于 4.

Titu Andreescu –《数学反思》*S563*

题 9.21. 设实数 a 和 b 均大于 1,满足

$$a+\frac{1}{a}=2\sec c,\quad b+\frac{1}{b}=2\operatorname{cosec} c$$

对某个实数 c 成立. 证明:

$$ab+\frac{1}{ab}=2+4\operatorname{cosec} 2c.$$

Titu Andreescu

题 9.22. 设正实数 a,b,c 满足 $ab+bc+ca=1$ 和

$$\left(a+\frac{1}{a}\right)^2\left(b+\frac{1}{b}\right)^2-\left(b+\frac{1}{b}\right)^2\left(c+\frac{1}{c}\right)^2+\left(c+\frac{1}{c}\right)^2\left(a+\frac{1}{a}\right)^2=0.$$

证明:$a=1$.

Adrian Andreescu –《数学反思》*J574*

题 9.23. 设复数 z 满足 $z+\frac{1}{z}=2\cos 3^\circ$,求大于 $z^{2\,000}+\frac{1}{z^{2\,000}}$ 的最小整数.

Titu Andreescu – AIME II *2000*

题 9.24. 设复数 z 满足

$$\left(z+\frac{1}{z}\right)\left(z+\frac{1}{z}+1\right)=1.$$

对任意整数 n,计算

$$\left(z^n+\frac{1}{z^n}\right)\left(z^n+\frac{1}{z^n}+1\right).$$

Titu Andreescu

题 9.25. 设 n 为正奇数,z 为复数,满足 $z^{2^n-1}-1=0$. 计算

$$\prod_{k=1}^{n}\left(z^{2^k}+\frac{1}{z^{2^k}}-1\right).$$

Titu Andreescu –《数学反思》*O213*

题 9.26. 设 $\boldsymbol{A}$ 和 $\boldsymbol{B}$ 为 $n\times n$ 可逆矩阵,满足

$$(\boldsymbol{A}+\boldsymbol{B}^{-1})-(\boldsymbol{A}^{-1}+\boldsymbol{B})=\boldsymbol{I}_n$$

和

$$(\boldsymbol{A}+\boldsymbol{B})-(\boldsymbol{A}^{-1}+\boldsymbol{B}^{-1})=3\boldsymbol{I}_n.$$

计算

$$(\boldsymbol{A}^3+\boldsymbol{B}^{-3})-(\boldsymbol{A}^{-3}+\boldsymbol{B}^3).$$

Titu Andreescu

第 10 章 $x^5+x\pm 1$

设 $f(x)=x^5+x+1$,则有

$$x^5+x-1=-f(-x),$$

$$x^5+x^4+1=x^5 f\left(\frac{1}{x}\right),$$

以及

$$x^5-x^4-1=x^5 f\left(-\frac{1}{x}\right).$$

我们有因式分解

$$x^5+x+1=(x^2+x+1)(x^3-x^2+1) \tag{10.1}$$

$$x^5+x-1=(x^2-x+1)(x^3+x^2-1) \tag{10.2}$$

$$x^5+x^4+1=(x^2+x+1)(x^3-x+1) \tag{10.3}$$

$$x^5-x^4-1=(x^2-x+1)(x^3-x-1). \tag{10.4}$$

事实上

$$\begin{aligned} x^5+x+1 &= x^5-x^2+x^2+x+1 \\ &= x^2(x^3-1)+(x^2+x+1) \\ &= (x^2+x+1)(x^2(x-1)+1) \\ &= (x^2+x+1)(x^3-x^2+1). \end{aligned}$$

另外几个因式分解可以类似地得到，或者将式 (10.1) 通过变量代换 $x\mapsto -x, \frac{1}{x}, -\frac{1}{x}$ 分别得到.

习题

题 10.1. 求正整数 n,使得 $(n-1)^5+n$ 为素数.

Titu Andreescu

题 10.2. 证明:对任意非负整数 n,

$$5^{5^{n+1}}+5^{5^n}+1$$

不是素数.

Titu Andreescu

题 10.3. 证明:对任意正整数 n,

$$3\ 125^n-625^n-1$$

有至少两个大于 25^n-5^n 的因子.

Titu Andreescu

题 10.4. 求最大的素数 p,使得 $3p$ 是三位数,并且整除 $31^{31}+32^{155}$.

Adrian Andreescu –《数学反思》*J534*

题 10.5. 设 $a\in(0,1)$ 满足 $\log_a(1-a)=5$,计算 $\log_a(1+a)$.

Titu Andreescu

题 10.6. 设实数 a 满足 $a^3\neq a$,证明:

$$\frac{a}{a^2+\mathrm{i}}+\frac{a}{a^2-\mathrm{i}}=2\left(1+\frac{1}{a}\right)$$

当且仅当

$$\frac{a}{a+1}+\frac{a}{a-1}=\frac{2}{a}.$$

Titu Andreescu

题 10.7. 证明:关于实数的方程

$$x^4y^4(x-1)(y-1)+x^4+y^4=x^5+y^5-1$$

和

$$xy(x^2-1)(y^2-1)+x+y=x^3+y^3-1$$

等价.

Titu Andreescu

题 10.8. 非零实数 a 满足 $a^4+\frac{1}{a^5}=a-3$，计算 $a^4+\frac{1}{a}$.

Titu Andreescu

题 10.9. 设 a 和 b 为正实数，证明：

$$|a^5-b^5|=ab\max\{a^3,b^3\}$$

当且仅当

$$|a^3-b^3|=ab\min\{a,b\}.$$

Titu Andreescu –《数学反思》*J543*

题 10.10. 对实数 x，证明：方程

$$2^{2^{x-1}}=\frac{1}{2^{2^x}-1}$$

等价于

$$2^{2^{x+1}}=\frac{1}{2^{2^{x-1}}-1}.$$

Titu Andreescu –《数学反思》*J358*

题 10.11. 设

$$P_n=\prod_{k=2}^{n}\left(\frac{1}{2}+\frac{1}{k^5+k-1}\right),$$

$$Q_n=\prod_{k=2}^{n}\left(\frac{1}{2}-\frac{k^2-1}{k^3+k^2-1}\right).$$

证明：

$$\frac{P_n}{Q_n}=\frac{n^2+n+1}{3}.$$

Titu Andreescu

题 10.12. 给出整系数多项式 $P(x)$ 的例子，使得关于非零实数 x 的方程

$$P(x)^2-\frac{1}{x}+1=0$$

与

$$P\left(\frac{1}{x}\right)+x+1=0$$

等价.

Titu Andreescu

题 10.13. 求所有的实系数多项式 $P(x)$,使得对于所有实数 x,有

$$(P(x^2)+x)(P(x^3)-x^2)=P(x^5)+x.$$

Titu Andreescu –《数学反思》*U563*

题 10.14. 考虑二次方程

$$m^5x^2-(m^7+m^6-m^4-m)x+m^8-m^5-m^3+1=0,$$

设两个根为 x_1 和 x_2,其中 m 为实参数. 证明:$x_1=1$ 当且仅当 $x_2=1$.

Titu Andreescu –《数学反思》*J571*

题 10.15. 设 $f(x)=x^5+x+1$. 求方程的正实数解

$$f(x)+f\left(\frac{1}{x}\right)=128.$$

Titu Andreescu

题 10.16. 设复数 z 满足 $z^{10}+z^6+z-1=0$ 和 $z-\frac{1}{z^2}\neq -1$. 证明:$z^{15}=-1$.

Titu Andreescu

题 10.17. 求方程组

$$\begin{cases} x^5+x-1=(y^3+y^2-1)z \\ y^5+y-1=(z^3+z^2-1)x \\ z^5+z-1=(x^3+x^2-1)y \end{cases}$$

的实数解 x,y,z,并且满足 $x^3+y^3+z^3\geqslant 3$.

Titu Andreescu –《数学反思》*J267*

题 10.18. 求所有的三元组 (n,k,p),其中 n 和 k 为正整数,p 为素数,满足方程 $n^5+n^4+1=p^k$.

Titu Andreescu –《数学反思》*S91*

题 10.19. 设 $a_0,a_1,\cdots,a_6$ 均为大于 -1 的实数,证明:若

$$\frac{a_0^3+1}{\sqrt{a_1^5+a_1^4+1}}+\frac{a_1^3+1}{\sqrt{a_2^5+a_2^4+1}}+\cdots+\frac{a_6^3+1}{\sqrt{a_0^6+a_0^4+1}}\leqslant 9,$$

则

$$\frac{a_0^2+1}{\sqrt{a_1^5+a_1^4+1}}+\frac{a_1^2+1}{\sqrt{a_2^5+a_2^4+1}}+\cdots+\frac{a_6^2+1}{\sqrt{a_0^5+a_0^4+1}}\geqslant 5.$$

Titu Andreescu –《数学反思》*O101*

题 10.20. 求所有的正整数对 $m,n\geqslant 3$,使得存在无穷多正整数 a,满足

$$\frac{a^m+a-1}{a^n+a^2-1}$$

是一个整数.

Laurenţiu Panaitopol – 国际数学奥林匹克 *2002*

题 10.21. 设 $\boldsymbol{A}$ 为 n 阶实方阵,满足

$$\boldsymbol{A}^5=-\boldsymbol{I}_n.$$

证明:$\boldsymbol{A}^2+\boldsymbol{A}+\boldsymbol{I}_n$ 是非奇异方阵.

Titu Andreescu

第 2 部分
解　答

第 11 章　ax^2+bx+c

题 11.1. 设 $f(x)=ax^2-bx+c$,其中 a,b,c 为素数. 已知方程 $f(f(x))=2\ 023$ 的根为 $0,\alpha,\beta,\gamma$,且满足 $\alpha+\beta+\gamma=\frac{26}{43}$. 求 a,b,c.

Adrian Andreescu

解　我们有

$$\begin{aligned}f(f(x))&=a(ax^2-bx+c)^2-b(ax^2-bx+c)+c\\&=a^3x^4-2a^2bx^3+rx^2+sx+(ac^2-bc+c),\end{aligned}$$

其中 $r=a(2ac+b^2-b)$, $s=b(b-2ac)$ 为常数,其具体值不重要. 根据韦达定理得到

$$\frac{2a^2b}{a^3}=\frac{26}{43},\quad c(ac-b+1)=2\ 023,$$

因此得到 $\frac{b}{a}=\frac{13}{43}$,解出 $b=13,a=43$. 进一步有 $c(43c-12)-2\ 023=0$,解得 $c=7$. □

题 11.2. 设 $a,b,c\in\mathbb{R}^*$ 两两不同,令

$$\begin{aligned}A&=\{x\in\mathbb{R}\mid ax^2+bx+c=0\},\\B&=\{x\in\mathbb{R}\mid bx^2+cx+a=0\},\\C&=\{x\in\mathbb{R}\mid cx^2+ax+b=0\}.\end{aligned}$$

证明:若 $A\cap B\cap C\neq\varnothing$,则 $A\cup B\cup C$ 恰有 4 个元素.

Titu Andreescu –《蒂米什瓦拉数学学报》,题 *6184*

证明　设 $r\in\mathbb{R}$ 为三个方程 $ax^2+bx+c=0, bx^2+cx+a=0, cx^2+ax+b=0$ 的公共根. 于是有

$$\begin{aligned}ar^2+br+c&=0,\\br^2+cr+a&=0,\\cr^2+ar+b&=0.\end{aligned}$$

将这些方程相加,得到 $(a+b+c)(r^2+r+1)=0$. 由于 r 为实数,因此

$$r^2+r+1=\left(r+\frac{1}{2}\right)^2+\frac{3}{4}>0,$$

于是得到 $a+b+c=0$,1 为三个方程的公共根. 第一个方程的根为

$$x_1=1,\quad x_2=\frac{c}{a}=-\frac{c}{b+c},$$

第二个方程的根为

$$x_1=1,\quad x_3=\frac{a}{b}=-\frac{b+c}{b},$$

第三个方程的根为 $x_1=1,x_4=\frac{b}{c}$. 由于 a,b,c 两两不同,因此 x_2,x_3,x_4 均不为 1. 若 x_2,x_3,x_4 中有两个相同,则列出方程均得到 $b^2+bc+c^2=0$,与

$$b^2+bc+c^2=\left(b+\frac{c}{2}\right)^2+\frac{3c^2}{4}>0$$

矛盾. 因此 x_1,x_2,x_3,x_4 两两不同,证明完成. □

题 11.3. 求最大的负整数 n,使得方程

$$x^2+nx+2\,016=0$$

有整数解.

Titu Andreescu – AwesomeMath 入学考试 *2016*, 测试 C

解 设 r,s 为方程的根. 由于 $r+s=-n>0,rs=2\,016$,因此 r 和 s 都是整除 2 016 的正整数. 不妨设 $r\leqslant s$,于是 $r\leqslant\sqrt{2\,016}\approx 44.89$. 我们要使 $r+\frac{2\,016}{r}$ 极小,其中正整数 $r\in[1,44]$. 由于当 $x\leqslant\sqrt{2\,016}$ 时,有

$$\left(x+\frac{2\,016}{x}\right)'=1-\frac{2\,016}{x^2}\leqslant 0,$$

因此 $x+\frac{2\,016}{x}$ 是关于 x 的减函数. 我们需要找到最接近 $\sqrt{2\,016}$ 的 2 016 的因子 $r\leqslant 44$. 于是得到 $r=42,s=48$,然后得到 n 的最大值为 -90.

还可以考虑判别式,若 $n\geqslant -89$,则

$$\Delta=n^2-4\times 2\,016\leqslant 89^2-4\times 2\,016=-143<0,$$

因此方程没有实数解,也就没有整数解. □

题 11.4. 设 $a=\sqrt{r-1}+\sqrt{2r}+\sqrt{r+1}$,$b=\sqrt{r-1}-\sqrt{2r}+\sqrt{r+1}$,其中 r 为大于 1 的实数. 已知 a 和 b 为二次方程 $x^2+cx+\sqrt{2\,021}=0$ 的根,求 c.

Titu Andreescu – AwesomeMath 入学考试 *2021*, 测试 B,第一部分

解　我们有

$$\sqrt{2\,021}=ab=(\sqrt{r-1}+\sqrt{r+1})^2-(\sqrt{2r})^2=2\sqrt{r^2-1},$$

得出 $r^2-1=\frac{2\,021}{4}$. 因此 $r=\frac{45}{2}$,于是

$$c=-(a+b)=-2\left(\sqrt{\frac{45}{2}-1}+\sqrt{\frac{45}{2}+1}\right)=-(\sqrt{86}+\sqrt{94})$$

□

题 11.5. 证明:对每个整数 $a\neq 0,2$,存在非零整数 b,使得方程

$$ax^2-(a^2+b)x+b=0$$

有整数解.

Laurenţiu Panaitopol –《数学反思》*J2*

证明　设 x_1 和 x_2 为整数解. 根据韦达定理,有

$$x_1+x_2=a+\frac{b}{a},\quad x_1x_2=\frac{b}{a}.$$

因此 $x_1+x_2-x_1x_2-1=a-1$,因式分解得 $(x_1-1)(1-x_2)=a-1$. 可以取 $x_1-1=1,1-x_2=a-1$,得出 $\{x_1,x_2\}=\{2,2-a\}$,于是 $b=ax_1x_2=2a(2-a)$. 因此对于 $a\neq 0,2,b=2a(2-a)$ 为满足题目条件的非零整数. □

题 11.6. 求所有的非零整数对 (m,n),满足 $m+n$ 为方程 $x^2+mx+n=0$ 的根.

Adrian Andreescu

解　设 x_1 和 x_2 为方程 $x^2+mx+n=0$ 的根,$x_1=m+n$. 由于 $x_1+x_2=-m$,因此 $x_2=-2m-n$,于是有 $(m+n)(-2m-n)=x_1x_2=n$,得到

$$2m^2+3mn+n^2+n=0.$$

我们也可以把 $m+n$ 代入方程得到 $(m+n)^2+m(m+n)+n=0$,然后展开得到上述方程.

方程 $2m^2+3nm+(n^2+n)=0$ 是关于 m 的二次方程，由于 m 是整数，因此方程的判别式为平方数. 因此存在非负整数 q，使得 $(3n)^2-8(n^2+n)=q^2$，化简为 $n^2-8n=q^2$，配方得到

$$(n-4)^2-q^2=16,$$

因式分解为

$$(n-4-q)(n-4+q)=16.$$

两个因子 $n-4-q$ 和 $n-4+q$ 的奇偶性相同，满足 $n-4+q\geqslant n-4-q$. 因此可能的值分别为 $(-8,-2)$，$(-4,-4)$，$(4,4)$，$(2,8)$，分别得到 $n\in\{-1,0,8,9\}$. 第一个解出 m 不是整数，第二个与 $n\neq 0$ 矛盾，第三个解出 $m=-6$，第四个也解出 $m=-6$. 经验证，它们都满足题目条件.

因此所求的非零整数对为 $(-6,8)$ 与 $(-6,9)$. □

题 11.7. 求所有的实数对 (a,b)，使得方程 $x^2+ax-b=0$ 和 $x^2+bx-a=0$ 的四个根为 1,2,3,5 的某个排列.

Titu Andreescu

解 设 x_1,x_2 为 $x^2+ax-b=0$ 的根，x_3,x_4 为 $x^2+bx-a=0$ 的根. 我们有 $x_1+x_2=-a$，$x_3+x_4=-b$，$x_1x_2=-b$，$x_3x_4=-a$. 因此

$$(-a)+(-b)=x_1+x_2+x_3+x_4=1+2+3+5=11,$$

并且

$$(-b)(-a)=x_1x_2x_3x_4=1\times 2\times 3\times 5=30.$$

于是 a 和 b 为方程 $x^2+11x+30=0$ 的两个根，得到 $(a,b)=(-6,-5)$ 或者 $(a,b)=(-5,-6)$. 验证可知，它们都满足题目条件. □

题 11.8. 求所有的整数对 (m,n)，使得两个方程 $x^2+mx-n=0$ 和 $x^2+nx-m=0$ 都有整数根.

Alessandro Ventullo –《数学反思》*J443*

解 若两个方程有整数根，则它们的判别式都是平方数. 即 m^2+4n 和 n^2+4m 均为平方数. 不妨设 $m\geqslant n$，有下列三种情况.

(1) $n\geqslant 0$. 若 $n=0$，则有 $m=k^2$，$k\in\mathbb{N}$. 若 $n>0$，则 $m^2<m^2+4n<(m+2)^2$，于是 $m^2+4n=(m+1)^2$，得到 $4n=2m+1$，矛盾.

(2) $m \geqslant 0 > n$. 显然需要 $m^2 \geqslant -4n$.

若 $m \leqslant -n$,则有

$$(n+1)^2 = n^2+2n+1 < n^2+4m < n^2-4n+4 = (n-2)^2,$$

因此 $n^2+4m = n^2$ 或者 $n^2+4m=(n-1)^2$. 由第一种情况得到 $m=0$,然后有 $m^2+4n=4n<0$,矛盾. 由第二种情况得到 $4m=-2n+1$,矛盾.

若 $m>-n$,则 $m \geqslant -n+1$,然后有

$$(m-2)^2 = m^2-4m+4 \leqslant m^2+4n < m^2,$$

得到 $m^2+4n=(m-1)^2$ 或者 $m^2+4n=(m-2)^2$. 由第一种情况得到 $4n=-2m+1$,矛盾. 由第二种情况得到 $n=-m+1$,然后有 $m^2+4n=m^2+4(-m+1)=(m-2)^2$ 并且 $n^2+4m=(-m+1)^2+4m=(m+1)^2$. 因此得到解 $(m,n)=(k,-k+1), k\in\mathbb{N}$.

(3) $m<0$. 若 $n \leqslant -5$,则 $(n+3)^2 < n^2+4n \leqslant n^2+4m < n^2$,于是 $n^2+4m=(n+1)^2$ 或者 $n^2+4m=(n+2)^2$. 由第一种情况得到 $4m=2n+1$,矛盾. 由第二种情况得到 $m=n+1, m^2+4n=(n+1)^2+4n$. 若 $n\leqslant -8$,则有

$$(n+4)^2 < (n+1)^2+4n < (n+1)^2,$$

于是 $(n+1)^2+4n=(n+2)^2$ 或者 $(n+1)^2+4n=(n+3)^2$. 两种情况下均无解. 若 $n\in\{-5,-6,-7\}$,则枚举验证得到 $(m,n)=(-5,-6)$ 为解.

若 $n\in\{-1,-2,-3,-4\}$,则由于 $n\leqslant m<0$,因此 $m^2+4n\leqslant n^2+4n\leqslant 0$,当且仅当 $(m,n)=(-4,-4)$ 时,等号成立.

综上所述,所求的整数对 (m,n) 为

$$(0,k^2),(k^2,0),(-4,-4),(-5,-6),(-6,-5),(k,-k+1),(-k+1,k),\quad k\in\mathbb{N}.\ \square$$

题 11.9. 证明:存在超过 1 985 个由非零整数构成的三元组 (a,b,c),满足 $|a|,|b|,|c|\leqslant 27$,并且三个方程

$$ax^2+bx+c=0,\quad bx^2+cx+a=0,\quad cx^2+ax+b=0$$

都有有理数解.

Titu Andreescu –《蒂米什瓦拉数学学报》,题 *5856*

证明 注意到,若 $a+b+c=0$,则三个方程都有一个根为 1,于是另一个根也是有理数. 要证明题目结论,只需证明满足 $a+b+c=0$ 并且 $|a|,|b|,|c|\leqslant 27$ 的非零整数构成的三元组 (a,b,c) 的个数超过 1 985.

根据 $a+b+c=0$ 以及 a,b,c 为非零整数,可知 a,b,c 不同号,并且其中两个符号相同. 利用旋转对称性,不妨设 a,b 同号. 我们还可以把 (a,b,c) 统一变号为 $(-a,-b,-c)$,因此进一步假设 a,b 为正数. 于是只需计算满足 $a,b>0$ 的非零整数三元组 (a,b,c) 的个数. 由上面的过程反推,从一个解 (a,b,c),我们可以得到 5 个其他解 (b,c,a),(c,a,b),$(-a,-b,-c)$,$(-b,-c,-a)$,$(-c,-a,-b)$,所以最终结果需要乘以 6. 由于 $a+b+c=0$,因此有 $c=-(a+b)$,于是 $a+b=|c|\leqslant 27$. 我们需要计算和不超过 27 的正整数对的个数. 若 $a=1$,则得到 26 个 b 的可能值. 若 $a=2$,则得到 25 个 b 的值,以此类推. 因此解的总数为 $26+25+\cdots+1=\frac{26\times 27}{2}=351$,乘以 6 得到 $6\times 351=2\ 106>1\ 985$ 个不同的三元组满足条件,证明完成. □

题 11.10. 设非零整数 a,b,c 使得方程 $ax^2+bx+c=0$ 有有理根,证明:

$$b^2\leqslant (ac+1)^2.$$

Ion Cucurezeanu – 罗马尼亚数学奥林匹克,康斯坦察 *1993*

证明 若 $ac>0$,则 $b^2-4ac=k^2$ 对某个非负整数 $k<|b|$ 成立,并且 k 和 b 的奇偶性相同. 于是 $b^2-4ac\leqslant (|b|-2)^2$,得出 $|b|\leqslant ac+1$,因此 $b^2\leqslant (ac+1)^2$. 若 $ac<0$,则类似地,$b^2-4ac\geqslant (|b|+2)^2$,得出 $|b|\leqslant -(ac+1)$,因此也有 $b^2\leqslant (ac+1)^2$. □

题 11.11. 设 a,b,c 为正整数,满足 $b>a^2+c^2$,证明:方程 $ax^2+bx+c=0$ 的根为实数,并且是无理数.

Cristinel Mortici – 罗马尼亚数学奥林匹克,康斯坦察 *1999*

证明 因为 $b>a^2+c^2\geqslant 1+1$,所以有 $b^2>2b>2(a^2+c^2)$. 又因为 $a^2+c^2\geqslant 2ac$,所以得到 $b^2-4ac>0$. 因此方程 $ax^2+bx+c=0$ 的根为实数. 假设方程 $ax^2+bx+c=0$ 的根为有理数,则根据上一个题目,有 $b\leqslant ac+1$,因此 $2ac\leqslant a^2+c^2<ac+1$. 这说明 $2ac\leqslant ac$,即 $ac\leqslant 0$,矛盾. □

题 11.12. 求所有的非零实数对 (a,b),使得 $x^2-(a^2+b^2)x+ab=0$ 有整数根.

Ion Cucurezeanu – 罗马尼亚数学奥林匹克,康斯坦察 *1992*

解　首先证明所给方程没有负整数根. 事实上,若 x_0 是负整数,则 $x_0 \leqslant -1$,因此

$$x_0^2-(a^2+b^2)x_0+ab \geqslant 1+a^2+b^2+ab>0.$$

于是两个根 x_1 和 x_2 都是正整数. 由 $x_1+x_2=a^2+b^2$ 和 $x_1x_2=ab$ 得

$$x_1+x_2-2x_1x_2=a^2+b^2-2ab \geqslant 0,$$

因此 $2x_1x_2 \leqslant x_1+x_2$,于是 $(2x_1-1)(2x_2-1) \leqslant 1$. 由于 $x_1 \geqslant 1$, $x_2 \geqslant 1$,因此必然得到 $x_1=x_2=1$. 进一步有 $a^2+b^2=2$, $ab=1$,解出 $(a,b)=(1,1)$ 或者 $(a,b)=(-1,-1)$. □

题 11.13. 求所有的正整数三元组 (a,b,c),使得三个方程

$$x^2-ax+b=0,\quad x^2-bx+c=0,\quad x^2-cx+a=0$$

都有整数解.

Ion Cucurezeanu – 罗马尼亚数学奥林匹克,康斯坦察 *1991*

解　设 $x_1,x_2;x_3,x_4;x_5,x_6$ 分别为三个方程的根,则有

$$x_1+x_2=a,\quad x_1x_2=b,\quad x_3+x_4=b,\quad x_3x_4=c,\quad x_5+x_6=c,\quad x_5x_6=a,$$

得出

$$x_1x_2+x_3x_4+x_5x_6=x_1+x_2+x_3+x_4+x_5+x_6.$$

因此

$$(x_1-1)(x_2-1)+(x_3-1)(x_4-1)+(x_5-1)(x_6-1)=3.$$

由于所有的根都是正整数,因此 $x_k-1 \geqslant 0$, $k=1,2,\cdots,6$,于是上式左边的三个求和项可能情况为 $1+1+1=3$, $3+0+0=3$, $0+3+0=3$, $0+0+3=3$. 若所有的三个求和项为 1,则对所有的 i 有 $x_i=2$,于是得到 $a=b=c=4$. 若求和式为 $3+0+0$,则 $\{x_1,x_2\}=\{2,4\}$,于是 $a=6$ 并且 $b=8$. 由于另外两个多项式的根都有 1,因此 $1-b+c=1-c+a=0$,得 $c=7$. 其余的两种情况和这一种是对称的,我们最终得到三元组 (a,b,c) 的可能值为 $(4,4,4)$, $(6,8,7)$, $(8,7,6)$, $(7,6,8)$. □

题 11.14. 设 m 是实参数,解方程

$$x^4-(2m+1)x^3+(m-1)x^2+(2m^2+1)x+m=0.$$

Dorin Andrica –《蒂米什瓦拉数学学报》, 题 *3121*

解 如果我们将方程写成

$$2xm^2+(x^2-2x^3+1)m+x^4-x^3-x^2+x=0$$

的形式,可将其看成关于变量 m 的二次方程,那么判别式为

$$\Delta=(x^2-2x^3+1)^2-8x^2(x^3-x^2-x+1)=(2x^3-3x^2+1)^2.$$

因此当 $x\neq 0$ 时,方程的根为

$$m_1=x^2-x,\quad m_2=\frac{x^2-1}{2x},$$

因此原始方程可以因式分解为

$$\big(m-(x^2-x)\big)\big(2xm-x^2+1\big)=0,$$

此式当 $x=0$ 时也成立. 进一步求解

$$x^2-x-m=0,\quad x_{1,2}=\frac{1\pm\sqrt{1+4m}}{2}$$

以及

$$x^2-2mx-1=0,\quad x_{3,4}=m\pm\sqrt{1+m^2}.$$

□

题 11.15. 设实数 $a\leqslant b\leqslant c$ 满足 $a+b+c=0$ 并且 $a^2+b^2+c^2=1$, 证明: $b^2\leqslant\frac{1}{6}$.

Dorel Miheţ – 罗马尼亚数学奥林匹克 *1981*

证明 我们有 $a+c=-b$,然后得到

$$ac=\frac{1}{2}\big((a+c)^2-(a^2+c^2)\big)=\frac{1}{2}\big(b^2-(1-b^2)\big)=b^2-\frac{1}{2}.$$

因此二次三项式 $f(x)=x^2+bx+b^2-\frac{1}{2}$ 的根为 a 和 c. 因为 $a\leqslant b\leqslant c$, 所以 $f(b)\leqslant 0$,代入得到 $b^2+b^2+b^2-\frac{1}{2}\leqslant 0$,因此 $b^2\leqslant\frac{1}{6}$. □

题 11.16. 设 a,b,c 是非零复数,z_0 为方程 $az^2+bz+c=0$ 的一个根,证明:

$$|z_0|<\left|\frac{b}{a}\right|+\left|\frac{c}{b}\right|.$$

证法一　方程的根为 $-\frac{b}{2a}\pm\frac{1}{2a}\sqrt{b^2-4ac}$,因此

$$|z_0|\leqslant\left|\frac{b}{2a}\right|+\frac{1}{|2a|}\sqrt{|b^2-4ac|}.$$

此外,

$$\sqrt{|b^2-4ac|}=|b|\sqrt{\left|1-\frac{4ac}{b^2}\right|}\leqslant|b|\sqrt{1+\left|\frac{4ac}{b^2}\right|}<|b|\left(1+\left|\frac{2ac}{b^2}\right|\right)=|b|+\left|\frac{2ac}{b}\right|,$$

因此得到

$$|z_0|<\left|\frac{b}{2a}\right|+\left|\frac{b}{2a}\right|+\left|\frac{c}{b}\right|=\left|\frac{b}{a}\right|+\left|\frac{c}{b}\right|,$$

这正是我们要证明的结论. □

证法二　若 $|z_0|\leqslant\left|\frac{b}{a}\right|$,则结论是显然的. 因此我们假设 $|z_0|>\left|\frac{b}{a}\right|$,于是根据方程得到

$$z_0=-\frac{b}{a}-\frac{c}{az_0},$$

再利用三角不等式得到

$$|z_0|\leqslant\left|\frac{b}{a}\right|+\left|\frac{c}{az_0}\right|<\left|\frac{b}{a}\right|+\left|\frac{c}{b}\right|.$$

□

题 11.17. 设 u 为方程 $x^2-x+2=0$ 的一个根,正整数 m 和 n 满足 $(u^2+1)^m=(u^2-1)^n$,证明:$m=3n$.

证明　方程的根为 $\frac{1}{2}\pm\frac{\sqrt{7}}{2}\mathrm{i}$,不妨设 $u=\frac{1}{2}+\frac{\sqrt{7}}{2}\mathrm{i}$. 我们有 $u^2+1=u-1$ 以及 $u^2-1=u-3$,因此 $(u-1)^m=(u-3)^n$,得出

$$\left(-\frac{1}{2}+\frac{\sqrt{7}}{2}\mathrm{i}\right)^m=\left(-\frac{5}{2}+\frac{\sqrt{7}}{2}\mathrm{i}\right)^n.$$

取模长得到 $(\sqrt{2})^m=(2\sqrt{2})^n$. 因此有 $(\sqrt{2})^m=(\sqrt{2})^{3n}$,于是 $m=3n$. □

题 11.18. 将 $x^{12}+64$ 写成

$$(x^2+a_1x+b_1)(x^2+a_2x+b_2)\cdot\cdots\cdot(x^2+a_6x+b_6)$$

的形式,其中 a_k 和 b_k 都是实数,$k=1,2,\cdots,6$.

Adrian Andreescu

解法一 我们有

$$\begin{aligned} x^{12}+64 &= x^{12}+16x^6+64-16x^6 \\ &= (x^6+8)^2-(4x^3)^2 \\ &= (x^6-4x^3+8)(x^6+4x^3+8). \end{aligned}$$

此外,有

$$\begin{aligned} x^{12}+64 &= (x^4)^3+4^3 \\ &= (x^4+4)(x^8-4x^4+16) \\ &= \left((x^2+2)^2-(2x)^2\right)(x^8-4x^4+16) \\ &= (x^2-2x+2)(x^2+2x+2)(x^8-4x^4+16). \end{aligned}$$

由于 x^2-2x+2 和 x^2+2x+2 的判别式为负,因此两个多项式都是不可约多项式,于是它们整除 x^6-4x^3+8 或 x^6+4x^3+8. 事实上,有

$$x^6-4x^3+8=(x^2+2x+2)(x^4-2x^3+2x^2-4x+4),$$

$$x^6+4x^3+8=(x^2-2x+2)(x^4+2x^3+2x^2+4x+4).$$

进一步,由于

$$\begin{aligned} x^4-2x^3+2x^2-4x+4 &= (x^2-x+2)^2-3x^2 \\ &= \left(x^2-(1-\sqrt{3})x+2\right)\left(x^2-(1+\sqrt{3})x+2\right), \end{aligned}$$

以及类似地,

$$x^4+2x^3+2x^2+4x+4=\left(x^2+(1-\sqrt{3})x+2\right)\left(x^2+(1+\sqrt{3})x+2\right),$$

我们得到结论

$$\begin{aligned} & x^{12}+64 \\ =\ & (x^2-2x+2)(x^2+2x+2)\left(x^2-(1-\sqrt{3})x+2\right)\left(x^2-(1+\sqrt{3})x+2\right)\times \\ & \left(x^2+(1-\sqrt{3})x+2\right)\left(x^2+(1+\sqrt{3})x+2\right). \end{aligned}$$

□

解法二 利用恒等式

$$y^6+z^6=(y+z)^6-6yz(y+z)^4+9y^2z^2(y+z)^2-2y^3z^3,$$

代入 $y=x$ 以及 $z=\frac{2}{x}$,并记 $u=x+\frac{2}{x}$,我们得到

$$\begin{aligned}x^6+\frac{64}{x^6}=&u^6-12u^4+36u^2-16=(u-2)(u+2)(u^4-8u^2+4)\\=&(u-2)(u+2)((u^2-2)^2-4u^2)\\=&(u-2)(u+2)(u^2-2u-2)(u^2+2u-2)\\=&(u-2)(u+2)(u-1-\sqrt{3})(u-1+\sqrt{3})\times\\&(u+1-\sqrt{3})(u+1+\sqrt{3}).\end{aligned}$$

因此有

$$\begin{aligned}&x^{12}+64\\=&(x^2-2x+2)(x^2+2x+2)\left(x^2-(1-\sqrt{3})x+2\right)\left(x^2-(1+\sqrt{3})x+2\right)\times\\&\left(x^2+(1-\sqrt{3})x+2\right)\left(x^2+(1+\sqrt{3})x+2\right).\end{aligned}$$

□

题 11.19. 因式分解

$$6(a^2+b^2+c^2)+13ab+15bc+20ca.$$

Titu Andreescu

解 我们把式子看成关于 a 的二次式

$$6a^2+(13b+20c)a+(6b^2+15bc+6c^2),$$

设两个根为 a_1 和 a_2,然后可以因式分解为 $6(a-a_1)(a-a_2)$. 方程的判别式为

$$\Delta=(13b+20c)^2-24(6b^2+15bc+6c^2)=(5b+16c)^2,$$

因此

$$\begin{aligned}a_1&=\frac{1}{12}\left(-(13b+20c)+(5b+16c)\right)=-\frac{2b+c}{3},\\a_2&=\frac{1}{12}\left(-(13b+20c)-(5b+16c)\right)=-\frac{3b+6c}{2}.\end{aligned}$$

于是得到因式分解为

$$6(a-a_1)(a-a_2)=(3a+2b+c)(2a+3b+6c).$$

□

题 11.20. 设非零实数 a,b,c 满足

$$4\left(\frac{a^2}{bc}+\frac{b^2}{ca}+\frac{c^2}{ab}\right)-\left(\frac{bc}{a^2}+\frac{ca}{b^2}+\frac{ab}{c^2}\right)\geqslant\frac{63}{4},$$

证明:下列方程

$$ax^2+bx+c=0,\quad bx^2+cx+a=0,\quad cx^2+ax+b=0$$

中至少有一个有实根.

Titu Andreescu

证明 设 $\varDelta_1,\varDelta_2,\varDelta_3$ 分别为三个方程的判别式,则有

$$\begin{aligned}\varDelta_1\cdot\varDelta_2\cdot\varDelta_3&=(b^2-4ca)(c^2-4ab)(a^2-4bc)\\&=-63a^2b^2c^2+16abc(a^3+b^3+c^3)-4(a^3b^3+b^3c^3+c^3a^3)\\&\geqslant 0.\end{aligned}$$

因此至少有一个判别式是非负的,于是对应的方程有实根. □

题 11.21. 确定所有的函数 $f:\mathbb{R}\to\mathbb{R}$,

$$f(x)=ax^2+bx+c,$$

其中 $a,b,c\in\mathbb{R}, a\neq 0$, 满足 $\{a,b,c\}=\{\varDelta,P,S\}$, 其中 $\varDelta,P,S$ 分别为方程的判别式、所有根的乘积、所有根的和.

Titu Andreescu –《蒂米什瓦拉数学学报》,题 *5482*

解 我们首先考虑 $b=0$ 的情形. 于是,有 $\varDelta=-4ac$, $P=\frac{c}{a}$, $S=0$. 我们得到 $\{a,0,c\}=\left\{-4ac,\frac{c}{a},0\right\}$,有两种情形:

(1) 若 $a=\frac{c}{a}$, 则 $c=-4ac$, 解出 $a=-\frac{1}{4}$ 以及 $c=a^2=\frac{1}{16}$. 因此得到 $f_1(x)=-\frac{1}{4}x^2+\frac{1}{16}$,这是一个解.

(2) 若 $a=-4ac$,则 $c=\frac{c}{a}$,解出 $c=-\frac{1}{4}$ 且 $a=1$. 因此得到 $f_2(x)=x^2-\frac{1}{4}$,这是一个解.

现在,设 $b\neq 0$,于是 $\{a,b,c\}=\left\{b^2-4ac,\frac{c}{a},-\frac{b}{a}\right\}$. 我们有六种情形:

(1) $-\frac{b}{a}=b, \frac{c}{a}=a, b^2-4ac=c$. 得到 $a=-1, c=a^2=1, b^2=4ac+c=-4+1=-3<0$,矛盾.

(2) $-\frac{b}{a}=b, \frac{c}{a}=c, b^2-4ac=a$. 得到 $a=-1, c=0, b^2=-1$,矛盾.

(3) $-\frac{b}{a}=c, \frac{c}{a}=a, b^2-4ac=b$. 得到 $ac=-b, a^2=c, b^2=-4b+b=-3b$,解得

$$a=\sqrt[3]{3}, \quad b=-3, \quad c=\sqrt[3]{9},$$

因此 $f_3(x)=\sqrt[3]{3}x^2-3x+\sqrt[3]{9}$,这是一个解.

(4) $-\frac{b}{a}=c$, $\frac{c}{a}=b$, $b^2-4ac=a$. 得到 $ac=-b$, $ab=c$, 因此 $a\cdot ab=-b$, $a^2=-1$,矛盾.

(5) $-\frac{b}{a}=a$, $\frac{c}{a}=b$, $b^2-4ac=c$. 得到 $a^2=-b$, $ab=c$, 于是 $b=-a^2$, $c=a(-a^2)=-a^3, a^4-4a(-a^3)=-a^3$,解得

$$a=-\frac{1}{5}, \quad b=-\frac{1}{25}, \quad c=\frac{1}{125}.$$

因此 $f_4(x)=-\frac{1}{5}x^2-\frac{1}{25}x+\frac{1}{125}$,这是一个解.

(6) $-\frac{b}{a}=a, \frac{c}{a}=c, b^2-4ac=b$. 得到 $a^2=-b, ac=c$. 若 $c=0$,则 $b^2=b$,得到 $b=1$ 且 $a^2=-1$,矛盾. 因此 $c\neq 0$ 并且 $a=1, b=-1$,得到 $c=\frac{1}{2}$. 于是 $f_5(x)=x^2-x+\frac{1}{2}$,这是一个解. □

题 11.22. 求所有的二次多项式 $P(x)=\alpha x^2-\beta x+\Delta$,其中 α 和 β 是多项式的两个根,Δ 是方程 $P(x)=0$ 的判别式.

解　首先有

$$\alpha+\beta=\frac{\beta}{\alpha}, \quad \alpha\cdot\beta=\frac{\Delta}{\alpha}, \quad \Delta=\beta^2-4\alpha\Delta.$$

显然,$\alpha\neq 0$ 并且 $\beta\neq 0$. 消去 Δ 得到

$$\alpha^2\cdot\beta=\beta^2-4\alpha^3\beta,$$

得出 $\beta=4\alpha^3+\alpha^2$,代入 $\alpha+\beta=\frac{\beta}{\alpha}$,化简得到 $4\alpha^4=3\alpha^3$,因此 $\alpha=\frac{3}{4}, \beta=\frac{9}{4}$,然后得到 $\Delta=\frac{81}{64}$. 于是 $P(x)=\frac{3}{4}x^2-\frac{9}{4}x+\frac{81}{64}$. □

题 11.23. 设整数 a 和 b 均不被 3 整除,证明:方程 $x^2-abx+a^2+b^2=0$ 没有整数解.

Ion Cucurezeanu –《数学公报》*C.O:5195*

证明　由于 $a^2\equiv 1 \pmod 3$ 并且 $b^2\equiv 1 \pmod 3$,因此方程的判别式 Δ 满足

$$\Delta=a^2b^2-4a^2-4b^2\equiv 2 \pmod 3.$$

因此 Δ 不是完全平方数,说明方程没有整数解. □

题 11.24. 设 $a,b,c,d,p\in\mathbb{R}$ 满足 $pac=b+d$ 并且 $p\in\left(-\frac{1}{2},\frac{1}{2}\right)$，证明：两个方程

$$x^2+ax+b=0,\quad x^2+cx+d=0$$

中至少有一个有实根.

Daniela Dicu –《数学公报》*E:14203*

证明 我们有 $D_1=a^2-4b$ 和 $D_2=c^2-4d$，其中 D_1 和 D_2 分别为两个方程的判别式. 进一步有

$$\begin{aligned}D_1+D_2&=a^2+c^2-4(b+d)\\&=a^2+c^2-4pac\\&=(a-2pc)^2+c^2-4p^2c^2\\&=(a-2pc)^2+c^2(1-4p^2)\geqslant 0,\end{aligned}$$

其中最后一步用到 $p\in\left(-\frac{1}{2},\frac{1}{2}\right)$. 因此 $D_1\geqslant 0$ 或者 $D_2\geqslant 0$，于是两个方程中至少有一个有实根. □

题 11.25. (1) 证明：若正整数 a,b,c 满足 $bc=a^2+1$，则 $|b-c|\geqslant\sqrt{4a-3}$.

(2) 证明：存在无穷多个正整数三元组 (a,b,c)，满足 $bc=a^2+1$，并且 $|b-c|=\sqrt{4a-3}$.

Gheorghe Stoica –《数学公报》*E:14588*

证明 (1) 设 $b-c=t$，则 $a^2+1=c(c+t)$，即 $c^2+tc-(a^2+1)=0$. 将其看成关于 c 的二次方程，其判别式为

$$\Delta=t^2+4(a^2+1).$$

由于 Δ 必须是完全平方数，而且 $\Delta>4a^2=(2a)^2$，因此 $\Delta\geqslant(2a+1)^2$，得出 $t^2\geqslant 4a-3$. 于是得到 $|b-c|\geqslant\sqrt{4a-3}$.

(2) 取 $a=k^2+k+1,b=k^2+1,c=k^2+2k+2$，其中 $k\in\mathbb{N}$，我们验证发现这满足所需的条件. □

题 11.26. 设整数 a,b,c 满足 $a^2-4b=c^2$，证明：a^2-2b 可以写成两个完全平方数之和.

Julieta Raicu –《数学公报》*26653*

证明 考虑方程 $x^2-ax+b=0$. 由于方程的判别式为 $\Delta=a^2-4b=c^2$,因此方程有两个根 $x_{1,2}=\frac{a\pm|c|}{2}$. 由于 a^2-c^2 是偶数,因此 a^2 和 c^2 有相同的奇偶性,于是 a 和 c 也有相同的奇偶性. 因此 x_1 和 x_2 是整数,然后有

$$x_1^2+x_2^2=(x_1+x_2)^2-2x_1x_2=a^2-2b,$$

这就完成了证明. □

题 11.27. 设实数 a,b,c 满足 $a>0$,并且二次多项式

$$T(x)=ax^2+bcx+b^3+c^3-4abc$$

没有实根,证明:两个多项式

$$T_1(x)=ax^2+bx+c,\quad T_2(x)=ax^2+cx+b$$

中恰有一个只取正实数值.

Titu Andreescu –《蒂米什瓦拉数学学报》,题 *2810*

证明 由于二次多项式 T 没有实根,因此判别式 $\Delta=b^2c^2-4a(b^3+c^3-4abc)$ 为负. 注意到

$$\Delta=(b^2-4ac)(c^2-4ab)<0,$$

其中 $\Delta_1=b^2-4ac$ 和 $\Delta_2=c^2-4ab$ 分别为二次多项式 T_1 和 T_2 的判别式. 因此 Δ_1 和 Δ_2 中恰有一个为负. 注意到 $a>0$,因此得到了题目的结论. □

题 11.28. 设 $P(x)$ 是首项系数为 1 的 n 次实系数多项式,并且有 n 个实根,证明:若 a,b,c 均为实数,$a>0$ 并且

$$P(c)\leqslant\left(\frac{b^2}{a}\right)^n,$$

则 $P(ax^2+2bx+c)$ 至少有一个实根.

Nguyen Viet Hung –《数学反思》*U412*

证明 设 $P(x)$ 的 n 个实根为 $\alpha_1,\alpha_2,\cdots,\alpha_n$,则有

$$P(x)=(x-\alpha_1)(x-\alpha_2)\cdot\cdots\cdot(x-\alpha_n).$$

因此有

$$P(c)=(c-\alpha_1)(c-\alpha_2)\cdot\cdots\cdot(c-\alpha_n)\leqslant\left(\frac{b^2}{a}\right)^n,$$

并且

$$P(ax^2+2bx+c)=\prod_{i=1}^{n}(ax^2+2bx+c-\alpha_i).$$

现在用反证法,假设 $P(ax^2+2bx+c)$ 没有实根,则上式的每个因子都没有实根,于是判别式都是负数,即

$$b^2-a(c-\alpha_i)<0 \quad\Leftrightarrow\quad b^2<a(c-\alpha_i),\quad i=1,2,\cdots,n.$$

将这些不等式的两边相乘,得到

$$(b^2)^n<a^n(c-\alpha_1)(c-\alpha_2)\cdot\cdots\cdot(c-\alpha_n),$$

即

$$\left(\frac{b^2}{a}\right)^n<(c-\alpha_1)(c-\alpha_2)\cdot\cdots\cdot(c-\alpha_n),$$

矛盾. □

题 11.29. 求所有的实数对 (a,b),满足

$$2(a^2+1)(b^2+1)=(a+1)(b+1)(ab+1).$$

Valentin Vornicu

解法一 所给方程可以写成

$$(b^2-b+2)a^2-(b+1)^2a+(2b^2-b+1)=0,$$

这是关于 a 的二次方程. 由于 a 是实数,因此方程的判别式非负,即

$$(b+1)^4-4(b^2-b+2)(2b^2-b+1)\geqslant 0.$$

这等价于 $-(b-1)^2(7b^2-2b+7)\geqslant 0$. 又因为 $7b^2-2b+7>0$ 对所有实数 b 成立,所以必然有 $b=1$,于是 $a=1$. 唯一的解是 $(a,b)=(1,1)$. □

解法二 注意到

$$\begin{aligned}&2\left(2(a^2+1)(b^2+1)-(a+1)(b+1)(ab+1)\right)\\=&(ab-a-b+1)^2+(ab-1)^2+3(a-b)^2.\end{aligned}$$

因此所给方程可以写成

$$(ab-a-b+1)^2+(ab-1)^2+3(a-b)^2=0.$$

于是得到 $ab-a-b+1=ab-1=a-b=0$,解得 $(a,b)=(1,1)$. □

题 11.30. 对所有实数 a,b,c,d,e,证明:

$$2a^2+b^2+3c^2+d^2+2e^2 \geqslant 2(ab-bc-cd-de+ea).$$

Titu Andreescu –《数学反思》*S436*

证法一 注意到这个不等式等价于

$$2a^2-2a(b+e)+(b^2+3c^2+d^2+2e^2+2bc+2cd+2de) \geqslant 0.$$

左端为关于 a 的二次方程,首项系数为正数,因此只需证明判别式满足 $\Delta_a \leqslant 0$. 计算得到

$$\begin{aligned}&\Delta_a=4(b+e)^2-8(b^2+3c^2+d^2+2e^2+2bc+2cd+2de) \leqslant 0\\ \Leftrightarrow\ & b^2+2b(2c-e)+2(3c^2+d^2+1.5e^2+2cd+2de) \geqslant 0.\end{aligned}$$

左端为关于 b 的二次方程,首项系数为正数. 因此只需证明 $\Delta_b \leqslant 0$. 计算得到

$$\begin{aligned}&\Delta_b=4(2c-e)^2-8(3c^2+d^2+1.5e^2+2cd+2de) \leqslant 0\\ \Leftrightarrow\ & c^2+2c(e+d)+(d^2+e^2+2de) \geqslant 0\\ \Leftrightarrow\ & c^2+2c(e+d)+(d+e)^2 \geqslant 0\\ \Leftrightarrow\ & (c+d+e)^2 \geqslant 0.\end{aligned}$$

最后的不等式成立,因此完成了证明. □

证法二 注意到

$$\begin{aligned}&2(2a^2+b^2+3c^2+d^2+2e^2-2(ab-bc-cd-de+ea))\\ =\ &(2a-b-e)^2+(b+2c-e)^2+2(c+d+e)^2\\ \geqslant\ &0,\end{aligned}$$

其中公式是通过配方得到的. 我们可以看到,当且仅当 $2a-b-e=b+2c-e=c+d+e=0$ 时,等号成立. □

题 11.31. 实数 a,b,c 满足对所有实数 x,$ax^2+bx+c \geqslant 0$ 成立. 证明:

$$4a^3-b^3+4c^3 \geqslant 0.$$

Titu Andreescu –《数学反思》*S507*

证明 若 $a=0$,则题目条件变成 $bx+c\geqslant 0$ 对所有实数 x 成立,因此 $b=0,c\geqslant 0$,得出

$$4a^3-b^3+4c^3=4c^3\geqslant 0.$$

若 $a\neq 0$,则二次函数的判别式为负数并且首项系数为正数. 因此 $a>0$ 并且

$$b^2-4ac\leqslant 0\ \Leftrightarrow\ 4ac\geqslant b^2\ \Leftrightarrow\ ac\geqslant \frac{b^2}{4}\geqslant 0.$$

由于 $ac\geqslant 0$ 并且 $a>0$,因此 $c\geqslant 0$.

若 $b\leqslant 0$,则

$$4a^3+4c^3\geqslant 0\geqslant b^3.$$

若 $b>0$,则

$$4a^3+4c^3=4(a^3+c^3)\geqslant 8\sqrt{a^3c^3}=8\left(\sqrt{ac}\right)^3\geqslant 8\left(\sqrt{\frac{b^2}{4}}\right)^3=b^3. \qquad \square$$

题 11.32. 设实数 a,b,c 和 A,B,C,D 满足

$$(Ax+B)(Cx+D)=ax^2+bx+c$$

对所有实数 x 成立,证明:a,b,c 中至少有一个大于或等于 $\frac{4}{9}(A+B)(C+D)$.

澳大利亚数学奥林匹克 *2002*

证明 取 $x=1$,得到 $(A+B)(C+D)=a+b+c$,因此只需证明下面的不等式之一成立:

$$a\geqslant \frac{4}{9}(a+b+c),\quad b\geqslant \frac{4}{9}(a+b+c),\quad c\geqslant \frac{4}{9}(a+b+c).$$

假设这三个不等式都不成立,则有

$$5a<4b+4c, \tag{1}$$

$$5b<4a+4c, \tag{2}$$

$$5c<4a+4b. \tag{3}$$

原始的二次方程有两个实根,即 $-\frac{B}{A}$ 和 $-\frac{D}{C}$,因此判别式为非负数,得到

$$b^2\geqslant 4ac. \tag{4}$$

现在,将式 (1) (2) (3) 相加,得到 $5(a+b+c)<8(a+b+c)$,因此 $a+b+c>0$. 将式(2) (3) 相加得到 $c<8a-b$. 因此有

$$5a<4b+4c<4b+4(8a-b)=32a.$$

于是 $a>0$. 类似地可得 $b,c>0$. 从式 (2) (4) 可得

$$\left(\frac{4}{5}(a+c)\right)^2>b^2\geqslant 4ac.$$

因此

$$4a^2-17ac+4c^2>0\ \Rightarrow\ (a-4c)(4a-c)>0,$$

即 $a>4c$ 或者 $c>4a$. 由于式 (1) (2) (3) (4) 关于 a 和 c 都是对称的,因此不妨设 $a>4c$. 根据式 (1) 有 $4b+4c>20c$,因此 $b>4c$. 将式 (1) (2) 相加并化简得到 $8c>a+b>4c+4c$,矛盾. 因此证明了题目结论. □

题 11.33. 设 $a,b,c\in\mathbb{R}$,函数 $f:\mathbb{R}\to\mathbb{R}$ 满足

$$f(ax^2+bx+c)=af^2(x)+bf(x)+c,\quad x\in\mathbb{R}.$$

(1) 证明:若 $a=0,b\neq 1$,则方程 $f(f(x))=x$ 至少有一个解.

(2) 证明:对任意 $a,b,c\in\mathbb{R},4ac\leqslant(b-1)^2$,则 (1) 中的性质依然成立.

Titu Andreescu – 罗马尼亚数学奥林匹克 *1984*

证明　(1) 我们先证明下面的引理.

引理　对任意函数 $f,g:\mathbb{R}\to\mathbb{R}$,满足 $f\circ g=g\circ f$ 并且 g 有一个或两个不动点,则 $f\circ f$ 至少有一个不动点.

引理的证明　设 $u\in\mathbb{R}$ 为 g 的一个不动点,则 $g(f(u))=f(g(u))=f(u)$,因此 $f(u)$ 是 g 的一个不动点. 利用 $f(u)=g(f(u))$,我们得到 $f(f(u))=f(g(f(u)))=g(f(f(u)))$,因此 $f(f(u))$ 也是 g 的一个不动点. 由于 g 至多有两个不动点,因此有三种情况:

① $u=f(u)$,于是 $f(f(u))=f(u)=u$,因此 u 是 $f\circ f$ 的一个不动点.

② $u=f(f(u))$,即 $(f\circ f)(u)=u$,因此 u 是 $f\circ f$ 的不动点.

③ $f(f(u))=f(u)$,因此 f 有不动点 $v=f(u)$,于是 $f(f(v))=f(v)=v$,得出 v 是 $f\circ f$ 的不动点.

回到原题的证明. 取 $a=0$ 并且 $b\neq 1$,则函数 $g(x)=bx+c$ 有唯一的不动点 $u=\frac{c}{1-b}$. 根据引理可得,$f(f(x))=x$ 至少有一个不动点.

(2) 定义 $g(x)=ax^2+bx+c$,则题目条件给出 $f\circ g=g\circ f$. 根据引理,我们只需证明 g 有一个或者两个不动点. $a=0$ 的情形已经在上面证明,所以我们假设 $a\neq 0$. 此时,g 的不动点为 $g(x)=x$ 的根,即 $ax^2+(b-1)x+c=0$ 的根. 这个方程是二次方程,由题目条件,其判别式为 $(b-1)^2-4ac\geqslant 0$,方程有一个或两个实根,因此 g 有一个或两个不动点. 这样应用引理就完成了证明. □

题 11.34. $\triangle ABC$ 满足 $\angle ABC\geqslant 90^\circ$,其外接圆半径为 2. 实数 x 满足方程

$$x^4+ax^3+bx^2+cx+1=0,$$

其中 $a=BC,b=CA,c=AB$. 求 x 的所有可能值.

Titu Andreescu – 美国初中数学奥林匹克 *2018*

解 注意到

$$x^4+ax^3+bx^2+cx+1=\left(x^2+\frac{a}{2}x\right)^2+\left(\frac{c}{2}x+1\right)^2+\left(b-\frac{a^2}{4}-\frac{c^2}{4}\right)x^2.$$

若 $b>\frac{a^2}{4}+\frac{c^2}{4}$,则上面的式子对所有的 x 都大于 0,于是方程

$$x^4+ax^3+bx^2+cx+1=0$$

无解. 因此

$$b\leqslant\frac{a^2}{4}+\frac{c^2}{4}. \tag{1}$$

由于 $\angle ABC\geqslant 90^\circ$,因此 $b^2\geqslant a^2+c^2$. 利用式 (1) 得到 $4b\leqslant a^2+c^2\leqslant b^2$,因此 $4b\leqslant b^2,b\geqslant 4$. 然而,由于 $\triangle ABC$ 的外接圆半径为 2,所有的边长不超过圆的直径,因此 $b\leqslant 4$. 这说明 $b=4$,而且前面的不等式的等号成立,得到

$$4b=a^2+c^2=b^2=16.$$

现在方程 $x^4+ax^3+bx^2+cx+1=0$ 可以写成

$$\left(x^2+\frac{a}{2}x\right)^2+\left(\frac{c}{2}x+1\right)^2=0,$$

方程有实数解,当且仅当两部分有公共的根. $\left(x^2+\frac{a}{2}x\right)^2=0$ 的根为 0 和 $-\frac{a}{2}$,而 $\left(\frac{c}{2}x+1\right)^2=0$ 的根为 $-\frac{2}{c}$. 显然 $0=-\frac{2}{c}$ 不可能成立,因此必然有 $-\frac{a}{2}=-\frac{2}{c}$,得出 $ac=4$.

解方程组: $ac=4$ 和 $a^2+c^2=16$, 得 $(a,c)=\left(\sqrt{6}+\sqrt{2},\sqrt{6}-\sqrt{2}\right)$ 或者 $(a,c)=\left(\sqrt{6}-\sqrt{2},\sqrt{6}+\sqrt{2}\right)$. 分别给出 x 为 $-\frac{\sqrt{6}+\sqrt{2}}{2}$ 和 $-\frac{\sqrt{6}-\sqrt{2}}{2}$. 因此,$x$ 的可能值必然为二者之一,我们将验证这两个值都符合要求.

首先，考虑 Rt$\triangle ABC$，其外接圆半径为 2，边长为 $a=\sqrt{6}+\sqrt{2}$，$b=4$，$c=\sqrt{6}-\sqrt{2}$. 这给出多项式方程

$$x^4+\left(\sqrt{6}+\sqrt{2}\right)x^3+4x^2+\left(\sqrt{6}-\sqrt{2}\right)x+1=0, \tag{2}$$

因式分解为

$$\left(\frac{\sqrt{6}-\sqrt{2}}{2}x+1\right)^2\left(\left(\frac{\sqrt{6}+\sqrt{2}}{2}x\right)^2+1\right)=0,$$

方程的解为 $x=x_1=-\frac{\sqrt{6}+\sqrt{2}}{2}$.

其次，将上述三角形中字母 A,C 互换，则边长 a,c 互换，得到的方程的系数为式 (2) 的系数的倒序，于是方程的一个解为 $x=x_2=\frac{1}{x_1}=-\frac{\sqrt{6}-\sqrt{2}}{2}$.

因此，x 的可能值为 $-\frac{\sqrt{6}+\sqrt{2}}{2}$ 和 $-\frac{\sqrt{6}-\sqrt{2}}{2}$. 读者还可以验证，上面的三角形的内角分别为 $15°,90°,75°$. □

题 11.35. 设 $f_k:\mathbb{R}\to\mathbb{R}, f_k(x)=a_kx^2+b_kx+c_k, k=1,2,3$, 其中 $a_k,b_k,c_k\in\mathbb{R}$, a_1,a_2,a_3 非零且两两不同. 证明：若

$$f_1(x)\leqslant f_2(x)\leqslant f_3(x)$$

对所有 $x\in\mathbb{R}$ 成立，并且存在 $x_0\in\mathbb{R}$ 满足 $f_1(x_0)=f_3(x_0)$，则存在 $\lambda\in[0,1]$，使得 $f_2(x)=\lambda f_1(x)+(1-\lambda)f_3(x)$ 对所有 $x\in\mathbb{R}$ 成立.

Dorian Popa –《蒂米什瓦拉数学学报》，题 *O.IX.203*

证明 根据 $f_1(x_0)\leqslant f_2(x_0)\leqslant f_3(x_0)$ 以及 $f_1(x_0)=f_3(x_0)$，得到 $f_1(x_0)=f_2(x_0)=f_3(x_0)$.

由于 $f_1(x)\leqslant f_2(x)$ 对所有 $x\in\mathbb{R}$ 成立，并且 $f_1(x_0)=f_2(x_0)$，因此

$$f_2(x)=f_1(x)+\alpha(x-x_0)^2,\quad \forall x\in\mathbb{R},\alpha>0.$$

类似地，由于 $f_2(x)\leqslant f_3(x)$ 对所有 $x\in\mathbb{R}$ 成立，并且 $f_2(x_0)=f_3(x_0)$，因此

$$f_3(x)=f_2(x)+\beta(x-x_0)^2,\quad \forall x\in\mathbb{R},\beta>0.$$

对任意的 $\lambda\in\mathbb{R}$，有

$$\begin{aligned}&\lambda f_1(x)+(1-\lambda)f_3(x)\\=&\lambda(f_2(x)-\alpha(x-x_0)^2)+(1-\lambda)(f_2(x)+\beta(x-x_0)^2)\\=&f_2(x)+((1-\lambda)\beta-\lambda\alpha)(x-x_0)^2.\end{aligned}$$

现在,取 $\lambda = \frac{\beta}{\alpha+\beta} \in [0,1]$,于是有 $(1-\lambda)\beta - \lambda\alpha = 0$,因此得到

$$f_2(x) = \lambda f_1(x) + (1-\lambda) f_3(x),$$

这正是我们要证明的. □

题 11.36. 设 $f(x) = x^2 - 45x + 2$. 求所有的整数 $n \geqslant 2$, 使得 n 个数 $f(1)$, $f(2), \cdots, f(n)$ 中恰有一个被 n 整除.

澳大利亚数学奥林匹克 *2017*

解 因为 f 是整系数多项式,所以 $a \equiv b \pmod n$ 推出 $f(a) \equiv f(b) \pmod n$,于是 $f(a)$ 是否被 n 整除只与 $a \pmod n$ 有关. 注意到

$$f(x) = x^2 - 45x + 2 = x(x-45) + 2 = f(45-x),$$

而题目条件要求 $f(1), f(2), \cdots, f(n)$ 中恰有一个数 $f(k)$ 被 n 整除, 因此 k 与 $45-k$ 属于同一个模 n 的剩余类,即

$$k \equiv 45 - k \pmod n \ \Rightarrow\ 2k \equiv 45 \pmod n. \tag{1}$$

由 $f(k) \equiv 0 \pmod n$,得到

$$k^2 - 45k + 2 \equiv 0 \pmod n \ \Rightarrow\ (2k)^2 - 180k + 8 \equiv 0 \pmod n,$$

将式 (1) 代入,得到

$$45^2 - 90 \times 45 + 8 \equiv 0 \pmod n \ \Rightarrow\ 2\,017 \equiv 0 \pmod n,$$

因此 $n \mid 2\,017$. 由于 $2\,017$ 是素数并且 $n \geqslant 2$,因此 $n = 2\,017$. 现在,我们需要验证 $n = 2\,017$ 符合要求. 假设 $2\,017 \mid f(k)$,其中 $k \in \{1, 2, \cdots, 2\,017\}$,则有

$$\begin{aligned}
& k^2 - 45k + 2 \equiv 0 \pmod{2\,017} \Leftrightarrow\ 4k^2 - 180k + 8 \equiv 0 \pmod{2\,017} \\
\Leftrightarrow\ & (2k-45)^2 \equiv 0 \pmod{2\,017} \Leftrightarrow\ 2k - 45 \equiv 0 \pmod{2\,017} \\
\Leftrightarrow\ & 2k \equiv 2\,062 \pmod{2\,017} \Leftrightarrow\ k \equiv 1\,031 \pmod{2\,017}.
\end{aligned}$$

因此,$k = 1\,031$ 为 $\{1, 2, \cdots, 2\,017\}$ 中满足 $2\,017 \mid f(k)$ 的唯一的数. 这样就证明了 $n = 2\,017$ 为满足题目要求的唯一的数. □

第 12 章　$a^2 \geqslant 0$

题 12.1. 证明:对任意非负实数 x,y,z,w,有

$$\sqrt{(x+y)(z+w)} \geqslant \sqrt{xz}+\sqrt{yw}.$$

证明　由于上式两边都是非负实数,因此只需证明 $(x+y)(z+w) \geqslant \left(\sqrt{xz}+\sqrt{yw}\right)^2$. 经过代数变形之后,不等式化简为 $(\sqrt{xw}-\sqrt{yz})^2 \geqslant 0$,显然成立. □

题 12.2. 证明:对任意实数 a 和 b,有

$$a^2-ab+b^2 \geqslant \frac{1}{2}(a^2+b^2) \geqslant \frac{1}{3}(a^2+ab+b^2) \geqslant \frac{1}{4}(a+b)^2.$$

证明　相邻项比较得到的不等式均可化简等价于 $(a-b)^2 \geqslant 0$,因此都成立. □

题 12.3. 设 $a>b>0$,证明:

$$\frac{3(a^3+b^3)}{a^3-b^3} \geqslant \frac{a+b}{a-b}.$$

证明　由于 $a^3+b^3=(a+b)(a^2-ab+b^2)$ 和 $a^3-b^3=(a-b)(a^2+ab+b^2)$,因此要证的不等式等价于 $3(a^2-ab+b^2) \geqslant a^2+ab+b^2$,后者等价于 $(a-b)^2 \geqslant 0$,显然成立. □

题 12.4. 证明:对任意实数 a,有

$$(a^2+1)(5a^2+1) \geqslant 4a(a^3+a^2+1).$$

证明　展开,得到要证的不等式为

$$5a^4+6a^2+1 \geqslant 4a^4+4a^3+4a,$$

整理得到 $a^4-4a^3+6a^2-4a+1 \geqslant 0$,然后因式分解得到 $(a-1)^4 \geqslant 0$,后者是显然的,当且仅当 $a=1$ 时,不等式的等号成立. □

题 12.5. 设 a 是一个大于 2 的实数,证明:

$$a^3(a-2)^2+\frac{2}{a-2}\geqslant 3a.$$

证明 不等式等价于

$$(a^2-2a)^3+2\geqslant 3(a^2-2a).$$

设 $b=a^2-2a>0$,现在只需证明 $b^3+2\geqslant 3b$,移项并因式分解得到等价的不等式

$$(b-1)^2(b+2)\geqslant 0,$$

当且仅当 $b=1$ 时,不等式的等号成立,解出得到 $a=1+\sqrt{2}$. □

题 12.6. 设 x,y 为非负实数,证明:

$$\frac{1}{(1+x)^2}+\frac{1}{(1+y)^2}\geqslant\frac{1}{1+xy}.$$

证明 计算得到

$$\frac{1}{(1+x)^2}+\frac{1}{(1+y)^2}-\frac{1}{1+xy}=\frac{(xy-1)^2+xy\,(x-y)^2}{(1+x)^2\,(1+y)^2\,(1+xy)}.$$

因此不等式成立,当且仅当 $x=y=1$ 时,等号成立. □

题 12.7. 设 x 是实数,证明:

$$x^3-x\leqslant\frac{\sqrt{2}}{4}(x^4+1).$$

证明 若 $x=0$,则不等式成立.

设 $x\neq 0$,两边除以 x^2,不等式变为

$$x-\frac{1}{x}\leqslant\frac{\sqrt{2}}{4}\left(x^2+\frac{1}{x^2}\right).$$

记 $t=x-\frac{1}{x}$,则需要证明

$$t\leqslant\frac{\sqrt{2}}{4}(t^2+2)\ \Leftrightarrow\ t^2-2\sqrt{2}t+2\geqslant 0\ \Leftrightarrow\ (t-\sqrt{2})^2\geqslant 0,$$

最后的不等式显然成立.

当 $t=\sqrt{2}$ 时不等式的等号成立,此时解得 $x=\frac{1\pm\sqrt{3}}{\sqrt{2}}$. □

题 12.8. 设 a 为非负实数,证明:

$$\frac{1+a^2}{1+a}\geqslant\sqrt[3]{\frac{1+a^3}{2}}.$$

证明 不等式两边立方后通分,得到等价的不等式为

$$
\begin{aligned}
&2(1+a^2)^3 \geqslant (1+a)^3(1+a^3)\\
\Leftrightarrow\ &a^6-3a^5+3a^4-2a^3+3a^2-3a+1 \geqslant 0\\
\Leftrightarrow\ &a^3(a^3-1)-3a^2(a^3-1)+3a(a^3-1)-(a^3-1) \geqslant 0\\
\Leftrightarrow\ &(a^3-1)(a^3-3a^2+3a-1) \geqslant 0\\
\Leftrightarrow\ &(a-1)^4(a^2+a+1) \geqslant 0.
\end{aligned}
$$

因此不等式成立,当且仅当 $a=1$ 时,等号成立. □

题 12.9. 设 a,b,c,d 是不全相等的实数,证明:四个数 $a-b^2, b-c^2, c-d^2, d-a^2$ 中至少有一个小于 $\frac{1}{4}$.

Titu Andreescu

证明 假设四个数都不小于 $\frac{1}{4}$,则有

$$a-b^2+b-c^2+c-d^2+d-a^2 \geqslant \frac{1}{4}+\frac{1}{4}+\frac{1}{4}+\frac{1}{4},$$

得出

$$\left(a-\frac{1}{2}\right)^2+\left(b-\frac{1}{2}\right)^2+\left(c-\frac{1}{2}\right)^2+\left(d-\frac{1}{2}\right)^2 \leqslant 0.$$

因此得到 $a=b=c=d=\frac{1}{2}$,与题目中 a,b,c,d 不全相等这个假设矛盾. □

题 12.10. 是否存在一一映射 $f:\mathbb{R}\to\mathbb{R}$,满足对所有 $x,y\in\mathbb{R}$,有

$$(f(x))^2+(f(y))^2 \leqslant f(xy)-\frac{1}{8}.$$

Titu Andreescu

解 不存在满足条件的一一映射.

取 $x=y=0$,得到 $2\,(f(0))^2 \leqslant f(0)-\frac{1}{8}$,因此 $(4f(0)-1)^2 \leqslant 0$,得 $f(0)=\frac{1}{4}$.

取 $x=y=1$,得到 $2\,(f(1))^2 \leqslant f(1)-\frac{1}{8}$,因此 $(4f(1)-1)^2 \leqslant 0$,得 $f(1)=\frac{1}{4}$.

因此,$f(0)=f(1)$,函数不是一一映射. □

题 12.11. 求所有的实数三元组 (x,y,z),满足

$$2x^2+3y^2+6z^2=2(x+y+z)-1.$$

AwesomeMath 入学测试 *2015*, 测试 A

解 所给方程可以改写为

$$2\left(x-\frac{1}{2}\right)^2+3\left(y-\frac{1}{3}\right)^2+6\left(z-\frac{1}{6}\right)^2=0,$$

因此,唯一的解为 $(x,y,z)=\left(\frac{1}{2},\frac{1}{3},\frac{1}{6}\right)$. □

题 12.12. 求方程的实数解

$$\sqrt{x}+\sqrt{y}+2\sqrt{z-2}+\sqrt{v}+\sqrt{t}=x+y+z+v+t.$$

Titu Andreescu –《数学公报》*14536*

解 显然,$x,y,v,t\geqslant 0$ 并且 $z\geqslant 2$. 所给方程可以改写为

$$\left(\sqrt{x}-\frac{1}{2}\right)^2+\left(\sqrt{y}-\frac{1}{2}\right)^2+(\sqrt{z-2}-1)^2+\left(\sqrt{v}-\frac{1}{2}\right)^2+\left(\sqrt{t}-\frac{1}{2}\right)^2=0.$$

因此得到 $\sqrt{x}=\sqrt{y}=\sqrt{v}=\sqrt{t}=\frac{1}{2}$ 并且 $\sqrt{z-2}=1$. 于是解得

$$(x,y,z,v,t)=\left(\frac{1}{4},\frac{1}{4},3,\frac{1}{4},\frac{1}{4}\right).$$ □

题 12.13. 求方程的实数解

$$\sqrt{x_1-1^2}+2\sqrt{x_2-2^2}+\cdots+n\sqrt{x_n-n^2}=\frac{1}{2}(x_1+x_2+\cdots+x_n).$$

Titu Andreescu –《蒂米什瓦拉数学学报》,题 *2243*

解 显然有 $x_i\geqslant i^2$,$i=1,2,\cdots,n$,因此所给方程可以改写为

$$(\sqrt{x_1-1^2}-1)^2+(\sqrt{x_2-2^2}-2)^2+\cdots+(\sqrt{x_n-n^2}-n)^2=0.$$

得到 $\sqrt{x_1-1^2}=1$,$\sqrt{x_2-2^2}=2,\cdots,\sqrt{x_n-n^2}=n$,于是方程的解为

$$(x_1,x_2,\cdots,x_n)=(2\times 1^2,2\times 2^2,\cdots,2n^2).$$ □

题 12.14. 对 $n\geqslant 2$,设实数 $x_1,x_2,\cdots,x_n$ 满足

$$x_1+x_2+\cdots+x_n=n^2,$$
$$x_1^2+x_2^2+\cdots+x_n^2=n(n^2+1).$$

证明:$x_k\in[n-\sqrt{n},n+\sqrt{n}]$,$k=1,2,\cdots,n$.

Titu Andreescu

证明 我们可以将方程改写为

$$(x_1-n)^2+(x_2-n)^2+\cdots+(x_n-n)^2=n(n^2+1)-2n\cdot n^2+n^3=n,$$

因此 $(x_k-n)^2\leqslant n, k=1,2,\cdots,n$,这就完成了证明. □

注 一般地,若实数 a 和 b 满足 $nb\geqslant a^2$,而实数 $x_1,x_2,\cdots,x_n$ 满足

$$x_1+x_2+\cdots+x_n=a,\quad x_1^2+x_2^2+\cdots+x_n^2=b,$$

可以利用均值不等式证明

$$x_k\in\left(\frac{a-\sqrt{(n-1)(nb-a^2)}}{n},\frac{a+\sqrt{(n-1)(nb-a^2)}}{n}\right),\quad k=1,2,\cdots,n.$$

对于此题,这给出了更好的估计

$$x_k\in\left(n-\sqrt{n-1},n+\sqrt{n-1}\right),\quad k=1,2,\cdots,n.$$

题 12.15. 求所有的实数三元组 (a,b,c),三个数均大于 1,并且满足

$$a\sqrt{b-1}+b\sqrt{c-1}+c\sqrt{a-1}=\frac{ab+bc+ca}{2}.$$

解 所给方程可以改写为

$$(ab-2a\sqrt{b-1})+(bc-2b\sqrt{c-1})+(ca-2c\sqrt{a-1})=0,$$

这等价于

$$a(b-1-2\sqrt{b-1}+1)+b(c-1-2\sqrt{c-1}+1)+c(a-1-2\sqrt{a-1}+1)=0,$$

配方得到

$$a(\sqrt{b-1}-1)^2+b(\sqrt{c-1}-1)^2+c(\sqrt{a-1}-1)^2=0,$$

得 $\sqrt{b-1}=\sqrt{c-1}=\sqrt{a-1}=1$. 因此 $(a,b,c)=(2,2,2)$ 是方程的唯一解. □

题 12.16. 在 $\mathbb{R}^n$ 中解方程组

$$\begin{cases} x_1^2+x_2^2-x_3^2 &= 2x_3-1\\ x_2^2+x_3^2-x_4^2 &= 2x_4-1\\ &\vdots\\ x_n^2+x_1^2-x_2^2 &= 2x_2-1 \end{cases}.$$

Titu Andreescu –《蒂米什瓦拉数学学报》,题 *2244*

解 将全部方程两边相加,得到

$$2(x_1^2+x_2^2+\cdots+x_n^2)-(x_1^2+x_2^2+\cdots+x_n^2)=2(x_1+x_2+\cdots+x_n)-n,$$

即

$$x_1^2+x_2^2+\cdots+x_n^2=2(x_1+x_2+\cdots+x_n)-n,$$

配方得到

$$(x_1-1)^2+(x_2-1)^2+\cdots+(x_n-1)^2=0,$$

因此 $(x_1,x_2,\cdots,x_n)=(1,1,\cdots,1)$. 经验证,这是方程组的解. □

题 12.17. 求所有的实数 $x,y,z\in(0,2)$,满足

$$\frac{1}{x}+\frac{1}{2-y}=\frac{1}{y}+\frac{1}{2-z}=\frac{1}{z}+\frac{1}{2-x}=2.$$

Titu Andreescu

解 三个方程相加,整理得到

$$\frac{1}{x}+\frac{1}{2-x}+\frac{1}{y}+\frac{1}{2-y}+\frac{1}{z}+\frac{1}{2-z}=2+2+2,$$

这等价于

$$\frac{1}{x(2-x)}+\frac{1}{y(2-y)}+\frac{1}{z(2-z)}=1+1+1.$$

因为对任意实数 a,有 $a(2-a)=1-(a-1)^2\leqslant 1$,所以唯一可能的解是 $(x,y,z)=(1,1,1)$,这显然是方程组的解. □

题 12.18. 求方程的正整数解

$$u^2+v^2+x^2+y^2+z^2=uv+vx-xy+yz+zu+3.$$

Adrian Andreescu –《数学反思》*S422*

解 所给方程可以改写为

$$(u-v)^2+(v-x)^2+(x+y)^2+(y-z)^2+(z-u)^2=6.$$

由于 u,v,x,y,z 都是正整数,因此 $x+y\geqslant 2$,得到 $(x+y)^2\geqslant 4$. 又因为 $(x+y)^2\leqslant 6$,所以 $x+y=2$,$x=y=1$,于是方程变为

$$(u-v)^2+(v-1)^2+(1-z)^2+(z-u)^2=2. \tag{1}$$

因此,方程左端恰有两个求和项为 1,其他的为 0. 有如下六种情况:

(1) $(u-v)^2=(v-1)^2=1$ 并且 $(1-z)^2=(z-u)^2=0$,解出 $u=z=1$, $v=2$.

(2) $(u-v)^2=(1-z)^2=1$ 并且 $(v-1)^2=(z-u)^2=0$,解出 $v=1$, $u=z=2$.

(3) $(u-v)^2=(z-u)^2=1$ 并且 $(v-1)^2=(1-z)^2=0$,解出 $v=z=1$, $u=2$.

(4) $(v-1)^2=(1-z)^2=1$ 并且 $(u-v)^2=(z-u)^2=0$,解出 $u=v=z=2$.

(5) $(v-1)^2=(z-u)^2=1$ 并且 $(u-v)^2=(1-z)^2=0$,解出 $z=1$, $u=v=2$.

(6) $(1-z)^2=(z-u)^2=1$ 并且 $(u-v)^2=(v-1)^2=0$,解出 $u=v=1$, $z=2$.

综上所述,方程的解为

$$\begin{aligned}(u,v,x,y,z)\in\{&(1,2,1,1,1),(2,1,1,1,2),(2,1,1,1,1),\\&(2,2,1,1,2),(2,2,1,1,1),(1,1,1,1,2)\}.\end{aligned}\tag{2}$$

注 得到式 (1) 之后,还可以这样理解:考虑一个正整数的序列 (x,v,u,z,y),这个序列的首项和末项都是 1. 式 (1) 说明了这个序列的相邻项之差的平方和为 2,因此序列在某项从 1 变为 2,然后在某项从 2 变回到 1. 于是得到式 (2) 中的六种可能的解. □

题 12.19. *求方程的正实数解*

$$\frac{x^2+y^2}{1+xy}=\sqrt{2-\frac{1}{xy}}.$$

Adrian Andreescu –《数学反思》*J417*

解 记 $s=x+y, p=xy$,所给方程可以改写为

$$\frac{s^2-2p}{1+p}=\sqrt{2-\frac{1}{p}}.$$

由于 $(x+y)^2\geqslant 4xy$,因此有 $s^2-2p\geqslant 2p$,于是有

$$\sqrt{2-\frac{1}{p}}\geqslant\frac{2p}{1+p}\ \Leftrightarrow\ \frac{(p-1)^2(2p+1)}{p(p+1)^2}\leqslant 0.$$

由于 $p>0$,因此 $p=1$,并且 $s^2=4p$,解出 $s=2$. 于是有 $x+y=2$ 并且 $xy=1$,得出解 $(x,y)=(1,1)$. □

题 12.20. 求方程的实数解

$$2\sqrt{x-x^2}-\sqrt{1-x^2}+2\sqrt{x+x^2}=2x+1.$$

Titu Andreescu –《数学反思》*S409*

解 显然有 $0\leqslant x\leqslant 1$. 注意到

$$(\sqrt{x}+\sqrt{1-x})^2=1+2\sqrt{x-x^2},$$
$$\frac{1}{2}(\sqrt{1-x}+\sqrt{1+x})^2=1+\sqrt{1-x^2},$$
$$(\sqrt{x}-\sqrt{1+x})^2=2x+1-2\sqrt{x+x^2}.$$

因此,所给方程等价于

$$(\sqrt{x}+\sqrt{1-x})^2-(\sqrt{x}-\sqrt{1+x})^2=\frac{1}{2}(\sqrt{1-x}+\sqrt{1+x})^2,$$

即

$$(\sqrt{1-x}+\sqrt{1+x})(2\sqrt{x}+\sqrt{1-x}-\sqrt{1+x})=\frac{1}{2}(\sqrt{1-x}+\sqrt{1+x})^2.$$

由于 $\sqrt{1-x}+\sqrt{1+x}>0$,因此方程变为

$$2\sqrt{x}+\sqrt{1-x}-\sqrt{1+x}=\frac{1}{2}(\sqrt{1-x}+\sqrt{1+x}),$$

即 $4\sqrt{x}=3\sqrt{1+x}-\sqrt{1-x}$,两边平方,得到

$$16x=9(1+x)+(1-x)-6\sqrt{1-x^2},$$

可写成 $(1+x)+9(1-x)-6\sqrt{1-x^2}=0$,配方得 $\left(\sqrt{1+x}-3\sqrt{1-x}\right)^2=0$. 因此 $\sqrt{1+x}=3\sqrt{1-x}$,即 $1+x=9(1-x)$,解得 $x=\frac{4}{5}$. 容易验证,这确实是方程的解. □

题 12.21. 求所有的实数三元组 (x,y,z),满足

$$x^2+y^2+z^2+1=xy+yz+zx+|x-2y+z|.$$

Titu Andreescu –《数学反思》*S151*

解法一 将方程右端无绝对值部分移向,配方得到

$$(x-y)^2+(y-z)^2+(z-x)^2+2=2|x-y+z-y|.$$

根据三角不等式得到

$$(x-y)^2+(y-z)^2+(z-x)^2+2 \leqslant 2|x-y|+2|y-z|.$$

继续配方得到

$$(|x-y|-1)^2+(|y-z|-1)^2+(z-x)^2 \leqslant 0.$$

因此 $|x-y|=1$，$|y-z|=1$，$x=z$. (x,y,z) 为 $(a,a-1,a)$ 或者 $(a,a+1,a)$ 的形式，其中 $a \in \mathbb{R}$. 容易验证，这两类解均满足原方程. □

解法二　由于

$$|x-2y+z|^2=x^2+4y^2+z^2-4xy-4yz+2xz,$$

因此方程可写为

$$\frac{1}{4}(|x-2y+z|-2)^2+\frac{3}{4}(x-z)^2=0.$$

于是得到 $x=z$ 并且 $x-2y+z=\pm 2$，因此 $y=x\pm 1$. 所求的三元组 (x,y,z) 为 $(a,a-1,a)$ 或 $(a,a+1,a)$ 的形式，其中 $a \in \mathbb{R}$. □

题 12.22. 求方程组的正实数解

$$\begin{cases} x^2y^2+1=x^2+xy \\ y^2z^2+1=y^2+yz \\ z^2x^2+1=z^2+zx \end{cases}.$$

罗马尼亚数学奥林匹克 *2009*

解　由于 $x^2y^2+1 \geqslant 2xy$，因此有 $x^2 \geqslant xy$. 类似地，得到 $y^2 \geqslant yz$，$z^2 \geqslant zx$. 因此 $x \geqslant y$，$y \geqslant z$，$z \geqslant x$，得 $x=y=z$，代入方程组得到

$$(x^2-1)^2=(y^2-1)^2=(z^2-1)^2=0,$$

解出 $(x,y,z)=(1,1,1)$. □

题 12.23. 求方程组的正实数解

$$\frac{x^3}{4}+y^2+\frac{1}{z}=\frac{y^3}{4}+z^2+\frac{1}{x}=\frac{z^3}{4}+x^2+\frac{1}{y}=2.$$

Titu Andreescu –《数学反思》*J342*

解 将三个方程相加,得到

$$\left(\frac{x^3}{4}+x^2+\frac{1}{x}-2\right)+\left(\frac{y^3}{4}+y^2+\frac{1}{y}-2\right)+\left(\frac{z^3}{4}+z^2+\frac{1}{z}-2\right)=0.$$

记

$$f(t)=\frac{t^3}{4}+t^2+\frac{1}{t}-2.$$

我们有

$$f(t)=\frac{t^4+4t^3-8t+4}{4t}=\frac{(t^2+2t-2)^2}{4t}\geqslant 0$$

对所有 $t\in\mathbb{R}_+$ 成立,并且当且仅当 $t^2+2t-2=0$ 时,有 $f(t)=0$,即 $t=\sqrt{3}-1$.

因此 $f(x)+f(y)+f(z)=0$,当且仅当 $x=y=z=\sqrt{3}-1$. □

题 12.24. 求方程组的实数解

$$\begin{cases}x^4-2y^3-x^2+2y=-1+2\sqrt{5}\\ y^4-2x^3-y^2+2x=-1-2\sqrt{5}\end{cases}.$$

Alessandro Ventullo –《数学难题》,题 *4325*

解 将两个方程相加,得到

$$(x^4-2x^3-x^2+2x+1)+(y^4-2y^3-y^2+2y+1)=0,$$

配方得到

$$(x^2-x-1)^2+(y^2-y-1)^2=0.$$

因此 $x,y\in\left\{\frac{1-\sqrt{5}}{2},\frac{1+\sqrt{5}}{2}\right\}$,容易验证 $x=\frac{1+\sqrt{5}}{2}$,$y=\frac{1-\sqrt{5}}{2}$ 给出方程的解. □

题 12.25. 求方程组的实数解

$$\begin{cases}\frac{x^4}{2}-4y=z^3-8\\ \frac{y^4}{2}-4z=x^3-8\\ \frac{z^4}{2}-4x=y^3-8\end{cases}.$$

Gheorghe Molea –《数学公报》*E:14319*

解 将所有方程乘以 2 后相加,得到

$$x^4+y^4+z^4-8x-8y-8z=2(x^3-8)+2(y^3-8)+2(z^3-8),$$

整理得

$$(x-2)(x^3-8)+(y-2)(y^3-8)+(z-2)(z^3-8)=0. \tag{1}$$

由于 $(a-2)(a^3-8)=(a-2)^2(a^2+2a+4)\geqslant 0$，并且当且仅当 $a=2$ 时，等号成立，因此式 (1) 成立，当且仅当 $x=y=z=2$，经验证，这是方程组的解. □

题 12.26. 求方程组的正实数解

$$\begin{cases} x^2+\frac{1}{y}=\sqrt{y}+\sqrt{z} \\ y^2+\frac{1}{z}=\sqrt{z}+\sqrt{x} \\ z^2+\frac{1}{x}=\sqrt{x}+\sqrt{y} \end{cases}.$$

Titu Andreescu

解　将三个方程相加，整理得到

$$\left(x^2-2\sqrt{x}+\frac{1}{x}\right)+\left(y^2-2\sqrt{y}+\frac{1}{y}\right)+\left(z^2-2\sqrt{z}+\frac{1}{z}\right)=0,$$

配方得到

$$\left(x-\frac{1}{\sqrt{x}}\right)^2+\left(y-\frac{1}{\sqrt{y}}\right)^2+\left(z-\frac{1}{\sqrt{z}}\right)^2=0.$$

因此，方程的解为 $x=y=z=1$. □

题 12.27. 求两两不同的非零实数 x,y,z，满足下面的等式

$$x^4+y^4+z^4-8(x^3+y^3+z^3+xy+yz+zx)+2(x^2y+y^2z+z^2x)+17(x^2+y^2+z^2)=0.$$

D.M. Bătineţu-Giurgiu, Neculai Stanciu –《数学公报》*26766*

解　所给方程可以改写为

$$(x^2-4x+y)^2+(y^2-4y+z)^2+(z^2-4z+x)^2=0.$$

因此方程的解必然满足

$$x^2-4x+y=y^2-4y+z=z^2-4z+x=0. \tag{1}$$

由于 x,y,z 为实数，因此三个二次方程的判别式 $\Delta_x,\Delta_y,\Delta_z$ 必然满足 $\Delta_x\geqslant 0$, $\Delta_y\geqslant 0$, $\Delta_z\geqslant 0$. 若这三个判别式其中有 0，不妨设 $\Delta_x=0$，则得到 $y=4$，然

后解得 $x=2$. 但是第二个方程给出 $z=0$,不满足第三个方程,矛盾. 因此必然有 $\Delta_x>0,\Delta_y>0,\Delta_z>0$,给出 $x<4,y<4,z<4$. 将式 (1) 改写为

$$\begin{cases}y=x(4-x)\\z=y(4-y)\\x=z(4-z)\end{cases},$$

我们发现,x,y,z 有相同的符号. 将三个方程相乘,得到

$$(4-x)(4-y)(4-z)=1,$$

因此 $x,y,z>0$(否则 $4-x>4,4-y>4,4-z>4$, 三个乘积必然大于 1, 矛盾). 现在, 设 $x=4\sin^2\alpha$, 则 $y=4\sin^2 2\alpha$, $z=4\sin^2 4\alpha$, $x=4\sin^2 8\alpha$. 因此, $\sin\alpha=\pm\sin 8\alpha$,于是 $\alpha=k\pi\pm 8\alpha$,解得 $\alpha=-\frac{k\pi}{7}$ 或者 $\alpha=\frac{k\pi}{9}$. 容易发现,第一种情况下选取不同的 $k\neq 0$ 得到的解只差一个轮换;第二种情况下对于 $3\nmid k$ 也得到轮换相同的解,对于 $3\mid k$ 会得到 $x=y=z=3$,不符合要求. 因此方程的解为

$$(x,y,z)\in\left\{\left(4\sin^2\frac{\pi}{7},4\sin^2\frac{2\pi}{7},4\sin^2\frac{4\pi}{7}\right),\left(4\sin^2\frac{\pi}{9},4\sin^2\frac{2\pi}{9},4\sin^2\frac{4\pi}{9}\right)\right\}$$

或它们的轮换. □

题 12.28. 设实数 a 和 b 满足 $3(a+b)\geqslant 2|ab+1|$,证明:

$$9(a^3+b^3)\geqslant|a^3b^3+1|.$$

Titu Andreescu –《数学反思》*J19*

证明 若 $ab+1=0$ 或者 $ab=0$,则要证的不等式显然成立.

当 $ab\neq 0,-1$ 时,要证明的不等式等价于

$$\frac{3(a+b)}{2|ab+1|}\geqslant\frac{a^2b^2-ab+1}{6(a^2-ab+b^2)},$$

因为 $a^2b^2-ab+1>0$ 并且 $a^2-ab+b^2>0$,所以只需证明

$$\frac{a^2b^2-ab+1}{6(a^2-ab+b^2)}\leqslant 1,$$

即

$$6(a^2-ab+b^2)\geqslant a^2b^2-ab+1,$$

$$3(2a^2-ab+2b^2)\geqslant(ab+1)^2.$$

根据题目的条件,有

$$9(a+b)^2 \geqslant 4(ab+1)^2,$$

因此只需证明

$$12(2a^2 - ab + 2b^2) \geqslant 9(a+b)^2,$$

这等价于 $15(a-b)^2 \geqslant 0$,因此成立. 当且仅当 $a-b=0$ 并且 $3(a+b) = 2|ab+1|$ 时,不等式的等号成立,此时有 $a = b = \frac{3+\sqrt{5}}{2}$ 或者 $a = b = \frac{3-\sqrt{5}}{2}$. □

题 12.29. 对任意实数 a 和 b,证明:

$$(a^2+1)(b^2+1) + 4ab \geqslant 2(ab+1)(a+b).$$

Titu Andreescu

证明　我们有

$$(ab+1)(a+b) = (a^2+1)b + (b^2+1)a,$$

因此不等式可写为

$$(a^2+1)(b^2+1) - 2b(a^2+1) - 2a(b^2+1) + 4ab \geqslant 0.$$

因式分解得到等价的不等式

$$((a^2+1) - 2a)((b^2+1) - 2b) \geqslant 0,$$

此式进一步转化为 $(a-1)^2(b-1)^2 \geqslant 0$,后者显然成立. □

题 12.30. 对任意实数 a, b, c, d,证明:

$$a^4 + b^4 + c^4 + d^4 - 4abcd \geqslant 2|(a^2 - b^2 + c^2 - d^2)(ab - cd)|.$$

Titu Andreescu

证明　我们有

$$\begin{aligned} a^4 + b^4 + c^4 + d^4 - 4abcd &= (a^2 - b^2)^2 + (c^2 - d^2)^2 + 2(ab - cd)^2 \\ &\geqslant \frac{1}{2}\left((a^2 - b^2) + (c^2 - d^2)\right)^2 + 2(ab - cd)^2 \\ &\geqslant 2|(a^2 - b^2 + c^2 - d^2)(ab - cd)|, \end{aligned}$$

其中我们利用了不等式 $x^2 + y^2 \geqslant \frac{1}{2}(x+y)^2$ 以及 $x^2 + y^2 \geqslant 2|xy|$,这两个不等式分别等价于 $(x-y)^2 \geqslant 0$ 和 $(|x| - |y|)^2 \geqslant 0$,显然成立. □

题 12.31. 设 a,b,c 为实数,证明:

$$(a^2+b^2+c^2-2)(a+b+c)^2+(1+ab+bc+ca)^2 \geqslant 0.$$

Nguyen Viet Hung –《数学反思》*J398*

证明 记 $x=a+b+c, y=ab+bc+ca$,则有

$$a^2+b^2+c^2=(a+b+c)^2-2(ab+bc+ca)=x^2-2y.$$

因此有

$$\begin{aligned}&(a^2+b^2+c^2-2)(a+b+c)^2+(1+ab+bc+ca)^2\\=&(x^2-2y-2)x^2+(1+y)^2\\=&x^4-2x^2(y+1)+(y+1)^2=(x^2-y-1)^2\geqslant 0.\end{aligned}$$

当且仅当 $x^2=y+1$ 时,等号成立,此时有

$$(a+b+c)^2=ab+bc+ca+1,$$

即 $a^2+b^2+c^2=1-ab-bc-ca$. □

题 12.32. 求所有的素数 $a,b,c,d, a\geqslant b\geqslant c\geqslant d$,满足

$$a^2+2b^2+c^2+2d^2=2(ab+bc-cd+da).$$

Titu Andreescu –《数学反思》*S487*

解 题目条件可以改写为

$$(a-b-d)^2+(b-c-d)^2=0,$$

得出 $a=b+d$ 并且 $b=c+d$. 由第一个等式得出, a,b,d 之一为偶数. 由于它们都是素数,因此 $d=2$. 于是 $c, c+2=b, c+4=a$ 都是素数. 因为这三个数之一为 3 的倍数,所以必然有 $c=3$, 然后得到 $b=5$, $a=7$. 因此,方程的解为 $(a,b,c,d)=(7,5,3,2)$. □

题 12.33. 求所有的正整数三元组 (x,y,z),满足

$$5(x^2+2y^2+z^2)=2(5xy-yz+4zx)$$

并且 x,y,z 中至少有一个是素数.

Adrian Andreescu –《数学反思》*J491*

解　首先注意到

$$(x+y-2z)^2+(2x-3y-z)^2=5x^2+10y^2+5z^2-10xy+2yz-8zx=0,$$

因此这样的三元组必然满足 $x+y=2z$ 并且 $2x=3y+z$，得出 $5y=3z$. 由于 y,z 为正整数，因此存在正整数 t，满足 $y=3t$，$z=5t$，计算得到 $x=7t$. 因为 x,y,z 中有素数，所以 t 必然为 1. 因此方程的唯一解为 $(x,y,z)=(7,3,5)$，计算得到方程两边均为 460. □

题 12.34. 设实数数列 $\{a_n\}_{n\geqslant 0}$ 满足 $a_{n+1}\geqslant a_n^2+\frac{1}{5}$ 对所有 $n\geqslant 0$ 成立，证明：$\sqrt{a_{n+5}}\geqslant a_{n-5}^2$ 对所有 $n\geqslant 5$ 成立.

Titu Andreescu -- 美国国家队选拔考试 *2001*

证明　将不等式 $a_{i+1}\geqslant a_i^2+\frac{1}{5}, i=n,n+1,\cdots,n+4$ 相加得到

$$a_{n+5}\geqslant a_n^2+\left(a_{n+1}-\frac{1}{2}\right)^2+\left(a_{n+2}-\frac{1}{2}\right)^2+\left(a_{n+3}-\frac{1}{2}\right)^2+\left(a_{n+4}-\frac{1}{2}\right)^2\geqslant a_n^2.$$

因此 $\sqrt{a_{n+5}}\geqslant a_n\geqslant a_{n-5}^2$ 对所有 $n\geqslant 5$ 成立，证毕. □

题 12.35. (1) 证明：若 $x,y\geqslant 1$，则

$$x+y-\frac{1}{x}-\frac{1}{y}\geqslant 2\sqrt{xy}-\frac{2}{\sqrt{xy}}.$$

(2) 证明：若 $a,b,c,d\geqslant 1$ 并且 $abcd=16$，则有

$$a+b+c+d-\frac{1}{a}-\frac{1}{b}-\frac{1}{c}-\frac{1}{d}\geqslant 6.$$

罗马尼亚数学奥林匹克 *2019*

证明　(1) 所给不等式可以变形为 $(xy-1)(\sqrt{x}-\sqrt{y})^2\geqslant 0$，因此成立.

(2) 根据第一部分，我们有

$$a+b-\frac{1}{a}-\frac{1}{b}\geqslant 2\sqrt{ab}-\frac{2}{\sqrt{ab}}$$

以及

$$c+d-\frac{1}{c}-\frac{1}{d}\geqslant 2\sqrt{cd}-\frac{2}{\sqrt{cd}}.$$

两个不等式两边分别相加，得到

$$a+b+c+d-\frac{1}{a}-\frac{1}{b}-\frac{1}{c}-\frac{1}{d}\geqslant 2\left(\sqrt{ab}+\sqrt{cd}-\frac{1}{\sqrt{ab}}-\frac{1}{\sqrt{cd}}\right).$$

现在,对 $x=\sqrt{ab}\geqslant 1, y=\sqrt{cd}\geqslant 1$ 再次应用 (1) 部分中的不等式得到

$$a+b+c+d-\frac{1}{a}-\frac{1}{b}-\frac{1}{c}-\frac{1}{d}\geqslant 2\left(2\sqrt{\sqrt{ab}\cdot\sqrt{cd}}-\frac{2}{\sqrt{\sqrt{ab}\cdot\sqrt{cd}}}\right)=6,$$

当且仅当 $a=b=c=d=2$ 时,不等式的等号成立. □

题 12.36. 设正实数 a,b,c 满足 $a^2+b^2+c^2=3$,证明:

$$\frac{1}{a}+\frac{3}{b}+\frac{5}{c}\geqslant 4a^2+3b^2+2c^2.$$

等号何时成立?

Marius Stănean – 巴尔干初中数学奥林匹克罗马尼亚选拔考试 *2018*

证明 注意到 $x^3-3x+2=(x-1)^2(x+2)\geqslant 0$ 对所有 $x>0$ 成立,因此有

$$\frac{1}{x}\geqslant\frac{3}{2}-\frac{x^2}{2}. \tag{1}$$

将式 (1) 中的 x 分别替换为 a,b,c,然后乘以 $1,3,5$,将得到的不等式相加,得到

$$\frac{1}{a}+\frac{3}{b}+\frac{5}{c}\geqslant\frac{27}{2}-\frac{a^2+3b^2+5c^2}{2}.$$

由于 $27=9(a^2+b^2+c^2)$,因此证明了题目中的不等式,当且仅当 $a=b=c=1$ 时,不等式的等号成立. □

第 13 章　$x \geqslant y$

题 13.1. 证明:若 $a,b,c>0$,满足 $abc=1$,则有

$$\frac{1}{ab+a+2}+\frac{1}{bc+b+2}+\frac{1}{ca+c+2}\leqslant\frac{3}{4}.$$

Marcel Chiriţă –《数学反思》*J253*

证明　利用均值不等式和 $abc=1$,可得

$$\frac{1}{ab+1+a+1}\leqslant\frac{1}{4}\left(\frac{1}{ab+1}+\frac{1}{a+1}\right)=\frac{1}{4}\left(\frac{c}{c+1}+\frac{1}{a+1}\right),$$

$$\frac{1}{bc+1+b+1}\leqslant\frac{1}{4}\left(\frac{1}{bc+1}+\frac{1}{b+1}\right)=\frac{1}{4}\left(\frac{a}{a+1}+\frac{1}{b+1}\right),$$

$$\frac{1}{ca+1+c+1}\leqslant\frac{1}{4}\left(\frac{1}{ca+1}+\frac{1}{c+1}\right)=\frac{1}{4}\left(\frac{b}{b+1}+\frac{1}{c+1}\right),$$

相加得到

$$\frac{1}{ab+a+2}+\frac{1}{bc+b+2}+\frac{1}{ca+c+2}\leqslant\frac{1}{4}\left(\frac{a+1}{a+1}+\frac{b+1}{b+1}+\frac{c+1}{c+1}\right)=\frac{3}{4},$$

当且仅当 $a=b=c=1$ 时,等号成立.　□

题 13.2. 设实数 a,b,c 均不小于 1,证明:

$$\frac{a^3+2}{b^2-b+1}+\frac{b^3+2}{c^2-c+1}+\frac{c^3+2}{a^2-a+1}\geqslant 9.$$

Titu Andreescu –《数学反思》*J273*

证明　利用均值不等式,可得

$$\begin{aligned}&\frac{a^3+2}{b^2-b+1}+\frac{b^3+2}{c^2-c+1}+\frac{c^3+2}{a^2-a+1}\\ \geqslant&3\sqrt[3]{\left(\frac{a^3+2}{a^2-a+1}\right)\left(\frac{b^3+2}{b^2-b+1}\right)\left(\frac{c^3+2}{c^2-c+1}\right)}.\end{aligned}$$

由于当 $x \geqslant 1$ 时,有 $x^3+2=(x-1)^3+3(x^2-x+1) \geqslant 3$,因此 $\frac{x^3+2}{x^2-x+1} \geqslant 3$,于是

$$\frac{a^3+2}{b^2-b+1}+\frac{b^3+2}{c^2-c+1}+\frac{c^3+2}{a^2-a+1} \geqslant 9,$$

当且仅当 $a=b=c=1$ 时,等号成立. □

题 13.3. 设实数 a,b,c 均不小于 1,证明:

$$\frac{a(b^2+3)}{3c^2+1}+\frac{b(c^2+3)}{3a^2+1}+\frac{c(a^2+3)}{3b^2+1} \geqslant 3.$$

Titu Andreescu –《数学反思》*J311*

证明 由 $x \geqslant 1$ 可得

$$(x-1)^3 \geqslant 0 \ \Rightarrow \ x^3+3x \geqslant 3x^2+1 \ \Rightarrow \ \frac{x(x^2+3)}{3x^2+1} \geqslant 1.$$

利用均值不等式,可得

$$\frac{a(b^2+3)}{3c^2+1}+\frac{b(c^2+3)}{3a^2+1}+\frac{c(a^2+3)}{3b^2+1} \geqslant 3\sqrt[3]{\frac{a(a^2+3)}{3a^2+1}\cdot\frac{b(b^2+3)}{3b^2+1}\cdot\frac{c(c^2+3)}{3c^2+1}} \geqslant 3,$$

这就完成了证明. □

题 13.4. 求所有的正实数三元组 (x,y,z),同时满足

$$x+y+z-2xyz \leqslant 1,$$

$$xy+yz+zx+\frac{1}{xyz} \leqslant 4.$$

Titu Andreescu –《数学反思》*J245*

解 由均值不等式和所给的第一个不等式得

$$\frac{9xyz}{xy+yz+zx} \leqslant x+y+z \leqslant 1+2xyz,$$

因此有

$$\frac{9xyz}{2xyz+1} \leqslant xy+yz+zx.$$

再由所给的第二个不等式得

$$\frac{9xyz}{2xyz+1}+\frac{1}{xyz} \leqslant 4. \tag{1}$$

令 $t = xyz > 0$,则式 (1) 通分得到

$$9t^2 + 2t + 1 \leqslant 4t(2t+1),$$

即 $(t-1)^2 \leqslant 0$,解得 $t = 1$. 于是,第一个不等式变为 $x + y + z \leqslant 3xyz$,但根据均值不等式可得 $3xyz = 3\sqrt[3]{xyz} \leqslant x + y + z$,因此必然有 $x + y + z = 3xyz$. 当且仅当 $x = y = z = 1$ 时,等号成立,因此满足题目条件的三元组只有 $(1,1,1)$. □

题 13.5. 设实数 a, b, c 均大于 -1,证明:

$$(a^2+b^2+2)(b^2+c^2+2)(c^2+a^2+2) \geqslant (a+1)^2(b+1)^2(c+1)^2.$$

Adrian Andreescu –《数学反思》*J373*

证明 根据均值不等式,可得

$$a^2+b^2+2 = (a^2+1)+(b^2+1) \geqslant 2\sqrt{(a^2+1)(b^2+1)}.$$

类似地,有 $b^2+c^2+2 \geqslant 2\sqrt{(b^2+1)(c^2+1)}$ 和 $c^2+a^2+2 \geqslant 2\sqrt{(c^2+1)(a^2+1)}$,因此得到

$$(a^2+b^2+2)(b^2+c^2+2)(c^2+a^2+2) \geqslant 8(a^2+1)(b^2+1)(c^2+1). \tag{1}$$

又根据柯西不等式,可得

$$2(a^2+1) = (1+1)(a^2+1) \geqslant (a+1)^2.$$

类似地,有 $2(b^2+1) \geqslant (b+1)^2$ 和 $2(c^2+1) \geqslant (c+1)^2$,因此有

$$8(a^2+1)(b^2+1)(c^2+1) \geqslant (a+1)^2(b+1)^2(c+1)^2. \tag{2}$$

由式 (1) (2) 就得到了要证的不等式. □

注 因为不等式 $2(x^2+1) \geqslant (x+1)^2$ 对所有实数 x 成立,所以条件 $a > -1$,$b > -1$,$c > -1$ 是不必要的.

题 13.6. 求所有的实数解 (x, y, z),使得 $x, y, z \in \left(\frac{3}{2}, +\infty\right)$,并且满足方程

$$\frac{(x+1)^2}{y+z-1} + \frac{(y+2)^2}{z+x-2} + \frac{(z+3)^2}{x+y-3} = 18.$$

Alessandro Ventullo –《数学公报》*27335*

解 由题目条件和柯西不等式,可得

$$((y+z-1)+(z+x-2)+(x+y-3))\cdot 18 \geqslant ((x+1)+(y+2)+(z+3))^2,$$

即

$$(x+y+z+6)^2 \leqslant 36(x+y+z-3).$$

令 $t=x+y+z+6$,则有 $t^2 \leqslant 36(t-9)$,即 $(t-18)^2 \leqslant 0$,因此 $t=18$,于是

$$x+y+z=12. \tag{1}$$

这说明在柯西不等式中等号成立,于是

$$\frac{x+1}{y+z-1}=\frac{y+2}{z+x-2}=\frac{z+3}{x+y-3}=\lambda,$$

其中 λ 是某个实数. 因此得到方程组

$$\begin{cases}\lambda(y+z)-x=\lambda+1\\ \lambda(z+x)-y=2(\lambda+1)\\ \lambda(x+y)-z=3(\lambda+1)\end{cases}.$$

将三个方程两边相加,得到 $(2\lambda-1)(x+y+z)=6(\lambda+1)$,利用式 (1),得到 $\lambda=1$,因此

$$\begin{cases}y+z-x=2\\ z+x-y=4\\ x+y-z=6\end{cases}.$$

与式 (1) 中的三个方程进行比较,解得 $(x,y,z)=(5,4,3)$. □

题 13.7. 设正实数 x,y,z 满足 $xyz=1$. 证明:

$$\frac{1}{(x+1)^2+y^2+1}+\frac{1}{(y+1)^2+z^2+1}+\frac{1}{(z+1)^2+x^2+1}\leqslant\frac{1}{2}.$$

Cristinel Mortici –《数学反思》*J5*

证明 首先有

$$\frac{1}{(x+1)^2+y^2+1}=\frac{1}{2+x^2+y^2+2x}\leqslant\frac{1}{2(1+xy+x)},$$

其中第二个不等式等价于 $(x-y)^2\geqslant 0$. 类似地,有

$$\frac{1}{(y+1)^2+z^2+1}\leqslant\frac{1}{2(1+yz+y)},\quad \frac{1}{(z+1)^2+x^2+1}\leqslant\frac{1}{2(1+zx+z)}.$$

因为 $xyz=1$，所以可以作变量替换 $x=\frac{b}{a}, y=\frac{c}{b}, z=\frac{a}{c}$，得

$$\frac{1}{2(1+xy+x)}=\frac{a}{2(a+b+c)}.$$

类似地，有

$$\frac{1}{2(1+yz+y)}=\frac{b}{2(a+b+c)}, \quad \frac{1}{2(1+zx+z)}=\frac{c}{2(a+b+c)}.$$

将最后的三个等式相加，就得到了要证明的结论，当且仅当 $x=y=z=1$ 时，等号成立. □

题 13.8. 设正实数 a, b, c 满足 $abc=1$，证明：

$$a^3+b^3+c^3+\frac{8}{(a+b)(b+c)(c+a)} \geqslant 4.$$

Alessandro Ventullo –《数学反思》*S435*

证法一　要证明的不等式等价于

$$\frac{a^2}{4bc}+\frac{b^2}{4ca}+\frac{c^2}{4ab} \geqslant 1-\frac{2abc}{(a+b)(b+c)(c+a)}.$$

由于从均值不等式可以得到

$$\frac{a^2}{4bc}+\frac{b^2}{4ca}+\frac{c^2}{4ab} \geqslant \frac{a^2}{(b+c)^2}+\frac{b^2}{(c+a)^2}+\frac{c^2}{(a+b)^2},$$

因此只需证明

$$\frac{a^2}{(b+c)^2}+\frac{b^2}{(c+a)^2}+\frac{c^2}{(a+b)^2} \geqslant 1-\frac{2abc}{(a+b)(b+c)(c+a)}.$$

令 $x=\frac{a}{b+c}, y=\frac{b}{c+a}, z=\frac{c}{a+b}$，则上式变成

$$x^2+y^2+z^2 \geqslant 1-2xyz.$$

进行简单的计算，可得 $1-2xyz=xy+yz+zx$，因此只需证明

$$x^2+y^2+z^2 \geqslant xy+yz+zx,$$

这显然可以通过排序不等式或者柯西不等式直接得到，当且仅当 $x=y=z$ 即 $a=b=c=1$ 时，等号成立. □

证法二 从幂平均不等式可得

$$\frac{a^3+b^3}{2} \geqslant \left(\frac{a+b}{2}\right)^3,$$

将这个不等式以及与它类似的不等式相加，利用均值不等式，可得

$$\begin{aligned} a^3+b^3+c^3 &\geqslant \left(\frac{a+b}{2}\right)^3+\left(\frac{b+c}{2}\right)^3+\left(\frac{c+a}{2}\right)^3 \\ &\geqslant 3\cdot\frac{(a+b)(b+c)(c+a)}{8}. \end{aligned}$$

再次利用均值不等式，得到

$$\begin{aligned} & a^3+b^3+c^3+\frac{8}{(a+b)(b+c)(c+a)} \\ \geqslant & 3\cdot\frac{(a+b)(b+c)(c+a)}{8}+\frac{8}{(a+b)(b+c)(c+a)} \\ \geqslant & 4\sqrt[4]{\left(\frac{(a+b)(b+c)(c+a)}{8}\right)^3\cdot\frac{8}{(a+b)(b+c)(c+a)}} \\ = & 4\sqrt{\frac{(a+b)(b+c)(c+a)}{8}} \\ \geqslant & 4, \end{aligned}$$

其中最后的不等式利用了 $(a+b)(b+c)(c+a) \geqslant 8abc = 8$(对每一个因子使用均值不等式)，证明完成. □

题 13.9. 设正实数 a,b,c 满足

$$\frac{1}{a^2+b^2+1}+\frac{1}{b^2+c^2+1}+\frac{1}{c^2+a^2+1} \geqslant 1.$$

证明：$ab+bc+ca \leqslant 3$.

Alex Anderson –《数学反思》*J81*

证明 利用柯西不等式，可得

$$(a^2+b^2+1)(1+1+c^2) \geqslant (a+b+c)^2 \ \Rightarrow\ \frac{1}{a^2+b^2+1} \leqslant \frac{2+c^2}{(a+b+c)^2}.$$

类似地，得到

$$\frac{1}{b^2+c^2+1} \leqslant \frac{2+a^2}{(a+b+c)^2},\quad \frac{1}{c^2+a^2+1} \leqslant \frac{2+b^2}{(a+b+c)^2}.$$

因此有

$$1 \leqslant \frac{1}{a^2+b^2+1}+\frac{1}{b^2+c^2+1}+\frac{1}{c^2+a^2+1} \leqslant \frac{6+a^2+b^2+c^2}{(a+b+c)^2},$$

即 $(a+b+c)^2 \leqslant 6+a^2+b^2+c^2$. 这等价于

$$a^2+b^2+c^2+2(ab+bc+ca) \leqslant 6+a^2+b^2+c^2,$$

于是得到 $ab+bc+ca \leqslant 3$,证明完成. □

题 13.10. 设 a,b,c 是正实数,证明:

$$\frac{(a+b)^2}{c}+\frac{c^2}{a} \geqslant 4b.$$

Titu Andreescu –《数学反思》*J109*

证法一　根据权方和不等式,若 a,b,α,β 为正实数,则有

$$\frac{a^2}{\alpha}+\frac{b^2}{\beta} \geqslant \frac{(a+b)^2}{\alpha+\beta},$$

因此可得

$$\frac{(a+b)^2}{c}+\frac{c^2}{a} \geqslant \frac{(a+b+c)^2}{a+c}. \tag{1}$$

现在只需证明

$$\frac{(a+b+c)^2}{a+c} \geqslant 4b,$$

这等价于 $(a-b+c)^2 \geqslant 0$,因此成立,当且仅当 $a=b-c$ 时,等号成立. 不等式 (1) 的等号成立需要 $\frac{a+b}{c}=\frac{c}{a}$,因此得到 $b=3a$ 且 $c=2a$. □

证法二　两次应用均值不等式,可得

$$\begin{aligned}\frac{(a+b)^2}{c}+\frac{c^2}{a} &\geqslant 3\left(\frac{(a+b)^2}{2c}\cdot\frac{(a+b)^2}{2c}\cdot\frac{c^2}{a}\right)^{\frac{1}{3}}=3\cdot\frac{(a+b)^{\frac{4}{3}}}{(4a)^{\frac{1}{3}}}\\ &\geqslant 3\cdot\frac{\left(4\left(a\cdot\frac{b}{3}\cdot\frac{b}{3}\cdot\frac{b}{3}\right)^{\frac{1}{4}}\right)^{\frac{4}{3}}}{(4a)^{\frac{1}{3}}}=4b.\end{aligned}$$

可以看出,当且仅当 $b=3a$ 且 $c=2a$ 时,等号成立. □

证法三　原不等式通分,两边乘以 $a+c$,然后配方,发现其等价于

$$(a^2+ab-c^2)^2+ac(a-b+c)^2 \geqslant 0,$$

这显然成立,当且仅当 $b=3a$ 且 $c=2a$ 时,等号成立. □

题 13.11. 设 $0 = a_0 < a_1 < \cdots < a_n < a_{n+1} = 1$,满足

$$a_1 + a_2 + \cdots + a_n = 1,$$

证明:

$$\frac{a_1}{a_2 - a_0} + \frac{a_2}{a_3 - a_1} + \cdots + \frac{a_n}{a_{n+1} - a_{n-1}} \geqslant \frac{1}{a_n}.$$

Titu Andreescu –《数学反思》*J319*

证明 要证明的不等式的左边可以写成

$$\frac{a_1^2}{a_1a_2 - a_0a_1} + \frac{a_2^2}{a_2a_3 - a_1a_2} + \cdots + \frac{a_n^2}{a_na_{n+1} - a_{n-1}a_n}.$$

应用权方和不等式,得到

$$\begin{aligned}
&\frac{a_1^2}{a_1a_2 - a_0a_1} + \frac{a_2^2}{a_2a_3 - a_1a_2} + \cdots + \frac{a_n^2}{a_na_{n+1} - a_{n-1}a_n} \\
\geqslant &\frac{(a_1 + a_2 + \cdots + a_n)^2}{a_1a_2 - a_0a_1 + a_2a_3 - a_1a_2 + \cdots + a_na_{n+1} - a_{n-1}a_n} \\
= &\frac{1}{a_na_{n+1} - a_0a_1} = \frac{1}{a_n}.
\end{aligned}$$

□

题 13.12. 设非零实数 a, b, c 满足 $ab + bc + ca \geqslant 0$,证明:

$$\frac{ab}{a^2 + b^2} + \frac{bc}{b^2 + c^2} + \frac{ca}{c^2 + a^2} \geqslant -\frac{1}{2}.$$

Titu Andreescu –《数学反思》*J163*

证明 我们有

$$\begin{aligned}
&\sum_{\text{cyc}} \frac{ab}{a^2 + b^2} = \sum_{\text{cyc}} \left(\frac{ab}{a^2 + b^2} + \frac{1}{2}\right) - \frac{3}{2} = \sum_{\text{cyc}} \frac{(a+b)^2}{2(a^2 + b^2)} - \frac{3}{2} \\
\geqslant &\sum_{\text{cyc}} \frac{(a+b)^2}{2(a^2 + b^2 + c^2)} - \frac{3}{2} = \frac{2(a^2 + b^2 + c^2) + 2(ab + bc + ca)}{2(a^2 + b^2 + c^2)} - \frac{3}{2} \\
= &1 + \frac{ab + bc + ca}{a^2 + b^2 + c^2} - \frac{3}{2} = \frac{ab + bc + ca}{a^2 + b^2 + c^2} - \frac{1}{2} \geqslant -\frac{1}{2},
\end{aligned}$$

其中最后一步我们利用了条件 $ab + bc + ca \geqslant 0$,证明完成. □

题 13.13. 设非负实数 a, b, c 满足 $a + b + c = 1$,证明:

$$\sqrt[3]{13a^3 + 14b^3} + \sqrt[3]{13b^3 + 14c^3} + \sqrt[3]{13c^3 + 14a^3} \geqslant 3.$$

Titu Andreescu –《数学反思》*J290*

证法一 根据赫尔德不等式,容易得到

$$(13a^3+14b^3)(13+14)(13+14) \geqslant (13a+14b)^3,$$

即

$$\sqrt[3]{13a^3+14b^3} \geqslant \frac{13a+14b}{9}, \tag{1}$$

类似地,有

$$\sqrt[3]{13b^3+14c^3} \geqslant \frac{13b+14c}{9}, \quad \sqrt[3]{13c^3+14a^3} \geqslant \frac{13c+14a}{9}, \tag{2}$$

从式 (1) (2) 可得

$$\sqrt[3]{13a^3+14b^3}+\sqrt[3]{13b^3+14c^3}+\sqrt[3]{13c^3+14a^3} \geqslant \frac{27(a+b+c)}{9}=3. \qquad \square$$

证法二 闵可夫斯基不等式给出,若 $a_1,a_2,\cdots,a_n$ 和 $b_1,b_2,\cdots,b_n$ 均为正实数,$p>1$,则有

$$\left(\left(\sum_{i=1}^n a_i\right)^p+\left(\sum_{i=1}^n b_i\right)^p\right)^{\frac{1}{p}} \leqslant \sum_{i=1}^n (a_i^p+b_i^p)^{\frac{1}{p}},$$

当且仅当 $\frac{a_1}{b_1}=\frac{a_2}{b_2}=\cdots=\frac{a_n}{b_n}$ 时,等号成立. 现在取

$$(a_1,a_2,a_3)=(\sqrt[3]{13}a,\sqrt[3]{13}b,\sqrt[3]{13}c),$$

$$(b_1,b_2,b_3)=(\sqrt[3]{14}b,\sqrt[3]{14}c,\sqrt[3]{14}a),$$

以及 $p=3$,则有

$$\begin{aligned}&\sqrt[3]{13a^3+14b^3}+\sqrt[3]{13b^3+14c^3}+\sqrt[3]{13c^3+14a^3}\\ \geqslant&\sqrt[3]{\left(\sqrt[3]{13}(a+b+c)\right)^3+\left(\sqrt[3]{14}(a+b+c)\right)^3}\\ =&\sqrt[3]{(\sqrt[3]{13})^3+(\sqrt[3]{14})^3}=3,\end{aligned}$$

当且仅当 $\frac{a}{b}=\frac{b}{c}=\frac{c}{a}$ 时,等号成立,即 $a=b=c=\frac{1}{3}$. $\square$

题 13.14. 设正实数 x,y,z 满足 $xyz(x+y+z)=3$,证明:

$$\frac{1}{x^2}+\frac{1}{y^2}+\frac{1}{z^2}+\frac{54}{(x+y+z)^2} \geqslant 9.$$

Marius Stănean –《数学反思》*J321*

证明 我们先证明下面的不等式. 设 a,b,c 为正实数,则有

$$\frac{a^2+b^2+c^2}{3}+\frac{5}{4}\cdot\frac{9}{\left(\frac{1}{a}+\frac{1}{b}+\frac{1}{c}\right)^2}\geqslant\frac{9}{4}(abc)^{\frac{2}{3}},\tag{1}$$

若记 Q,H,G 分别为 a,b,c 的平方平均、调和平均、几何平均,则式 (1) 为

$$Q^2+\frac{5}{4}H^2\geqslant\frac{9}{4}G^2.\tag{2}$$

注意到

$$Q^2=\frac{a^2+b^2+c^2}{3}=3\left(\frac{a+b+c}{3}\right)^2-2\cdot\frac{ab+bc+ca}{3}=3A^2-\frac{2G^3}{H},$$

其中 $A=\frac{a+b+c}{3}$ 为算术平均. 只需使 G,H 不变,对 A 的极小情形证明不等式 (2). 当 a,b,c 中较大的两个值相同的时候,这个极小情形达到.

要看到这一点,定义多项式

$$P(x)=(x-a)(x-b)(x-c)=x^3-\sigma_1x^2+\sigma_2x-\sigma_3,$$

于是 $\sigma_3=abc=G^3$ 和 $\sigma_2=ab+bc+ca=\frac{3G^3}{H}$ 不变,我们要使 $\sigma_1=3A$ 达到极小,并且保持这个多项式有三个正实根. 减少 σ_1 相当于将 x^2 的一个正倍数加到 $P(x)$ 上,这会提高 $y=P(x)$ 的图像在正实轴上的部分. 我们这样做,保持 $P(x)$ 有三个正实根,最终 $y=P(x)$ 的图像与 x 轴相切. 因为是函数增加的情况下导致的相切,所以是较大的两个根相同.

再由式 (1) 的齐次性,只需对 $a=b=t,c=\frac{1}{t^2}$ 的情况证明这个不等式. 此时,式 (1) 变为

$$\frac{2t^6+1}{3t^4}+\frac{45t^2}{4(2+t^3)^2}\geqslant\frac{9}{4}.$$

通分并因式分解,得到

$$(t-1)^2(8t^{10}+16t^9-3t^8+10t^7+23t^6-72t^5+4t^4+80t^3+32t+16)\geqslant 0,$$

现在只需证明第二个因子对 $t>0$ 总是正的,例如,可以将其写成如下的形式

$$\begin{aligned}&8(t^5-1)^2+(t-1)^2(2t+1)t^6+14t(t^4-1)^2+10t^3(t^2-1)^2+\\&4t^4(t-1)^2+18t^6+70t^3+48t^2+18t+8.\end{aligned}$$

回到本题,我们将不等式 (1) 应用到 $a=\frac{1}{x},b=\frac{1}{y},c=\frac{1}{z}$ 的情形,得出

$$\frac{1}{x^2}+\frac{1}{y^2}+\frac{1}{z^2}+\frac{54}{(x+y+z)^2}\geqslant\frac{81}{4(x+y+z)^2}+\frac{27}{4(xyz)^{\frac{2}{3}}}.$$

再由均值不等式得

$$\frac{9}{(x+y+z)^2}+3\cdot\frac{1}{(xyz)^{\frac{2}{3}}}\geqslant 4\sqrt[4]{\frac{9}{(xyz)^2(x+y+z)^2}}=4\sqrt{\frac{3}{xyz(x+y+z)}}=4,$$

因此得到

$$\frac{1}{x^2}+\frac{1}{y^2}+\frac{1}{z^2}+\frac{54}{(x+y+z)^2}\geqslant 9.$$

□

注 最开始的不等式不是最佳的，基本上利用同样的做法可以得到 $Q^2+\frac{16}{9}H^2\geqslant\frac{25}{9}G^2$，甚至可以再稍微改进一下系数.

题 13.15. 设实数 a,b,c 满足

$$\frac{2}{a^2+1}+\frac{2}{b^2+1}+\frac{2}{c^2+1}\geqslant 3.$$

证明：$(a-2)^2+(b-2)^2+(c-2)^2\geqslant 3$.

Titu Andreescu –《数学反思》*S276*

证明 关键是发现

$$\begin{aligned}((a-2)^2+1)(a^2+1)&=(a^2-4a+5)(a^2+1)\\&=a^4-4a^3+6a^2-4a+5=(a-1)^4+4,\end{aligned}$$

于是有

$$(a-2)^2=\frac{(a-1)^4}{a^2+1}+\frac{4}{a^2+1}-1.$$

将类似的不等式相加，得到

$$\sum_{\text{cyc}}(a-2)^2=\sum_{\text{cyc}}\frac{(a-1)^4}{a^2+1}+\sum_{\text{cyc}}\frac{4}{a^2+1}-3\geqslant 2\cdot\sum_{\text{cyc}}\frac{2}{a^2+1}-3\geqslant 3.$$

□

题 13.16. 对所有实数 a,b,c，证明：

$$3(a^2-ab+b^2)(b^2-bc+c^2)(c^2-ca+a^2)\geqslant a^3b^3+b^3c^3+c^3a^3.$$

Titu Andreescu –《数学反思》*S29*

证法一 因为将所有变量的符号变成正号时，题目中的不等式左边不变大，右边不变小，所以只需对所有 a,b,c 为正数时证明. 将不等式两边乘以 $\prod(a+b)$，于是写成如下形式

$$3\prod(a^3+b^3)\geqslant\sum a^3b^3\prod(a+b),$$

对 $x=a^3,y=b^3,z=c^3$ 应用熟知的不等式

$$\prod(x+y)\geqslant\frac{8}{9}\sum x\sum xy,$$

于是我们只需证明

$$\frac{8}{3}\sum a^3\geqslant 8\left(\frac{a+b+c}{3}\right)^3=\left(\frac{(a+b)+(b+c)+(c+a)}{3}\right)^3\geqslant\prod(a+b),$$

其中第一个不等式用到了幂平均不等式，第二个不等式用到了均值不等式. □

证法二 我们先证明下面的引理.

引理 对任意实数 x,y，均有

$$3(x^2-xy+y^2)^3\geqslant x^6+x^3y^3+y^6.$$

引理的证明 若 x 和 y 均为零，则命题自动成立. 现在假设 x 和 y 之一非零，例如设 $y\neq 0$，取 $t=\frac{x}{y}$，则要证的不等式变为

$$3(t^2-t+1)^3\geqslant t^6+t^3+1.$$

上式可以通过因式分解变为

$$(t-1)^4(2t^2-t+2)\geqslant 0,$$

这显然对任意实数 t 成立，这就证明了引理.

回到原题. 根据引理，有

$$\begin{aligned}&3(a^2-ab+b^2)(b^2-bc+c^2)(c^2-ac+a^2)\\ \geqslant{}&(a^6+a^3b^3+b^6)^{\frac{1}{3}}(b^6+b^3c^3+c^6)^{\frac{1}{3}}(c^6+c^3a^3+a^6)^{\frac{1}{3}}\\ \geqslant{}&a^3b^3+b^3c^3+c^3a^3.\end{aligned}$$

最后的不等式是将赫尔德不等式应用到下面的三元组得到的：

$$(a^3b^3,b^6,a^6),\quad(b^6,b^3c^3,c^6),\quad(a^6,c^6,a^3c^3).$$

□

题 13.17. 设正实数 x, y, z 满足

$$xy + yz + zx \geqslant \frac{1}{\sqrt{x^2 + y^2 + z^2}}.$$

证明:$x + y + z \geqslant \sqrt{3}$.

Titu Andreescu –《数学反思》*S230*

证明　注意到

$$xy + yz + zx \geqslant \frac{1}{\sqrt{x^2 + y^2 + z^2}},$$

当且仅当 $x^2 + y^2 + z^2 \geqslant \frac{1}{(xy+yz+zx)^2}$,这可以进一步写为

$$(x + y + z)^2 \geqslant 2(xy + yz + zx) + \frac{1}{(xy + yz + zx)^2}.$$

利用均值不等式得到

$$\begin{aligned} & 2(xy + yz + zx) + \frac{1}{(xy + yz + zx)^2} \\ \geqslant & 3\sqrt[3]{(xy + yz + zx)^2 \cdot \frac{1}{(xy + yz + zx)^2}} = 3, \end{aligned}$$

因此得到 $(x + y + z)^2 \geqslant 3$,即 $x + y + z \geqslant \sqrt{3}$,证明完成. □

题 13.18. 设正实数 a, b, c 满足

$$\frac{1}{a^3 + b^3} + \frac{1}{b^3 + c^3} + \frac{1}{c^3 + a^3} \leqslant \frac{3}{a + b + c}.$$

证明:

$$2(a^2 + b^2 + c^2) + (a - b)^2 + (b - c)^2 + (c - a)^2 \geqslant 9.$$

Titu Andreescu –《数学反思》*S277*

证明　不妨设 $a \leqslant b \leqslant c$,于是由题目条件可得

$$\begin{aligned} 1 & \geqslant \frac{1}{6}\left((a + b) + (b + c) + (c + a)\right)\left(\frac{1}{a^3 + b^3} + \frac{1}{b^3 + c^3} + \frac{1}{c^3 + a^3}\right) \\ & \geqslant \frac{1}{2}\left(\frac{a + b}{a^3 + b^3} + \frac{b + c}{b^3 + c^3} + \frac{c + a}{c^3 + a^3}\right) \\ & = \frac{1}{2}\left(\frac{1}{a^2 - ab + b^2} + \frac{1}{b^2 - bc + c^2} + \frac{1}{c^2 - ca + a^2}\right) \\ & \geqslant \frac{9}{4(a^2 + b^2 + c^2) - 2(ab + bc + ca)}, \end{aligned}$$

其中,第二个和第三个不等式分别应用了切比雪夫不等式 (对于 $a+b \leqslant c+a \leqslant b+c$ 和 $\frac{1}{a^3+b^3} \geqslant \frac{1}{c^3+a^3} \geqslant \frac{1}{b^3+c^3}$) 和均值不等式. 因此有

$$\begin{aligned}&2(a^2+b^2+c^2)+(a-b)^2+(b-c)^2+(c-a)^2\\=&4(a^2+b^2+c^2)-2(ab+bc+ca) \geqslant 9.\end{aligned}$$

□

题 13.19. 设正实数 a, b, c 均不小于 1,并且满足

$$5(a^2-4a+5)(b^2-4b+5)(c^2-4c+5) \leqslant a+b+c-1,$$

证明:

$$(a^2+1)(b^2+1)(c^2+1) \geqslant (a+b+c-1)^3.$$

Titu Andreescu -《数学反思》*S283*

证明 令 $a=x+1, b=y+1, c=z+1$,则有 $x, y, z \geqslant 0$,于是题目条件变为

$$5(x^2-2x+2)(y^2-2y+2)(z^2-2z+2) \leqslant x+y+z+2, \tag{1}$$

要证的不等式变为

$$(x^2+2x+2)(y^2+2y+2)(z^2+2z+2) \geqslant (x+y+z+2)^3.$$

我们用反证法,假设

$$(x^2+2x+2)(y^2+2y+2)(z^2+2z+2) < (x+y+z+2)^3, \tag{2}$$

于是从式 (1) (2) 可得

$$5((x^2+2)^2-4x^2)((y^2+2)^2-4y^2)((z^2+2)^2-4z^2) < (x+y+z+2)^4,$$

这等价于

$$5(x^4+4)(y^4+4)(z^4+4) < (x+y+z+2)^4. \tag{3}$$

又根据赫尔德不等式,有

$$(x^4+1+1+2)(1+y^4+1+2)(1+1+z^4+2)(1+1+1+2) \geqslant (x+y+z+2)^4,$$

即

$$5(x^4+4)(y^4+4)(z^4+4) \geqslant (x+y+z+2)^4, \tag{4}$$

式 (3) 和 (4) 得到矛盾,因此式 (2) 不成立,证明完成. □

题 13.20. 设非负实数 a,b,c 满足

$$\sqrt{a}+\sqrt{b}+\sqrt{c}=3,$$

证明：

$$\sqrt{(a+b+1)(c+2)}+\sqrt{(b+c+1)(a+2)}+\sqrt{(c+a+1)(b+2)} \geqslant 9.$$

Titu Andreescu –《数学反思》*S313*

证法一 我们有

$$\begin{aligned}
\sqrt{a}+\sqrt{b}+\sqrt{c}=3 &\Leftrightarrow 3-\sqrt{c}=\sqrt{a}+\sqrt{b} \\
&\Leftrightarrow 9-6\sqrt{c}+c=a+b+2\sqrt{ab} \\
&\Leftarrow 9-6\sqrt{c}+c \leqslant a+b+(a+b) \\
&\Leftrightarrow \frac{9}{2}-3\sqrt{c}+\frac{c}{2} \leqslant a+b \\
&\Leftrightarrow \frac{11}{2}-3\sqrt{c}+\frac{c}{2} \leqslant a+b+1.
\end{aligned}$$

因此得到

$$\begin{aligned}
(a+b+1)(c+2) &\geqslant \left(\frac{11}{2}-3\sqrt{c}+\frac{c}{2}\right)(c+2) \\
&=9+\frac{1}{2}(\sqrt{c}-1)^2(\sqrt{c}-2)^2 \geqslant 9 \\
&\Rightarrow \sqrt{(a+b+1)(c+2)} \geqslant 3.
\end{aligned}$$

类似地，有

$$\sqrt{(b+c+1)(a+2)} \geqslant 3,$$
$$\sqrt{(c+a+1)(b+2)} \geqslant 3.$$

将上面的不等式相加，就得到了要证明的不等式. 当且仅当 $a=b=c=1$ 时，等号成立. □

证法二 我们有

$$\sum_{\text{cyc}} \sqrt{(a+b+1)(c+2)}=\sum_{\text{cyc}} \sqrt{(a+b+1)(1+1+c)}.$$

应用柯西不等式，得到

$$\sum_{\text{cyc}} \sqrt{(a+b+1)(1+1+c)} \geqslant \sum_{\text{cyc}}(\sqrt{a} \cdot 1+\sqrt{b} \cdot 1+1 \cdot \sqrt{c})=9,$$

当且仅当 $a=b=c=1$ 时，等号成立. □

题 13.21. 设 a,b,c 为正实数,证明:

$$\frac{1}{a^3+8abc}+\frac{1}{b^3+8abc}+\frac{1}{c^3+8abc}\leqslant\frac{1}{3abc}.$$

Nguyen Viet Hung –《数学反思》*S385*

证明 所给不等式可以改写为

$$\frac{1}{9abc}-\frac{1}{a^3+8abc}+\frac{1}{9abc}-\frac{1}{b^3+8abc}+\frac{1}{9abc}-\frac{1}{c^3+8abc}\geqslant 0,$$

即

$$\frac{a^2-bc}{a^2+8bc}+\frac{b^2-ca}{b^2+8ca}+\frac{c^2-ab}{c^2+8ab}\geqslant 0. \tag{1}$$

令 $x=\frac{bc}{a^2},y=\frac{ca}{b^2},z=\frac{ab}{c^2}$,于是有 $xyz=1$,不等式 (1) 变为

$$\frac{1-x}{1+8x}+\frac{1-y}{1+8y}+\frac{1-z}{1+8z}\geqslant 0. \tag{2}$$

式 (2) 左端通分得到

$$\frac{3(-64xyz+16(xy+yz+zx)+5(x+y+z)+1)}{(1+8x)(1+8y)(1+8z)}.$$

因为 $xyz=1$,所以由均值不等式可得 $x+y+z\geqslant 3$ 和 $xy+yz+zx\geqslant 3$,于是有

$$-64xyz+16(xy+yz+zx)+5(x+y+z)+1\geqslant -63+16\times 3+5\times 3=0,$$

这就证明了不等式 (2). □

题 13.22. 设 a,b,c 为正实数,证明:

$$\frac{a^2}{a+b}+\frac{b^2}{b+c}+\frac{c^2}{c+a}+\frac{3(ab+bc+ca)}{2(a+b+c)}\geqslant a+b+c.$$

Nguyen Viet Hung –《数学反思》*S397*

证明 要证明的不等式等价于

$$(a+b+c)\left(\frac{a^2}{a+b}+\frac{b^2}{b+c}+\frac{c^2}{c+a}\right)+\frac{3}{2}(ab+bc+ca)\geqslant(a+b+c)^2,$$

即

$$\frac{a^2c}{a+b}+\frac{b^2a}{b+c}+\frac{c^2b}{c+a}\geqslant\frac{1}{2}(ab+bc+ca). \tag{1}$$

根据均值不等式,可得

$$\frac{2a^2c}{a+b}+\frac{c(a+b)}{2}\geqslant 2ca,$$

$$\frac{2b^2a}{b+c}+\frac{a(b+c)}{2}\geqslant 2ab,$$
$$\frac{2c^2b}{c+a}+\frac{b(c+a)}{2}\geqslant 2bc.$$

以上三个不等式相加,我们就得到了式 (1),当且仅当 $a=b=c$ 时,等号成立. □

题 13.23. 设正实数 a,b,c 满足

$$\frac{1}{\sqrt{1+a^3}}+\frac{1}{\sqrt{1+b^3}}+\frac{1}{\sqrt{1+c^3}}\leqslant 1,$$

证明:$a^2+b^2+c^2\geqslant 12$.

Nguyen Viet Hung –《数学反思》*S412*

证法一 根据均值不等式,得

$$\frac{a^2+2}{2}=\frac{(a^2-a+1)+(a+1)}{2}\geqslant\sqrt{a^3+1}$$

(注意到 $a^2-a+1>0$ 对所有 a 成立). 因此有

$$\sum_{\text{cyc}}\frac{2}{a^2+2}\leqslant\sum_{\text{cyc}}\frac{1}{\sqrt{a^3+1}}\leqslant 1.$$

于是得到

$$\sum_{\text{cyc}}\frac{a^2+2}{2}\geqslant\left(\sum_{\text{cyc}}\frac{a^2+2}{2}\right)\left(\sum_{\text{cyc}}\frac{2}{a^2+2}\right)\geqslant 9.$$

因此 $a^2+b^2+c^2\geqslant 12$,当且仅当 $a=b=c=2$ 时,等号成立. □

证法二 注意到,对任意正实数 x,有

$$\begin{aligned}\frac{1}{1+\frac{1}{2}x^2}\leqslant\frac{1}{\sqrt{1+x^3}}&\Leftrightarrow\ 1+x^3\leqslant\left(1+\frac{1}{2}x^2\right)^2\\&\Leftrightarrow\ x^2(x-2)^2\geqslant 0.\end{aligned}$$

因此

$$\sum_{\text{cyc}}\frac{1}{1+\frac{1}{2}a^2}\leqslant\sum_{\text{cyc}}\frac{1}{\sqrt{1+a^3}}\leqslant 1.$$

利用柯西不等式,可得

$$\begin{aligned}1\cdot\left(3+\frac{1}{2}(a^2+b^2+c^2)\right)&\geqslant\sum_{\text{cyc}}\frac{1}{1+\frac{1}{2}a^2}\sum_{\text{cyc}}\left(1+\frac{1}{2}a^2\right)\\&\geqslant 9,\end{aligned}$$

因此证明了 $a^2+b^2+c^2\geqslant 12$. □

题 13.24. 设 a,b,c 为正实数,证明:

$$\frac{a^2-bc}{4a^2+4b^2+c^2}+\frac{b^2-ca}{4b^2+4c^2+a^2}+\frac{c^2-ab}{4c^2+4a^2+b^2}\geqslant 0,$$

并找到所有等号成立的情况.

Vasile Cartoaje –《数学反思》*S54*

证明 因为

$$1-\frac{4(a^2-bc)}{4a^2+4b^2+c^2}=\frac{(2b+c)^2}{4a^2+4b^2+c^2},$$

所以我们可以将要证明的不等式改写为

$$\frac{(2b+c)^2}{4a^2+4b^2+c^2}+\frac{(2c+a)^2}{4b^2+4c^2+a^2}+\frac{(2a+b)^2}{4c^2+4a^2+b^2}\leqslant 3.$$

根据权方和不等式,可得

$$\frac{(2b+c)^2}{4a^2+4b^2+c^2}=\frac{(2b+c)^2}{2(a^2+2b^2)+c^2+2a^2}\leqslant\frac{2b^2}{a^2+2b^2}+\frac{c^2}{c^2+2a^2}.$$

类似地,有

$$\frac{(2c+a)^2}{4b^2+4c^2+a^2}\leqslant\frac{2c^2}{b^2+2c^2}+\frac{a^2}{a^2+2b^2},$$

$$\frac{(2a+b)^2}{4c^2+4a^2+b^2}\leqslant\frac{2a^2}{c^2+2a^2}+\frac{b^2}{b^2+2c^2}.$$

将这些不等式相加,就得到了要证明的不等式,当且仅当

$$a(b^2+2c^2)=b(c^2+2a^2)=c(a^2+2b^2)$$

时,等号成立,这对应下面的几种情况: $a=b=c$, $4a=2b=c$, $4b=2c=a$, $4c=2a=b$. □

题 13.25. 设正实数 a,b,c 满足 $abc=1$,证明:

$$\frac{a+b+1}{a+b^2+c^3}+\frac{b+c+1}{b+c^2+a^3}+\frac{c+a+1}{c+a^2+b^3}\leqslant\frac{(a+1)(b+1)(c+1)+1}{a+b+c}.$$

Titu Andreescu –《数学反思》*O109*

证明 根据柯西不等式,并利用条件 $abc=1$,可得

$$(a+b^2+c^3)(a+1+ab)\geqslant(a+b+c)^2 \;\Rightarrow\; \frac{1}{a+b^2+c^3}\leqslant\frac{1+a+ab}{(a+b+c)^2}.$$

因此有

$$\frac{a+b+1}{a+b^2+c^3} \leqslant \frac{(a+b+1)(1+a+ab)}{(a+b+c)^2}.$$

类似地,可以得到

$$\frac{b+c+1}{b+c^2+a^3} \leqslant \frac{(b+c+1)(1+b+bc)}{(a+b+c)^2}$$

和

$$\frac{c+a+1}{c+a^2+b^3} \leqslant \frac{(c+a+1)(1+c+ca)}{(a+b+c)^2}.$$

因此,只需证明

$$\frac{(a+b+1)(1+a+ab)+(b+c+1)(1+b+bc)+(c+a+1)(1+c+ca)}{(a+b+c)^2}$$
$$\leqslant \frac{(a+1)(b+1)(c+1)+1}{a+b+c}.$$

最后的不等式等价于

$$\sum_{\text{cyc}}(a+b+1)(1+a+ab) \leqslant (a+b+c)(a+1)(b+1)(c+1)+a+b+c$$
$$\Leftrightarrow 3\sum a+3+\sum a^2+2\sum ab+\sum ab(a+b)$$
$$\leqslant abc\sum a+3abc+\sum ab(a+b)+\sum a^2+2\sum ab+2\sum a,$$

由 $abc=1$ 知,这实际上是一个等式,因此成立. 证明完成. □

题 13.26. 设正实数 a,b,c 满足 $abc=1$,证明:

$$\frac{1}{a^5(b+2c)^2}+\frac{1}{b^5(c+2a)^2}+\frac{1}{c^5(a+2b)^2} \geqslant \frac{1}{3}.$$

Titu Andreescu –《数学反思》*O161*

证法一 我们将利用下面的引理,这是赫尔德不等式的权方和形式:

引理 若 $x,y,z,a,b,c>0$,则有

$$\frac{x^3}{a^2}+\frac{y^3}{b^2}+\frac{z^3}{c^2} \geqslant \frac{(x+y+z)^3}{(a+b+c)^2}.$$

令 $a=\frac{1}{x},b=\frac{1}{y},c=\frac{1}{z}$,则有 $xyz=1$,并且要证的不等式的左边变为

$$K=\sum_{\text{cyc}}\frac{x^3}{(2y+z)^2}.$$

根据上面的引理和均值不等式 (加上条件 $xyz=1$),可得

$$K \geqslant \frac{(x+y+z)^3}{9(x+y+z)^2}=\frac{x+y+z}{9} \geqslant \frac{1}{3}.$$ □

证法二 如证法一一样,要证明的不等式变为

$$\sum_{\text{cyc}} \frac{x^3}{(2y+z)^2} \geqslant \frac{1}{3},$$

其中 $x, y, z > 0$ 并且 $xyz = 1$. 利用均值不等式,可得

$$\frac{x^2}{2y+z} \geqslant \frac{2}{3}x - \frac{2y+z}{9}. \tag{1}$$

因此有

$$\begin{aligned}\sum_{\text{cyc}} \frac{x^3}{(2y+z)^2} &\geqslant \sum_{\text{cyc}} \frac{x}{2y+z}\left(\frac{2}{3}x - \frac{2y+z}{9}\right) \\ &= \frac{2}{3}\sum_{\text{cyc}} \frac{x^2}{2y+z} - \sum_{\text{cyc}} \frac{x}{9}.\end{aligned}$$

再利用不等式 (1),我们得到结论

$$\begin{aligned}\sum_{\text{cyc}} \frac{x^3}{(2y+z)^2} &\geqslant \frac{2}{3}\sum_{\text{cyc}}\left(\frac{2x}{3} - \frac{2y+z}{9}\right) - \sum_{\text{cyc}} \frac{x}{9} \\ &= \frac{x+y+z}{9} \geqslant \frac{1}{3}.\end{aligned}$$

□

题 13.27. 设 a, b, c 为正实数,证明:

$$\frac{a^2}{b} + \frac{b^2}{c} + \frac{c^2}{a} + a + b + c \geqslant \frac{2(a+b+c)^3}{3(ab+bc+ca)}.$$

Pham Huu Duc –《数学反思》*O73*

证明 我们有

$$\begin{aligned}&3\left(\sum ab\right)\left(\sum\left(\frac{a^2}{b} + a\right)\right) \\ =&3\left(\sum a^3 + \sum \frac{ab^3}{c} + 2\sum ab^2 + \sum a^2b + 3abc\right) \\ =&3\sum a^3 + 3\sum \frac{ab^3}{c} + 6\sum ab^2 + 3\sum a^2b + 9abc.\end{aligned}$$

因此有

$$\begin{aligned}&3\left(\sum ab\right)\left(\sum\left(\frac{a^2}{b} + a\right)\right) - 2\left(\sum a\right)^3 \\ =&\sum a^3 - 3abc + 3\sum \frac{ab^3}{c} - 3\sum a^2b.\end{aligned}$$

根据均值不等式,可得

$$\frac{ab^3}{c}+\frac{ca^3}{b}\geqslant 2\sqrt{\frac{ab^3}{c}\cdot\frac{ca^3}{b}}=2a^2b$$

以及类似的不等式. 将这些不等式相加,得到

$$\frac{ab^3}{c}+\frac{ca^3}{b}+\frac{bc^3}{a}\geqslant a^2b+b^2c+c^2a.$$

现在只需证明 $\sum a^3\geqslant 3abc$,这可以由均值不等式直接得到,证明完成. □

题 13.28. 设 x,y,z 是两两不同的正实数,证明:

$$\frac{x+y}{(x-y)^2}+\frac{y+z}{(y-z)^2}+\frac{z+x}{(z-x)^2}\geqslant\frac{9}{x+y+z}.$$

Mircea Lascu, Marius Stănean –《数学反思》*S226*

证明　不等式关于 x,y,z 对称,我们不妨设 $x>y>z>0$. 于是可以令 $u=x-y$, $v=y-z<y$,要证明的不等式变为

$$\frac{2y+u}{u^2}+\frac{2y-v}{v^2}+\frac{2y+u-v}{(u+v)^2}\geqslant\frac{9}{3y+u-v}.$$

此式的左端为 y 的增函数,右端为 y 的减函数,因此只需对 $y=v$ 的情形证明 (即 $z=0$). 于是,只需对 $x>y>0$ 证明下面的不等式

$$\frac{x+y}{(x-y)^2}+\frac{1}{y}+\frac{1}{x}\geqslant\frac{9}{x+y}.$$

这个不等式两边乘以 $xy(x+y)(x-y)^2$ 后,等价地变为

$$0\leqslant x^4-8x^3y+18x^2y^2-8xy^3+y^4=(x^2-4xy+y^2)^2,$$

这显然成立,当且仅当 $x^2+y^2=4xy$ 时,等号成立.

原不等式的等号不能成立,但是不等式的两边可以任意接近. 例如取 x,y 满足 $x^2+y^2=4xy$,令 z 趋向于 0 即可. □

题 13.29. 对所有的实数 x,y,z,证明:

$$(x^2+xy+y^2)(y^2+yz+z^2)(z^2+zx+x^2)\geqslant 3(x^2y+y^2z+z^2x)(xy^2+yz^2+zx^2).$$

Gabriel Dospinescu –《数学反思》*O114*

证明 若 $xyz=0$,例如 $z=0$,则不等式等价于

$$x^2y^2(x-y)^2 \geqslant 0,$$

这显然成立. 现在设 $xyz \neq 0$,将题目中的不等式两边除以 $(xyz)^2$,得到要证明

$$\begin{aligned}&\left(\left(\frac{x}{y}\right)^2+\frac{x}{y}+1\right)\left(\left(\frac{y}{z}\right)^2+\frac{y}{z}+1\right)\left(\left(\frac{z}{x}\right)^2+\frac{z}{x}+1\right)\\ \geqslant &3\left(\frac{x}{z}+\frac{y}{x}+\frac{z}{y}\right)\left(\frac{x}{y}+\frac{y}{z}+\frac{z}{x}\right).\end{aligned} \tag{1}$$

取 $\frac{x}{y}=a,\frac{y}{z}=b,\frac{z}{x}=c$,则 $abc=1$ 并且式 (1) 变为

$$(a^2+a+1)(b^2+b+1)(c^2+c+1) \geqslant 3(a+b+c)(ab+bc+ca). \tag{2}$$

令 $S=a+b+c,Q=ab+bc+ca,P=abc$,则式 (2) 变为

$$(Q-S)^2+(P-1)^2+(Q-S)(P-1) \geqslant 0. \tag{3}$$

由于 $P=1$,因此式 (3) 等价于 $(Q-S)^2 \geqslant 0$,即

$$\big(ab+bc+ca-(a+b+c)\big)^2 \geqslant 0.$$

这显然成立,证明完成. □

注 有意思的是,式 (2) 和式 (3) 对任意实数 a,b,c 均成立 (不需要乘积为 1),当 $Q=S$ 并且 $P=1$ 时,等号成立.

题 13.30. 设 a,b,c 为三角形的三条边的长度,证明:

$$\sqrt{\frac{abc}{-a+b+c}}+\sqrt{\frac{abc}{a-b+c}}+\sqrt{\frac{abc}{a+b-c}} \geqslant a+b+c.$$

Titu Andreescu, Gabriel Dospinescu –《数学反思》*O181*

证法一 作变量替换

$$2x=-a+b+c, \quad 2y=a-b+c, \quad 2z=a+b-c$$

或者等价地写成 $a=y+z,b=z+x,c=x+y$,要证明的不等式变为

$$\sqrt{(x+y)(y+z)(z+x)}\left(\frac{1}{\sqrt{x}}+\frac{1}{\sqrt{y}}+\frac{1}{\sqrt{z}}\right) \geqslant 2\sqrt{2}(x+y+z).$$

平方后得到等价的形式为

$$(x+y)(y+z)(z+x)\sum_{\text{cyc}}\left(\frac{1}{x}+\frac{2}{\sqrt{xy}}\right) \geqslant 8(x+y+z)^2.$$

由于 $\sqrt{xy} \leqslant \frac{x+y}{2}$,因此只需证明

$$(x+y)(y+z)(z+x)\sum_{\text{cyc}}\left(\frac{1}{x}+\frac{4}{x+y}\right) \geqslant 8(x+y+z)^2.$$

通分后得到等价的不等式为

$$\sum_{\text{sym}} x^3y^2 \geqslant \sum_{\text{sym}} x^3yz. \tag{1}$$

利用均值不等式可以得到

$$\frac{x^3y^2+x^3z^2}{2} \geqslant x^3yz,$$

将这个不等式和它的轮换相加,就得到了式 (1),证明完成. □

证法二　应用赫尔德不等式可得

$$\left(\sum_{\text{cyc}}\sqrt{\frac{abc}{-a+b+c}}\right)^2\left(\sum_{\text{cyc}}\frac{a^2(-a+b+c)}{bc}\right) \geqslant \left(\sum_{\text{cyc}}a\right)^3.$$

现在只需证明

$$\sum_{\text{cyc}}a \geqslant \sum_{\text{cyc}}\frac{a^2(-a+b+c)}{bc}.$$

容易验证,这等价于舒尔不等式

$$\sum_{\text{cyc}}a^2(a-b)(a-c) \geqslant 0,$$

这就完成了证明. □

题 13.31. 设正实数 x, y, z 满足

$$(2x^4+3y^4)(2y^4+3z^4)(2z^4+3x^4) \leqslant (3x+2y)(3y+2z)(3z+2x),$$

证明:$xyz \leqslant 1$.

Titu Andreescu –《数学反思》*O237*

证明 我们用反证法,证明:若 $xyz > 1$,则有

$$(2x^4+3y^4)(2y^4+3z^4)(2z^4+3x^4) > (3x+2y)(3y+2z)(3z+2x).$$

我们想要得到如下形式

$$(2x^4+3y^4)^a(2y^4+3z^4)^b(2z^4+3x^4)^c > x^\alpha y^\beta z^\gamma(3x+2y) \tag{1}$$

的一个不等式. 假设 $a+b+c=1$ 并应用赫尔德不等式,得到

$$(2x^4+3y^4)^a(2y^4+3z^4)^b(2z^4+3x^4)^c > 3x^{4c}y^{4a}z^{4b}+2x^{4a}y^{4b}z^{4c}.$$

要得到式 (1) 类型的表达式,我们取 $b=c$,于是有

$$\begin{aligned}3x^{4c}y^{4a}z^{4b}+2x^{4a}y^{4b}z^{4c} &= 3x^{4b}y^{4a}z^{4b}+2x^{4a}y^{4b}z^{4b}\\ &= x^{4a}y^{4a}z^{4b}(3x^{4(b-a)}+2y^{4(b-a)}).\end{aligned}$$

取 $b-a=\frac{1}{4}$,得到 $a=\frac{1}{6}$ 和 $b=c=\frac{5}{12}$. 因此得到

$$(2x^4+3y^4)^{\frac{1}{6}}(2y^4+3z^4)^{\frac{5}{12}}(2z^4+3x^4)^{\frac{5}{12}} > x^{\frac{2}{3}}y^{\frac{2}{3}}z^{\frac{5}{3}}(3x+2y).$$

将这个不等式以及将变量 x,y,z 轮换得到另外两个不等式相乘,就得到了要证明的不等式. □

题 13.32. 设实数 a,b,c 均大于 -1,并且满足 $a+b+c+abc=4$,证明:

$$\sqrt[3]{(a+3)(b+3)(c+3)}+\sqrt[3]{(a^2+3)(b^2+3)(c^2+3)} \geqslant 2\sqrt{ab+bc+ca+13}.$$

Titu Andreescu –《数学反思》O491

证明 因为 $(x+3)(x^2+3)=(x+1)^3+8$,所以利用均值不等式可得,要证明的不等式左端不小于

$$2\sqrt[6]{\big((a+1)^3+8\big)\big((b+1)^3+8\big)\big((c+1)^3+8\big)}.$$

因此只需证明

$$\big((a+1)^3+2^3\big)\big((b+1)^3+2^3\big)\big((c+1)^3+2^3\big) \geqslant (ab+bc+ca+13)^3.$$

这可以从赫尔德不等式得到,只需看到

$$\begin{aligned}(a+1)(b+1)(c+1)+2\times 2\times 2 &= (abc+a+b+c)+(ab+bc+ca)+1+8\\ &= ab+bc+ca+13,\end{aligned}$$

当且仅当 $a+1=b+1=c+1=2$,即 $a=b=c=1$ 时,等号成立. 证明完成. □

题 13.33. 设 $0 < a, b, c, d \leqslant 1$，证明：

$$\frac{1}{a+b+c+d} \geqslant \frac{1}{4} + \frac{64}{27}(1-a)(1-b)(1-c)(1-d).$$

An Zhenping –《数学反思》*S362*

证明 要证明的不等式可以写成

$$\frac{4-a-b-c-d}{4(a+b+c+d)} \geqslant \frac{64}{27}(1-a)(1-b)(1-c)(1-d).$$

根据均值不等式，我们有

$$\begin{aligned}\frac{64}{27}(1-a)(1-b)(1-c)(1-d) &\leqslant \frac{64}{27}\left(\frac{4-a-b-c-d}{4}\right)^4 \\ &= \frac{1}{4} \cdot \frac{1}{27}(4-a-b-c-d)^4.\end{aligned}$$

因此只需证明

$$\frac{1}{4} \cdot \frac{1}{27}(4-a-b-c-d)^4 \leqslant \frac{4-a-b-c-d}{4(a+b+c+d)}.$$

若 $4-a-b-c-d=0$，则等号成立，并且 $a=b=c=d=1$.

若 $4-a-b-c-d>0$，则我们要证明

$$\frac{1}{27}(4-a-b-c-d)^3 \leqslant \frac{1}{a+b+c+d}.$$

令 $x=a+b+c+d$，我们需要证明 $x(4-x)^3 \leqslant 27$ 对 $x \in (0,4)$ 成立. 从均值不等式可得

$$81 = \left(\frac{3x+3\cdot(4-x)}{4}\right)^4 \geqslant 3x(4-x)^3,$$

此时若等号成立，则有 $x=1$ 并且

$$1-a=1-b=1-c=1-d,$$

即 $a=b=c=d=\frac{1}{4}$. □

题 13.34. 设正实数 x, y, z 满足 $xy+yz+zx=3$，证明：

$$\frac{1}{x^2+5} + \frac{1}{y^2+5} + \frac{1}{z^2+5} \leqslant \frac{1}{2}.$$

Titu Andreescu –《数学反思》*O493*

证明 应用权方和不等式以及熟知的不等式

$$9(x+y)(y+z)(z+x) \geqslant 8(x+y+z)(xy+yz+zx)$$

可得

$$\begin{aligned}
\sum_{\text{cyc}} \frac{1}{x^2+5} &= \sum_{\text{cyc}} \frac{3}{3x^2+5(xy+yz+zx)} \\
&= \sum_{\text{cyc}} \frac{3}{3(x+y)(x+z)+2(xy+yz+zx)} \\
&= \frac{1}{3}\sum_{\text{cyc}} \frac{(2+1)^2}{3(x+y)(x+z)+2(xy+yz+zx)} \\
&\leqslant \frac{1}{3}\sum_{\text{cyc}} \left(\frac{4}{3(x+y)(x+z)} + \frac{1}{2(xy+yz+zx)}\right) \\
&= \frac{8(x+y+z)}{9(x+y)(y+z)(z+x)} + \frac{1}{2(xy+yz+zx)} \\
&\leqslant \frac{1}{xy+yz+zx} + \frac{1}{2(xy+yz+zx)} \\
&= \frac{3}{2(xy+yz+zx)} \\
&= \frac{1}{2}.
\end{aligned}$$

这样就完成了证明，当 $x=y=z=1$ 时，等号成立. □

题 13.35. 设实数 $a,b,c>1$ 满足 $abc=4$，证明：

$$(a-1)(b-1)(c-1)\left(\frac{a+b+c}{3}-1\right) \leqslant \left(\sqrt[3]{4}-1\right)^4.$$

Marian Tetiva –《数学反思》*O27*

证法一 记 $d=\frac{a+b+c}{3}$，于是有

$$abcd = a+b+c+d$$

并且 $a>1, b>1, c>1, d>1$. 继续记

$$a-1=x,\ b-1=y,\ c-1=z,\ d-1=t,$$

则有 $x>0, y>0, z>0, t>0$，以及

$$(x+1)(y+1)(z+1)(t+1) = x+y+z+t+4,$$

展开得到

$$xyzt + \sum xyz + \sum xy = 3.$$

利用均值不等式，令 $u = \sqrt[4]{xyzt}$，则有

$$\sum xyz \geqslant 4\sqrt[4]{x^3y^3z^3t^3} = 4u^3$$

以及

$$\sum xy \geqslant 6\sqrt[6]{x^3y^3z^3t^3} = 6\sqrt{xyzt} = 6u^2.$$

因此得到

$$u^4 + 4u^3 + 6u^2 \leqslant xyzt + \sum xyz + \sum xy = 3,$$

即

$$\begin{aligned} u^4 + 4u^3 + 6u^2 - 3 \leqslant 0 \Leftrightarrow\ & (u+1)(u^3 + 3u^2 + 3u - 3) \leqslant 0 \\ \Leftrightarrow\ & (u+1)((u+1)^3 - 4) \leqslant 0. \end{aligned}$$

由于 u 是正的，因此得到

$$u \leqslant \sqrt[3]{4} - 1 \ \Leftrightarrow\ xyzt \leqslant (\sqrt[3]{4} - 1)^4.$$

用初始变量表示，这等价于

$$(a-1)(b-1)(c-1)(d-1) \leqslant (\sqrt[3]{4} - 1)^4. \qquad \square$$

注 从证明中可以看到，我们实际上对所有大于 1 并且满足

$$abcd = a + b + c + d$$

的实数 a, b, c, d 证明了

$$(a-1)(b-1)(c-1)(d-1) \leqslant (\sqrt[3]{4} - 1)^4.$$

当 a, b, c, d 其中恰有一个小于 1 的时候，不等式显然也成立. 但是当其中有两个小于 1，另外两个大于 1 时，不等式不一定成立. 因为不等式 $abcd > a$ 可得出 $bcd > 1$，于是 acd, abd, abc 也都大于 1，所以四个数中最多有两个小于 1. 因此，对于满足 $abcd = a + b + c + d$ 的四个正数 a, b, c, d，上述不等式成立，例外情况是：四个数 a, b, c, d 有两个小于 1，另外两个大于 1.

证法二 令 $x=a-1, y=b-1, z=c-1$,则有 $x,y,z>0$ 并且

$$xyz+xy+yz+zx+x+y+z=3. \tag{1}$$

要证明的不等式等价于

$$xyz(x+y+z)\leqslant 3(\sqrt[3]{4}-1)^4.$$

令 $S=xyz(x+y+z)$,利用 $(x+y+z)^4\geqslant 27xyz(x+y+z)$ 可得

$$x+y+z\geqslant \sqrt[4]{27S}. \tag{2}$$

利用均值不等式可得

$$xyz+\frac{(\sqrt[3]{4}-1)^2}{3}(x+y+z)\geqslant 2\sqrt{\frac{(\sqrt[3]{4}-1)^2}{3}S}, \tag{3}$$

以及

$$xy+yz+zx\geqslant \sqrt{3xyz(x+y+z)}=\sqrt{3S}. \tag{4}$$

将式 (1) ~ (4) 结合,可得

$$\left(1-\frac{(\sqrt[3]{4}-1)^2}{3}\right)\sqrt[4]{27S}+2\sqrt{\frac{(\sqrt[3]{4}-1)^2}{3}S}+\sqrt{3S}\leqslant 3.$$

上式左端关于 S 为增函数,左端将 S 替换为值 $3(\sqrt[3]{4}-1)^4$ 得到

$$3(\sqrt[3]{4}-1)+3(\sqrt[3]{4}-1)^2+(\sqrt[3]{4}-1)^3=3.$$

因此有 $S\leqslant 3(\sqrt[3]{4}-1)^4$,证明完成. □

题 13.36. 设 a,b,c 为三角形的三边长,$s=\frac{a+b+c}{2}$ 为半周长,r 为内径,

$$x=\sqrt{\frac{s-a}{s}},\ y=\sqrt{\frac{s-b}{s}},\ z=\sqrt{\frac{s-c}{s}},$$

$S=x+y+z, Q=xy+xz+yz$. 证明:

$$\frac{r}{s}\leqslant\frac{2S-\sqrt{4-Q}}{9}\leqslant\frac{1}{3\sqrt{3}}.$$

Titu Andreescu, Marian Tetiva –《数学反思》*O565*

证明 我们首先证明下面的两个引理.

引理 1 设正实数 u, v, w 满足

$$u^2+v^2+w^2=uvw.$$

则有不等式

$$uv+uw+vw \geqslant 4(u+v+w)-9.$$

引理 1 的证明 由

$$uvw=u^2+v^2+w^2>2uv,$$

得到 $w>2$,类似地,有 $u>2$ 和 $v>2$. 设

$$u-2=p, \quad v-2=q, \quad w-2=r,$$

则 $p, q, r>0$,并且 $u=p+2, v=q+2, w=r+2$. 于是所给条件变为

$$(p+2)^2+(q+2)^2+(r+2)^2=(p+2)(q+2)(r+2),$$

这化简为

$$p^2+q^2+r^2+4=pqr+2(pq+pr+qr).$$

现在根据熟知的不等式 (都是均值不等式在三元或二元的情形),可得

$$\begin{aligned} pq+pr+qr+4 \leqslant p^2+q^2+r^2+4 &= pqr+2(pq+pr+qr) \\ &\leqslant \left(\frac{pq+pr+qr}{3}\right)^{\frac{3}{2}}+2(pq+pr+qr). \end{aligned}$$

因此,若记 $t=\sqrt{3(pq+pr+qr)}$,则有

$$\frac{t^3}{27}+\frac{t^2}{3} \geqslant 4.$$

这可以因式分解为

$$(t-3)(t+6)^2 \geqslant 0,$$

得

$$\sqrt{3(pq+pr+qr)}=t \geqslant 3 \Rightarrow pq+pr+qr \geqslant 3.$$

将此式用变量 u, v, w 写出,得到

$$(u-2)(v-2)+(u-2)(w-2)+(v-2)(w-2) \geqslant 3,$$

因此得到了要证明的不等式

$$uv+uw+vw \geqslant 4(u+v+w)-9.$$

完成了引理 1 的证明.

引理 2 设正实数 x,y,z 满足 $x^2+y^2+z^2=1, S=x+y+z, Q=xy+xz+yz, P=xyz$, 则有不等式

$$9P^2-4SP+Q\geqslant 0$$

引理 2 的证明 考虑 $u=\frac{x}{P}, v=\frac{y}{P}, w=\frac{z}{P}$, 并且注意到

$$u^2+v^2+w^2=\frac{1}{P^2}=\frac{P}{P^3}=uvw.$$

应用引理 1 到 u,v,w 就得到了要证明的不等式, 完成了引理 2 的证明.

回到本题. 我们将对题目中的 x,y,z 应用引理 2(显然 $x^2+y^2+z^2=1$ 成立). 为此, 定义 $S=x+y+z, Q=xy+xz+yz, P=xyz$. 均值不等式给出

$$\frac{1}{3}=\frac{x^2+y^2+z^2}{3}\geqslant\left(\frac{x+y+z}{3}\right)^2=\frac{S^2}{9}$$

因此 $S\leqslant\sqrt{3}$. 由于

$$1=x^2+y^2+z^2=S^2-2Q,$$

因此得到 $2Q+1=S^2$. 最后, 利用海伦公式, 并将面积写成 sr, 可得

$$P=xyz=\frac{\sqrt{(s-a)(s-b)(s-c)}}{s\sqrt{s}}=\frac{\sqrt{s(s-a)(s-b)(s-c)}}{s^2}=\frac{sr}{s^2}=\frac{r}{s},$$

现在应用均值不等式并且利用 $a+b+c=2s$, 可得

$$P=\frac{\sqrt{(s-a)(s-b)(s-c)}}{s\sqrt{s}}\leqslant\frac{1}{s\sqrt{s}}\left(\frac{(s-a)+(s-b)+(s-c)}{3}\right)^{\frac{3}{2}}=\frac{1}{3\sqrt{3}}.$$

(这是对三角形成立的熟知的不等式 $3\sqrt{3}r\leqslant s$.)

应用引理 2, 我们得到不等式 $9P^2-4SP+Q\geqslant 0$. 这说明 P 在区间 (t_1,t_2) 之外, 其中 t_1 和 $t_2(t_1<t_2)$ 为二次多项式 $f(t)=9t^2-4St+Q$ 的两个根. 因为 $S^2=1+2Q$, 所以这个二次多项式的判别式为 $4(4S^2-9Q)=4(4-Q)$, 解得

$$t_1=\frac{2S-\sqrt{4-Q}}{9},\quad t_2=\frac{2S+\sqrt{4-Q}}{9}.$$

我们还可以验证

$$f\left(\frac{1}{3\sqrt{3}}\right)\leqslant 0. \tag{1}$$

这展开为

$$\frac{1}{3}-\frac{4S}{3\sqrt{3}}+Q\leqslant 0,$$

利用 $1+2Q=S^2$ 以及因式分解,可以将其改写为

$$\frac{(S-\sqrt{3})(3\sqrt{3}S+1)}{6\sqrt{3}} \leqslant 0.$$

由于 $0 \leqslant S \leqslant \sqrt{3}$,因此上式成立,于是证明了式 (1).

这样,我们就得到

$$t_1 \leqslant \frac{1}{3\sqrt{3}} \leqslant t_2.$$

由于我们之前已经知道 $P \leqslant \frac{1}{3\sqrt{3}}$,因此 P 必然在区间 (t_1, t_2) 的左侧,于是得到

$$\frac{r}{s} = P \leqslant t_1 = \frac{2S-\sqrt{4-Q}}{9} \leqslant \frac{1}{3\sqrt{3}},$$

这恰好是要证明的不等式.

注意到,本题是前面提到的不等式 $3\sqrt{3}r \leqslant s$ 的一个改进. □

第 14 章 min / max

题 14.1. 求实数 a,b,c,使得

$$E(a,b,c)=5a^2+8b^2+30c^2-10ab-18bc-8c+6$$

取到最小值.

Vasile Chiriac –《数学公报》*E:14170*

解 注意到

$$\begin{aligned}E(a,b,c)&=5a^2+5b^2-10ab+3b^2+27c^2-18bc+3c^2-8c+\frac{16}{3}+\frac{2}{3}\\&=5(a-b)^2+3(b-3c)^2+3\left(c-\frac{4}{3}\right)^2+\frac{2}{3}\\&\geqslant\frac{2}{3},\end{aligned}$$

当且仅当 $a=b=4, c=\frac{4}{3}$ 时,等号成立,因此所求的最小值为 $\frac{2}{3}$. □

题 14.2. 对所有实数 x,y,z,求 $x^4+y^4+z^4-4xyz$ 的最小值.

AwesomeMath 入学测试 *2008,* 测试 B

解法一 注意到

$$x^4+y^4+z^4-4xyz=(x^2-y^2)^2+(z^2-1)^2+2(xy-z)^2-1\geqslant-1,$$

当且仅当

$$(x,y,z)\in\{(1,1,1),(-1,-1,1),(-1,1,-1),(1,-1,-1)\}$$

时取到等号,因此最小值为 -1. □

解法二　利用均值不等式，得

$$x^4+y^4+z^4+1 \geqslant 4\sqrt[4]{x^4y^4z^4}=4|xyz| \geqslant 4xyz,$$

因此

$$x^4+y^4+z^4-4xyz \geqslant -1,$$

当且仅当 $x^4=y^4=z^4=1$ 且 $|xyz|=xyz$ 时，等号成立，即

$$(x,y,z) \in \{(1,1,1),(-1,-1,1),(-1,1,-1),(1,-1,-1)\}.$$

因此最小值为 -1. □

题 14.3. 设正实数 x,y 满足 $x+y=1$. 求 x^2y^3 的最大可能值和 $3x+4y^3$ 的最小可能值.

Ion Pârşe – 罗马尼亚数学奥林匹克 *2005*

解　(1) 根据均值不等式，得

$$\frac{1}{5}=\frac{x+y}{5}=\frac{1}{5}\left(\frac{x}{2}+\frac{x}{2}+\frac{y}{3}+\frac{y}{3}+\frac{y}{3}\right) \geqslant \sqrt[5]{\frac{x^2}{4}\cdot\frac{y^3}{27}}.$$

因此有

$$\left(\frac{1}{5}\right)^5 \geqslant \frac{x^2}{4}\cdot\frac{y^3}{27} \Rightarrow x^2y^3 \leqslant \frac{108}{3\,125}.$$

当且仅当 $x=\frac{2}{5}, y=\frac{3}{5}$ 时，等号成立，因此最大值为 $\frac{108}{3\,125}$.

(2) 根据均值不等式，得

$$\frac{y^3+\frac{1}{8}+\frac{1}{8}}{3} \geqslant \sqrt[3]{\frac{y^3}{8^2}}.$$

因此有

$$y^3+\frac{1}{4} \geqslant \frac{3y}{4} \Leftrightarrow 4y^3 \geqslant 3y-1.$$

于是

$$3x+4y^3 \geqslant 3x+(3y-1)=3(x+y)-1=3-1=2,$$

当且仅当 $x=y=\frac{1}{2}$ 时，等号成立，因此最小值为 2. □

题 14.4. 设正实数 x,y,z 满足

$$\frac{1}{\sqrt{x+13}}+\frac{1}{\sqrt{y+12}}+\frac{1}{\sqrt{z+11}}=\frac{1}{15}.$$

求 $x+y+z$ 的最小值，并且说明何时取到最小值.

Vasile Berghea –《数学公报》*E:14473*

解 令 $a=\sqrt{x+13}, b=\sqrt{y+12}, c=\sqrt{z+11}$，则有 $a^2=x+13, b^2=y+12$，$c^2=z+11$. 根据均值不等式，得

$$\sqrt{\frac{a^2+b^2+c^2}{3}} \geqslant \frac{3}{\frac{1}{a}+\frac{1}{b}+\frac{1}{c}},$$

即

$$\sqrt{\frac{x+y+z+36}{3}} \geqslant 45.$$

因此 $x+y+z \geqslant 3\times 45^2-36=6\ 039$. 当且仅当 $a=b=c=45$ 时，等号成立，即 $x=2\ 012, y=2\ 013, z=2\ 014$，因此 $x+y+z$ 的最小值为 6 039. □

题 14.5. 设 $a, b \in (0, \infty)$ 满足 $(2a+5)(b+1)=6$，求 $4ab+\frac{1}{ab}$ 的最小值.

Dan Nedeianu –《数学公报》*26453*

解 由等式 $(2a+5)(b+1)=6$ 得 $2a+5b=1-2ab$. 由于 $(2a+5b)^2 \geqslant 4\cdot 2a\cdot 5b=40ab$，因此 $(1-2ab)^2 \geqslant 40ab$，展开两边除以 ab 得到

$$4ab+\frac{1}{ab} \geqslant 44.$$

当且仅当 $2a=5b=k$ 时，等号成立，其中 $(k+5)\left(\frac{k}{5}+1\right)=6$，解得 $k=\sqrt{30}-5$，$a=\frac{\sqrt{30}-5}{2}, b=\frac{\sqrt{30}-5}{5}$. 因此最小值为 44. □

题 14.6. 设实数 a, b, c 满足 $a^2+b^2+c^2=1$，求 $(a+b)c$ 的最大值.

AwesomeMath 入学测试 *2014*, 测试 C

解 我们有

$$\begin{aligned}2&=2a^2+2b^2+2c^2\\&=(2a^2+c^2)+(2b^2+c^2)\\&\geqslant 2\sqrt{2}ac+2\sqrt{2}bc,\end{aligned}$$

因此 $(a+b)c \leqslant \frac{\sqrt{2}}{2}$. 当且仅当 $a\sqrt{2}=b\sqrt{2}=c$，即 $(a,b,c)=\left(\frac{1}{2},\frac{1}{2},\frac{\sqrt{2}}{2}\right)$ 或 $\left(-\frac{1}{2},-\frac{1}{2},-\frac{\sqrt{2}}{2}\right)$ 时，等号成立.

因此所求的最大值为 $\frac{\sqrt{2}}{2}$. □

题 14.7. 设实数 a, b, c 满足 $\frac{a}{2}+\frac{b}{3}+\frac{c}{6}=\sqrt{2\ 016}$，求 $a^2+b^2+c^2$ 的最小值.

AwesomeMath 入学测试 *2016*, 测试 A

解 根据柯西不等式,有

$$\left(\frac{a}{2}+\frac{b}{3}+\frac{c}{6}\right)^2 \leqslant \left(\frac{1}{2^2}+\frac{1}{3^2}+\frac{1}{6^2}\right)(a^2+b^2+c^2),$$

即

$$a^2+b^2+c^2 \geqslant 2\ 016 \times \frac{18}{7} = 5\ 184.$$

当且仅当 $2a=3b=6c$,即 $(a,b,c)=\left(\frac{9\sqrt{2\ 016}}{7}, \frac{6\sqrt{2\ 016}}{7}, \frac{3\sqrt{2\ 016}}{7}\right)$ 时,等号成立.

因此最小值为 5 184. □

题 14.8. 若正整数的四元组 (x,y,z,w) 满足方程

$$2(10x+13y+14z+15w)-\frac{x^2+y^2+z^2+w^2}{3}=2\ 020,$$

求 $x+y+z+w$ 的最大值.

Titu Andreescu – AwesomeMath 入学测试 *2020*, 测试 C

解 方程可以改写为

$$x^2+y^2+z^2+w^2-2(30x+39y+42z+45w)=-6\ 060,$$

这等价于

$$(x-30)^2+(y-39)^2+(z-42)^2+(w-45)^2=150.$$

150 写成四个完全平方数之和 (可以差一个置换) 的方式有如下几种:

$$\begin{aligned}
&12^2+2^2+1^2+1^2, \quad 11^2+5^2+2^2+0^2, \quad 11^2+4^2+3^2+2^2,\\
&10^2+7^2+1^2+0^2, \quad 10^2+5^2+5^2+0^2, \quad 10^2+5^2+4^2+3^2,\\
&9^2+8^2+2^2+1^2, \quad 9^2+7^2+4^2+2^2, \quad 8^2+7^2+6^2+1^2,\\
&8^2+6^2+5^2+5^2, \quad 7^2+7^2+6^2+4^2.
\end{aligned}$$

其中,最后两个写法中的四个数 (平方之前) 之和最大,为 $8+6+5+5=7+7+6+4=24$. 因此,当

$$(x-30)+(y-39)+(z-42)+(w-45)=8+6+5+5$$

或

$$(x-30)+(y-39)+(z-42)+(w-45)=7+7+6+4$$

时,我们得到最大值为 $x+y+z+w=30+39+42+45+24=180$. □

题 14.9. 实数 a,b,c 满足

$$a+b+c=0,\quad a^2+b^2+c^2=1.$$

证明:

$$\max\{(a-b)^2,(b-c)^2,(c-a)^2\}\leqslant 2.$$

Dorel Miheţ – 罗马尼亚数学奥林匹克 *1981*

证明 不妨设 $a\leqslant b\leqslant c$,则有

$$\max\{c-a,c-b,b-a\}=c-a\doteq d,$$

因此 $c=a+d$,又因为 $a+b+c=0$,所以得到

$$b=-(2a+d),$$

代入到 $a^2+b^2+c^2=1$ 中得到

$$a^2+(2a+d)^2+(a+d)^2-1=0,$$

这是关于 a 的一个二次方程,整理得到

$$6a^2+6ad+2d^2-1=0.$$

由于 a 是实数,因此方程的判别式非负,得到 $12(2-d^2)\geqslant 0$,即 $d^2\leqslant 2$,这样就证明了问题. □

题 14.10. 设实数 x,y,z 满足

$$\begin{cases}x+y+z=5\\xy+yz+zx=3\end{cases},$$

证明:$-1\leqslant z\leqslant \frac{13}{3}$.

澳大利亚数学奥林匹克 *1985*

证明 由第一个方程可以得到

$$(x+y)^2=(5-z)^2.$$

然后,由第二个方程可以得到

$$xy=3-z(x+y)=3-z(5-z)=z^2-5z+3.$$

因此有

$$\begin{aligned}0 \leqslant (x-y)^2 &= (x+y)^2 - 4xy \\ &= (5-z)^2 - 4(z^2 - 5z + 3) \\ &= -3z^2 + 10z + 13 \\ &= (13-3z)(1+z),\end{aligned}$$

于是得到 $-1 \leqslant z \leqslant \frac{13}{3}$. □

题 14.11. 实数 $a_1 \leqslant a_2 \leqslant \cdots \leqslant a_{10}$ 满足

$$a_1 + a_2 + \cdots + a_{10} \geqslant 100, \quad a_1^2 + a_2^2 + \cdots + a_{10}^2 \leqslant 1\ 010.$$

求 a_1 的最小值以及 a_{10} 的最大值.

Neculai Stanciu, Titu Zvonaru –《数学公报》*E:14560*

解 设 A 是 $a_1, \cdots, a_{10}$ 中的一个数, $x_1, x_2, \cdots, x_9$ 为其他的数. 由柯西不等式得

$$(1+1+\cdots+1)(x_1^2 + x_2^2 + \cdots + x_9^2) \geqslant (x_1 + x_2 + \cdots + x_9)^2,$$

即

$$9(x_1^2 + x_2^2 + \cdots + x_9^2) \geqslant (x_1 + x_2 + \cdots + x_9)^2. \tag{1}$$

由题目所给的第二个不等式得

$$(1\ 010 - A^2) \geqslant (x_1^2 + x_2^2 + \cdots + x_9^2). \tag{2}$$

由题目所给的第一个不等式得

$$x_1 + x_2 + \cdots + x_9 \geqslant 100 - A > 0, \tag{3}$$

将式 (2) (3) 代入 (1), 得 $9(1\ 010 - A^2) \geqslant (100-A)^2$, 整理为

$$A^2 - 20A + 91 \leqslant 0 \ \Leftrightarrow \ (A-7)(A-13) \leqslant 0.$$

因此有 $7 \leqslant A \leqslant 13$.

当 $A = 7$ 时, 可以取 $x_1 = x_2 = \cdots = x_9 = \frac{31}{3}$; 当 $A = 13$ 时, 可以取 $x_1 = x_2 = \cdots = x_9 = \frac{29}{3}$. 因此 $\min a_1 = 7$ 并且 $\max a_{10} = 13$. □

题 14.12. 对哪些正整数 $n \geqslant 2$, 表达式

$$\frac{2^{\lg 2}3^{\lg 3}\cdot\cdots\cdot n^{\lg n}}{n!}$$

取最小值? (此处 $\lg x$ 表示以 10 为底的对数.)

解 设表达式为 A_n, 则有

$$\frac{A_{n+1}}{A_n}=\frac{n!}{(n+1)!}\cdot\frac{2^{\lg 2}3^{\lg 3}\cdot\cdots\cdot n^{\lg n}(n+1)^{\lg(n+1)}}{2^{\lg 2}3^{\lg 3}\cdot\cdots\cdot n^{\lg n}}=(n+1)^{\lg(n+1)-1}.$$

对于 $n \in\{2,3,\cdots,8\}$, 有 $\lg(n+1)-1<0 \Rightarrow \frac{A_{n+1}}{A_n}<1$. 对于 $n=9$, 有 $\lg(n+1)-1=0 \Rightarrow \frac{A_{n+1}}{A_n}=1$. 对于 $n \geqslant 10$, 有 $\lg(n+1)-1>0 \Rightarrow \frac{A_{n+1}}{A_n}>1$. 于是我们可以将其写成一系列的不等式

$$A_2>A_3>\cdots>A_9=A_{10}<A_{11}<A_{12}<\cdots,$$

因此最小值在 $n=9$ 和 $n=10$ 时取到. □

题 14.13. 实数 x, y 满足 $x-\sqrt{x+2}=\sqrt{y+3}-y$, 求 $\min\{x+y\}$ 和 $\max\{x+y\}$.

D.M. Bătineţu-Giurgiu –《数学公报》*26863*

解 设 $S=x+y$, 则由题目条件得 $x+y=\sqrt{x+2}+\sqrt{y+3}$, 两边同时平方得到

$$S^2=S+5+2\sqrt{(x+2)(y+3)},$$

因此有 $S^2-S-5 \geqslant 0$, 又因为 $S \geqslant 0$, 所以 $S \geqslant \frac{1+\sqrt{21}}{2}$. 当且仅当 $x=-2$, $y=\frac{5+\sqrt{21}}{2}$ 或者 $x=\frac{7+\sqrt{21}}{2}, y=-3$ 时, S 可以取到这个值. 因此最小值为

$$\min\{x+y\}=\frac{1+\sqrt{21}}{2}.$$

类似地, 有

$$2\sqrt{(x+2)(y+3)} \leqslant(x+2)+(y+3)=S+5,$$

得到 $S^2-2S-10 \leqslant 0$, 给出 $\max\{x+y\} \leqslant 1+\sqrt{11}$, 当 $x=1+\frac{\sqrt{11}}{2}, y=\frac{\sqrt{11}}{2}$ 时, $x+y$ 可以取到这个值. 因此最大值为 $\max\{x+y\}=1+\sqrt{11}$. □

题 14.14. 设 $a, b, c \in[1, \infty)$, 证明:

$$(a+b+c)\left(\frac{1}{a}+\frac{1}{b}+\frac{1}{c}\right) \leqslant 9+2\max\{a, b, c\}-2\min\{a, b, c\}.$$

Nicolae Bourbăcuţ –《数学公报》*26609*

证明 因为对于 $a,b\geqslant 1$，有 $ab\geqslant \max\{a,b\}\geqslant |a-b|$，所以得到

$$\begin{aligned}&(a+b+c)\left(\frac{1}{a}+\frac{1}{b}+\frac{1}{c}\right)-9\\=&\sum_{\text{cyc}}\left(\frac{a}{b}+\frac{b}{a}-2\right)=\sum_{\text{cyc}}\frac{(a-b)^2}{ab}\\=&\sum_{\text{cyc}}|a-b|\frac{|a-b|}{ab}\leqslant\sum_{\text{cyc}}|a-b|\end{aligned}$$

只需再看到 $\sum\limits_{\text{cyc}}|a-b|=2\max\{a,b,c\}-2\min\{a,b,c\}$，就完成了证明. □

题 14.15. 考虑集合

$$A=\left\{(x,y)\mid x\in\mathbb{R}^*,y\in\mathbb{R}^*,x^2(1-xy)+y^2(1+xy)=0\right\}.$$

求 $\min\limits_{(x,y)\in A}\{x^2+y^2\}$.

Neculai Stanciu –《数学公报》*26748*

解 令 $z=x+\mathrm{i}y,\alpha=\arg(z)$，则有

$$\begin{aligned}&x^2(1-xy)+y^2(1+xy)=0\\\Leftrightarrow\ &x^2+y^2-xy(x^2-y^2)=0\\\Leftrightarrow\ &1-xy\frac{x^2-y^2}{x^2+y^2}=0\\\Leftrightarrow\ &\frac{1}{x^2+y^2}-\frac{x}{\sqrt{x^2+y^2}}\cdot\frac{y}{\sqrt{x^2+y^2}}\left(\frac{x^2}{x^2+y^2}-\frac{y^2}{x^2+y^2}\right)=0\\\Leftrightarrow\ &\cos\alpha\sin\alpha(\cos^2\alpha-\sin^2\alpha)=\frac{1}{x^2+y^2}\\\Leftrightarrow\ &\sin 2\alpha\cos 2\alpha=\frac{2}{x^2+y^2}\\\Leftrightarrow\ &\sin 4\alpha=\frac{4}{x^2+y^2}.\end{aligned}$$

于是得到 $x^2+y^2\geqslant 4$. 对于 $x=2\cos\frac{\pi}{8},y=2\sin\frac{\pi}{8}$，我们有 $\alpha=\frac{\pi}{8}$ 并且

$$\sin 4\alpha=1=\frac{4}{x^2+y^2},$$

因此 $\min\limits_{(x,y)\in A}\{x^2+y^2\}=4$. □

题 14.16. 给定实数 a,实数 x,y 满足 $x^2-y^2+2xy=a$,求 x^2+y^2 的最小值.

Gotha Günther –《数学公报》*26822*

解 由 $(x^2-y^2)^2+(2xy)^2=(x^2+y^2)^2$ 和不等式 $2(A^2+B^2)\geqslant(A+B)^2$ 可得

$$2(x^2+y^2)^2=2\left((x^2-y^2)^2+(2xy)^2\right)\geqslant(x^2-y^2+2xy)^2=a^2,$$

因此 $x^2+y^2\geqslant\frac{|a|}{\sqrt{2}}$. 当 $x^2-y^2=2xy=\frac{a}{2}$ 时,等号成立. 若 $a=0$,则 $x=y=0$;若 $a\neq0$,则可以解出

$$x=\frac{\sqrt{\sqrt{2}|a|+a}}{2},y=\frac{a}{2\sqrt{\sqrt{2}|a|+a}}.$$

因此,最小值为 $\frac{|a|}{\sqrt{2}}$. □

题 14.17. 对复数 z,求 $|z^2+z+1|+|z^2-z+1|$ 的最小值.

解 设 $f(z)=|z^2+z+1|+|z^2-z+1|$,$z=a+b\mathrm{i}$,则有

$$\begin{aligned}f(z)=&\left|z+\frac{1}{2}+\frac{\sqrt{3}}{2}\mathrm{i}\right|\left|z+\frac{1}{2}-\frac{\sqrt{3}}{2}\mathrm{i}\right|+\left|z-\frac{1}{2}+\frac{\sqrt{3}}{2}\mathrm{i}\right|\left|z-\frac{1}{2}-\frac{\sqrt{3}}{2}\mathrm{i}\right|\\=&\sqrt{\left(a+\frac{1}{2}\right)^2+\left(b+\frac{\sqrt{3}}{2}\right)^2}\cdot\sqrt{\left(a+\frac{1}{2}\right)^2+\left(b-\frac{\sqrt{3}}{2}\right)^2}+\\&\sqrt{\left(a-\frac{1}{2}\right)^2+\left(b+\frac{\sqrt{3}}{2}\right)^2}\cdot\sqrt{\left(a-\frac{1}{2}\right)^2+\left(b-\frac{\sqrt{3}}{2}\right)^2}\\\geqslant&\left|a+\frac{1}{2}\right|\left|b+\frac{\sqrt{3}}{2}\right|+\left|a+\frac{1}{2}\right|\left|b-\frac{\sqrt{3}}{2}\right|+\left|a-\frac{1}{2}\right|\left|b+\frac{\sqrt{3}}{2}\right|+\\&\left|a-\frac{1}{2}\right|\left|b-\frac{\sqrt{3}}{2}\right|,\end{aligned}$$

其中我们用到了柯西不等式. 因此

$$\begin{aligned}f(z)\geqslant&\left(a+\frac{1}{2}\right)\left(b+\frac{\sqrt{3}}{2}\right)+\left(a+\frac{1}{2}\right)\left(\frac{\sqrt{3}}{2}-b\right)+\\&\left(\frac{1}{2}-a\right)\left(b+\frac{\sqrt{3}}{2}\right)+\left(a-\frac{1}{2}\right)\left(b-\frac{\sqrt{3}}{2}\right)=\sqrt{3},\end{aligned}$$

当且仅当

$$\frac{a+\frac{1}{2}}{b+\frac{\sqrt{3}}{2}}=\frac{\frac{\sqrt{3}}{2}-b}{a+\frac{1}{2}}$$

或

$$\frac{\frac{1}{2}-a}{b+\frac{\sqrt{3}}{2}}=\frac{b-\frac{\sqrt{3}}{2}}{a-\frac{1}{2}},$$

时,等号成立,此时 $z=-\frac{\sqrt{2}}{2}\mathrm{i}$ 或者 $z=\frac{\sqrt{2}}{2}\mathrm{i}$. 因此,最小值为 $\sqrt{3}$. □

题 14.18. 设正整数 a,b,c 满足

$$a^2b^2+b^2c^2+c^2a^2-69abc=2\ 016.$$

求 $\min\{a,b,c\}$ 的最小值.

Titu Andreescu –《数学反思》*S395*

解 我们证明最小值为 2. 容易验证 $(a,b,c)=(12,12,2)$ 是一个解. 因此只需证明 $\min\{a,b,c\}=1$ 无法取到,我们用反证法证明. 不妨设 $a\geqslant b\geqslant c=1$,则方程可以改写为

$$(ab-90)(ab+23)+(a-b)^2+54=0.$$

因此 $ab<90$,于是 $b\leqslant 9$. 由于方程关于 a 是二次的:

$$(b^2+1)a^2-69ba+b^2-2\ 016=0,$$

因此判别式为完全平方数. 但是对于 $b=1,2,\cdots,9$,直接检验发现

$$(69b)^2-4(b^2+1)(b^2-2\ 016)$$

均不为完全平方数,矛盾. 因此,不存在解满足 $a\geqslant b\geqslant c=1$. □

题 14.19. 求最大的实数 k,使得

$$\frac{a^2+b^2+c^2}{3}-\left(\frac{a+b+c}{3}\right)^2\geqslant k\max\{(a-b)^2,(b-c)^2,(c-a)^2\}$$

对所有实数 a,b,c 成立.

Dominik Teiml –《数学反思》*J344*

解 注意到，交换 a,b,c 中任意两个变量，问题不变. 我们不妨设 $a \geqslant b \geqslant c$，并记

$$u = a - c, \quad v = a - b,$$

则 $u \geqslant v \geqslant 0$，然后有

$$\begin{aligned}\frac{a^2+b^2+c^2}{3} - \left(\frac{a+b+c}{3}\right)^2 &= \frac{(a-b)^2+(b-c)^2+(c-a)^2}{9}\\ &= \frac{v^2+(u-v)^2+u^2}{9} = \frac{3u^2+(u-2v)^2}{18} \geqslant \frac{u^2}{6}\\ &= \frac{1}{6}\max\{(a-b)^2,(b-c)^2,(c-a)^2\},\end{aligned}$$

因此 $k=\frac{1}{6}$ 满足题目要求. 当 $a=1, b=2, c=3$ 时，题目中的不等式为

$$\frac{1^2+2^2+3^2}{3} - \left(\frac{1+2+3}{3}\right)^2 \geqslant 4k \ \Rightarrow\ k \leqslant \frac{1}{6}.$$

因此 k 的最大值为 $\frac{1}{6}$. 若 $k=\frac{1}{6}$，则当且仅当 $u=2v$，即 a,b,c 构成等差数列时，不等式的等号成立. □

题 14.20. 对于两两不同的三个实数 x,y,z，定义

$$E(x,y,z) = \frac{(|x|+|y|+|z|)^3}{|(x-y)(y-z)(z-x)|}.$$

求 $E(x,y,z)$ 的最小值.

AMOC 高级竞赛 *2003*

解 不妨设 $x>y>z$，并假设 $y \neq 0$，则有

$$\begin{aligned}E(x-y,0,z-y) &= \frac{(|x-y|+|z-y|)^3}{|(x-y)(y-z)(z-x)|}\\ &= \frac{(x-z)^3}{|(x-y)(y-z)(z-x)|}\\ &\leqslant \frac{(|x|+|z|)^3}{|(x-y)(y-z)(z-x)|}\\ &< \frac{(|x|+|y|+|z|)^3}{|(x-y)(y-z)(z-x)|}.\end{aligned}$$

因此，若要 $E(x,y,z)$ 取到最小值，则必然有 $y=0$，于是 $x>0, z<0$. 在这种情况下，我们有

$$E(x,0,z) = \frac{(x-z)^3}{x(-z)(x-z)} = \frac{(x-z)^2}{x(-z)} = \frac{(x+z)^2}{x(-z)} + 4 \geqslant 4.$$

当且仅当 $x=-z, y=0$ 时，等号成立. 因此得 $\min E(x,y,z)=4$. □

题 14.21. 设 k 是正整数,定义函数

$$f_k(x,y)=(x+y)-(x^{2k+1}+y^{2k+1}).$$

对所有满足 $x^2+y^2=1$ 的实数 x,y,求 f_k 的最大值.

G. Baron – 奥地利数学奥林匹克 *2011*

解 由于 $x^2+y^2=1$,因此有 $|x|\leqslant 1$ 和 $|y|\leqslant 1$. 定义

$$g_k(x)=x-x^{2k+1},$$

于是有 $g_k(-x)=-g_k(x)$. 所给函数可以改写为

$$f_k(x,y)=g_k(x)+g_k(y).$$

由于 $g_k(x)\leqslant g_k(|x|)$ 对所有满足 $|x|\leqslant 1$ 的 x 成立,因此有

$$f_k(x,y)\leqslant f_k(|x|,|y|).$$

由于 $x^2+y^2=1$ 可以得到 $|x|^2+|y|^2=1$,因此可以假设 $x,y\geqslant 0$.

根据均值不等式和幂平均不等式,得

$$x+y\leqslant 2\sqrt{\frac{x^2+y^2}{2}}\leqslant 2\sqrt[2k+1]{\frac{x^{2k+1}+y^{2k+1}}{2}},$$

进一步得出

$$-(x^{2k+1}+y^{2k+1})=-2\left(\frac{x^{2k+1}+y^{2k+1}}{2}\right)\leqslant -2\left(\sqrt{\frac{x^2+y^2}{2}}\right)^{2k+1}.$$

因此,$x+y\leqslant\sqrt{2}$ 并且

$$-(x^{2k+1}+y^{2k+1})\leqslant-\frac{2}{\sqrt{2}^{2k+1}}=-\frac{\sqrt{2}}{2^k},$$

得出

$$f_k(x,y)\leqslant\frac{2^k-1}{2^k}\sqrt{2},$$

当且仅当 $x=y=\frac{\sqrt{2}}{2}$ 时,等号成立. 因此,最大值为 $\frac{2^k-1}{2^k}\sqrt{2}$. □

题 14.22. 实数 x,y 满足 $3x^2+4xy+5y^2=1$,求 $(x-2)(y+1)$ 的最大值.

Titu Andreescu –《数学反思》*S525*

解 记 $E(x,y)=(x-2)(y+1)$,则有

$$\begin{aligned}1-2E(x,y)&=3x^2+4xy+5y^2-2(xy+x-2y-2)\\&=(x^2+2xy+y^2)+2\left(x^2-x+\frac{1}{4}\right)+4\left(y^2+y+\frac{1}{4}\right)+\frac{5}{2}\\&=(x+y)^2+2\left(x-\frac{1}{2}\right)^2+4\left(y+\frac{1}{2}\right)^2+\frac{5}{2}\geqslant\frac{5}{2},\end{aligned}$$

当且仅当 $x=\frac{1}{2}$ 且 $y=-\frac{1}{2}$ 时,等号成立. 因此,$E(x,y)$ 的最大值为 $-\frac{3}{4}$. □

题 14.23. 设正实数 a,b,c 满足

$$\frac{1}{a}+\frac{1}{b}+\frac{1}{c}=\frac{11}{a+b+c},$$

求

$$(a^4+b^4+c^4)\left(\frac{1}{a^4}+\frac{1}{b^4}+\frac{1}{c^4}\right)$$

的极小值.

Nguyen Viet Hung –《数学反思》*S528*

解 我们有

$$(a+b+c)\left(\frac{1}{a}+\frac{1}{b}+\frac{1}{c}\right)=11\ \Rightarrow\ \sum_{\text{cyc}}\frac{a}{b}+\sum_{\text{cyc}}\frac{a}{c}=8.$$

设 $\sum\limits_{\text{cyc}}\frac{a}{b}=x,\sum\limits_{\text{cyc}}\frac{a}{c}=y,x+y=8$,则有

$$\begin{aligned}\sum_{\text{cyc}}\frac{a^4}{b^4}&=\left(\sum_{\text{cyc}}\frac{a^2}{b^2}\right)^2-2\left(\sum_{\text{cyc}}\frac{a^2}{c^2}\right)\\&=\left(\left(\sum_{\text{cyc}}\frac{a}{b}\right)^2-2\left(\sum_{\text{cyc}}\frac{a}{c}\right)\right)^2-2\left(\left(\sum_{\text{cyc}}\frac{a}{c}\right)^2-2\left(\sum_{\text{cyc}}\frac{a}{b}\right)\right)\\&=(x^2-2y)^2-2(y^2-2x).\end{aligned}$$

类似地,得

$$\sum_{\text{cyc}}\frac{a^4}{c^4}=(y^2-2x)^2-2(x^2-2y).$$

于是有

$$
\begin{aligned}
\sum_{\text{cyc}}\frac{a^4}{b^4}+\sum_{\text{cyc}}\frac{a^4}{c^4} &= (x^2-2y)^2-2(y^2-2x)+(y^2-2x)^2-2(x^2-2y)\\
&=(x^2-2y-1)^2+(y^2-2x-1)^2-2\\
&\geqslant \frac{1}{2}(x^2-2x+y^2-2y-2)^2-2\\
&=\frac{1}{2}((x-1)^2+(y-1)^2-4)^2-2\\
&\geqslant \frac{1}{2}\left(\frac{1}{2}((x-1)+(y-1))^2-4\right)^2-2\\
&=\frac{1}{2}\left(\frac{1}{2}(x+y-2)^2-4\right)^2-2\\
&=\frac{1}{2}\left(\frac{1}{2}\times 6^2-4\right)^2-2\\
&=96.
\end{aligned}
$$

其中第二个不等式用到了 x,y 均不小于 3，于是 $(x-1)^2+(y-1)^2-4>0$. 最后得到

$$
(a^4+b^4+c^4)\left(\frac{1}{a^4}+\frac{1}{b^4}+\frac{1}{c^4}\right)=\sum_{\text{cyc}}\frac{a^4}{b^4}+\sum_{\text{cyc}}\frac{a^4}{c^4}+3\geqslant 99,
$$

当 $a=1,b=1,c=\frac{3}{2}-\frac{\sqrt{5}}{2}$ 时，可以取到等号. 因此最小值为 99. □

题 14.24. 设 a,b 为实数，求

$$
E(a,b)=\frac{a+b}{(4a^2+3)(4b^2+3)}
$$

的最大值.

Marius Stănean – 巴尔干初中数学奥林匹克罗马尼亚选拔考试 *2019*

解法一　我们将证明 $\max E(a,b)=\frac{1}{16}$，在 $a=b=\frac{1}{2}$ 时取到. 我们有

$$
E(a,b)\leqslant \frac{1}{16}\ \Leftrightarrow\ 16(a+b)\leqslant(4a^2+3)(4b^2+3),
$$

即

$$
(4ab-1)^2+4(a+b-1)^2+2(2a-1)^2+2(2b-1)^2\geqslant 0,
$$

这显然成立. □

解法二 由 $(a+b-1)^2 \geqslant 0$,得

$$a+b \leqslant \frac{(1+a+b)^2}{4}.$$

根据柯西不等式,得

$$(4a^2+3)(4b^2+3) = (4a^2+1+2)(1+4b^2+2) \geqslant (2a+2b+2)^2.$$

结合 $(4a^2+3)(4b^2+3) > 0$,得

$$\frac{a+b}{(4a^2+3)(4b^2+3)} \leqslant \frac{(a+b+1)^2}{4(4a^2+3)(4b^2+3)} \leqslant \frac{(a+b+1)^2}{4(2a+2b+2)^2} = \frac{1}{16}.$$

当且仅当 $a+b-1=0$ 且 $2a=\frac{1}{2b}=1$ 时,等号成立,此时有 $a=b=\frac{1}{2}$. 因此最大值为 $\max E(a,b)=\frac{1}{16}$. □

题 14.25. 设正实数 a,b,c 满足 $a+b \leqslant 3c$,求

$$\left(\frac{a}{6b+c}+\frac{a}{b+6c}\right)\left(\frac{b}{6c+a}+\frac{b}{c+6a}\right)$$

的最大值.

Titu Andreescu –《数学反思》*S556*

解 最大值为 $\frac{49}{400}$.

我们有

$$\frac{a}{6b+c}+\frac{a}{b+6c} = \frac{7a(b+c)}{6b^2+37bc+6c^2}$$

和

$$6b^2+37bc+6c^2 = 6(b+c)^2+25bc \geqslant 10(b+c)\sqrt{6bc},$$

得出

$$\frac{a}{6b+c}+\frac{a}{b+6c} \leqslant \frac{7a}{10\sqrt{6bc}}.$$

类似地,有

$$\frac{b}{6c+a}+\frac{b}{c+6a} \leqslant \frac{7b}{10\sqrt{6ca}}.$$

因此

$$\left(\frac{a}{6b+c}+\frac{a}{b+6c}\right)\left(\frac{b}{6c+a}+\frac{b}{c+6a}\right) \leqslant \frac{49\sqrt{ab}}{100\cdot 6c} \leqslant \frac{49}{400},$$

其中我们利用了 $2\sqrt{ab} \leqslant a+b \leqslant 3c$.

等号成立时,必然有 $a=b$,$6(b+c)^2=25bc$,$6(c+a)^2=25ca$,得出 $(3b-2c)(2b-3c)=0$ 和 $(3c-2a)(2c-3a)=0$. 利用条件 $a+b=3c$,得到 $a=b=\frac{3c}{2}$. □

题 14.26. 求 k,使得边长为 a,b,c 的三角形为直角三角形,当且仅当

$$\sqrt[6]{a^6+b^6+c^6+3a^2b^2c^2}=k\max\{a,b,c\}.$$

Adrian Andreescu –《数学反思》*S505*

解 假设 $c^2=a^2+b^2$,则有

$$\begin{aligned}&\sqrt[6]{a^6+b^6+c^6+3a^2b^2c^2}=k\max\{a,b,c\}\\ \Leftrightarrow\ &a^6+b^6+(a^2+b^2)^3+3a^2b^2(a^2+b^2)=k^6(a^2+b^2)^3\\ \Leftrightarrow\ &(k^6-2)(a^2+b^2)^3=0,\end{aligned}$$

我们得到 $k=\sqrt[6]{2}$.

反之,若 $k=\sqrt[6]{2}$,设 $c=\max\{a,b,c\}$,则有

$$\begin{aligned}&\sqrt[6]{a^6+b^6+c^6+3a^2b^2c^2}=k\max\{a,b,c\}\\ \Leftrightarrow\ &a^6+b^6+c^6+3a^2b^2c^2=2c^6\\ \Leftrightarrow\ &(c^2-(a^2+b^2))(c^4+(a^2+b^2)c^2+a^4+b^4-a^2b^2)=0.\end{aligned}$$

由于 $c^4+(a^2+b^2)c^2+a^4+b^4-a^2b^2>0$,因此得到 $c^2-(a^2+b^2)=0$,三角形是直角三角形. 因此,答案是 $k=\sqrt[6]{2}$. □

题 14.27. 设正实数 $a_1,a_2,\cdots,a_n$ 满足

$$a_1+a_2+\cdots+a_n\leqslant n.$$

求

$$\frac{1}{a_1}+\frac{1}{2a_2^2}+\cdots+\frac{1}{na_n^n}$$

的最小值.

Nguyen Viet Hung –《数学反思》*S559*

解 由均值不等式得到

$$\frac{1}{a_1}+a_1\geqslant 2,$$

$$\frac{1}{2a_2^2}+\frac{a_2}{2}+\frac{a_2}{2}\geqslant\frac{3}{2},$$

$$\cdots,$$

$$\frac{1}{na_n^n}+\underbrace{\frac{a_n}{n}+\cdots+\frac{a_n}{n}}_{n\text{项}}\geqslant\frac{n+1}{n}.$$

将这些不等式相加,得到

$$\frac{1}{a_1}+\frac{1}{2a_2^2}+\cdots+\frac{1}{na_n^n}+a_1+a_2+\cdots+a_n\geqslant\sum_{k=1}^{n}\frac{k+1}{k}.$$

利用题目中的条件得到

$$\frac{1}{a_1}+\frac{1}{2a_2^2}+\cdots+\frac{1}{na_n^n}\geqslant\sum_{k=1}^{n}\left(1+\frac{1}{k}\right)-n=\sum_{k=1}^{n}\frac{1}{k},$$

当且仅当 $a_1=a_2=\cdots=a_n=1$ 时,等号成立. 因此

$$\min\left(\frac{1}{a_1}+\frac{1}{2a_2^2}+\cdots+\frac{1}{na_n^n}\right)=\sum_{k=1}^{n}\frac{1}{k}.$$

□

题 14.28. 实数 a,b,x 满足

$$(4a^2b^2+1)x^2+9(a^2+b^2)\leqslant 2\ 018.$$

证明:$20(4ab+1)x+9(a+b)\leqslant 2\ 018$.

Titu Andreescu –《数学反思》*O459*

证明 首先注意到,当 a,b,x 的符号改变的时候,第一个不等式不变,而当 a,b,x 的绝对值不变,符号均为非负时,第二个不等式左边不变小. 因此,只需对非负的 a,b,x 证明不等式. 根据均值不等式,得

$$4a^2b^2x^2+1\ 600\geqslant 160abx,$$
$$x^2+400\geqslant 40x,$$
$$9a^2+9\geqslant 18a,$$
$$9b^2+9\geqslant 18b,$$

其中分别在 $abx=20$, $x=20$, $a=1$, $b=1$ 时, 等号成立. 因此, 当且仅当 $(a,b,x)=(1,1,20)$ 时,所有的不等式的等号成立. 现在有

$$20(4ab+1)x+9(a+b)\leqslant\frac{4a^2b^2x^2+x^2+9a^2+9b^2}{2}+1\ 009\leqslant 2\ 018.$$

于是就证明了不等式,当且仅当 $(a,b,x)=(1,1,20)$ 时,等号成立,此时题目条件中的不等式的等号也成立. □

题 14.29. 求端点分别在双曲线 $xy=5$ 和椭圆 $\frac{x^2}{4}+4y^2=2$ 上的线段的长度的最小值.

Titu Andreescu, Oleg Mushkarov –《数学反思》*U420*

解 问题可以描述为:实数 a,b,c,d 满足 $ab=5$ 以及 $\frac{c^2}{4}+4d^2=2$,求

$$\sqrt{(a-c)^2+(b-d)^2}$$

的极小值.

我们有

$$\begin{aligned}(a-c)^2+(b-d)^2=&\left(2\frac{a}{\sqrt{5}}-c\frac{\sqrt{5}}{2}\right)^2+\left(\frac{b}{\sqrt{5}}-d\sqrt{5}\right)^2+\\&\frac{1}{5}(a-2b)^2+4\frac{ab}{5}-\left(\frac{c^2}{4}+4d^2\right)\\\geqslant&4-2=2,\end{aligned}$$

当且仅当

$$a=\sqrt{10},\ b=\frac{\sqrt{10}}{2},\ c=4\frac{\sqrt{10}}{5},\ d=\frac{\sqrt{10}}{10}$$

或

$$a=-\sqrt{10},\ b=-\frac{\sqrt{10}}{2},\ c=-4\frac{\sqrt{10}}{5},\ d=-\frac{\sqrt{10}}{10}$$

时,等号成立. 因此,最小值为 $\sqrt{2}$. □

题 14.30. 设实数 a,b,c,d 满足

$$(a^2+1)(b^2+1)(c^2+1)(d^2+1)=16.$$

证明:

$$-3\leqslant ab+bc+cd+da+ac+bd-abcd\leqslant 5.$$

Titu Andreescu, Gabriel Dospinescu –《数学反思》*O169*

证明 考虑复数

$$Z=(1+\mathrm{i}a)(1+\mathrm{i}b)(1+\mathrm{i}c)(1+\mathrm{i}d).$$

简单计算得到

$$\operatorname{Re}(Z)=1-(ab+bc+cd+da+ac+bd)+abcd$$

和

$$|Z|^2=(a^2+1)(b^2+1)(c^2+1)(d^2+1).$$

现在,题目假设为 $|Z|=4$,于是由不等式 $|\mathrm{Re}(Z)|\leqslant|Z|$ 得

$$|(ab+bc+cd+da+ac+bd-abcd)-1|\leqslant 4,$$

因此有 $-3\leqslant ab+bc+cd+da+ac+bd-abcd\leqslant 5$,证明完成. □

题 14.31. 设实数 a,b 满足 $3\leqslant a^2+ab+b^2\leqslant 6$,证明:

$$2\leqslant a^4+b^4\leqslant 72.$$

Titu Andreescu –《数学反思》*O241*

证明 记 $S=(a+b)^2$, $D=(a-b)^2$. 问题等价于证明:若非负实数 S,D 满足 $12\leqslant 3S+D\leqslant 24$,则有 $16\leqslant S^2+6SD+D^2\leqslant 576$.

现在有

$$\begin{aligned}S^2+6SD+D^2&=\frac{(3S+D)^2}{9}+\frac{8D}{9}(3S+D)+\frac{8DS}{3}\\&\geqslant 16+\frac{32D}{3}+\frac{8DS}{3}\geqslant 16,\end{aligned}$$

当且仅当 $D=0,S=4$ 时,等号成立,此时 $a=b=\pm1$.

另外,有

$$S^2+6SD+D^2=(3S+D)^2-8S^2\leqslant 576-8S^2\leqslant 576,$$

当且仅当 $S=0,D=24$ 时,等号成立,此时有 $a=-b=\pm\sqrt{6}$. □

题 14.32. 设实数 a,b,c 满足 $a^2+b^2+c^2=6$,求

$$\left(\frac{a+b+c}{3}-a\right)^5+\left(\frac{a+b+c}{3}-b\right)^5+\left(\frac{a+b+c}{3}-c\right)^5$$

的所有可能值.

Marius Stănean –《数学反思》*O546*

解 改写表达式,得到

$$E(a,b,c)=\frac{(a+b-2c)^5+(b+c-2a)^5+(c+a-2b)^5}{3^5}.$$

利用对称性,不妨设 $a \geqslant b \geqslant c$,于是有两种情况:

(1) 若 $c+a-2b \leqslant 0$,则有

$$\begin{aligned}&(a+b-2c)^5+(b+c-2a)^5+(c+a-2b)^5\\=&(a+b-2c)^5-(2a-b-c)^5-(2b-c-a)^5 \geqslant 0\end{aligned}$$

其中,我们利用了对于 $x, y>0$,有 $(x+y)^5-x^5-y^5 \geqslant 0$.

(2) 若 $c+a-2b \geqslant 0$,则对函数 $x \mapsto x^5$ 在区间 $[0,+\infty)$ 上应用琴生不等式,得到

$$\frac{x^5+y^5}{2} \geqslant\left(\frac{x+y}{2}\right)^5,$$

因此

$$\begin{aligned}&(a+b-2c)^5+(c+a-2b)^5-(2a-b-c)^5\\ \geqslant&\frac{(a+b-2c+c+a-2b)^5}{2^4}-(2a-b-c)^5\\=&-\frac{15}{16}(2a-b-c)^5.\end{aligned}$$

利用柯西不等式可得

$$(2a-b-c)^2 \leqslant\left(2^2+(-1)^2+(-1)^2\right)\left(a^2+b^2+c^2\right)=36$$

因此有 $2a-b-c \leqslant 6$. 于是有

$$E(a, b, c) \geqslant-\frac{15}{16 \times 3^5}(2a-b-c)^5 \geqslant-\frac{15 \times 6^5}{2^4 \times 3^5}=-30.$$

当且仅当 (a, b, c) 为 $(2,-1,-1)$ 或其排列时,等号成立. 因此,$E(a, b, c)$ 的最小值为 -30.

对于另一个方向,注意到

$$E(a, b, c)=-E(-a,-b,-c) \leqslant 30.$$

当且仅当 (a, b, c) 为 $(-2,1,1)$ 或其排列时,等号成立. 因此 $E(a, b, c)$ 的最大值为 30.

$E(a, b, c)$ 是定义在半径为 $\sqrt{6}$ 的球面上一点 (a, b, c) 的连续函数,因此它的取值范围为 $[-30,30]$. □

题 14.33. 设 a, b 为实数,求表达式

$$\frac{(1-a)(1-b)(1-ab)}{\left(1+a^2\right)\left(1+b^2\right)}$$

的最大值和最小值.

Marius Stănean –《数学反思》*O515*

解 令 $a=\tan x, b=\tan y, x, y\in\left(-\frac{\pi}{2},\frac{\pi}{2}\right)$,则题目中的表达式 (记为 E) 变为

$$\begin{aligned}E&=(\cos x-\sin x)(\cos y-\sin y)(\cos x\cos y-\sin x\sin y)\\&=\sqrt{2}\sin\left(\frac{\pi}{4}-x\right)\cdot\sqrt{2}\sin\left(\frac{\pi}{4}-y\right)\cdot\cos(x+y)\\&=2\cos(x+y)\sin\left(\frac{\pi}{4}-x\right)\left(\sin\frac{\pi}{4}-y\right).\end{aligned}$$

作变量替换 $\alpha=\frac{\pi}{4}-x, \beta=\frac{\pi}{4}-y$,则有

$$E=2\sin(\alpha+\beta)\sin\alpha\sin\beta.$$

根据柯西不等式和均值不等式,可得

$$\begin{aligned}E^2&=4\sin^2(\alpha+\beta)\sin^2\alpha\sin^2\beta\\&=4(\sin\alpha\cos\beta+\cos\alpha\sin\beta)^2\sin^2\alpha\sin^2\beta\\&\leqslant 4(\sin^2\alpha+\sin^2\beta)(\cos^2\beta+\cos^2\alpha)\sin^2\alpha\sin^2\beta\\&=\frac{16}{3}\sin^2\alpha\sin^2\beta\left(\frac{\sin^2\alpha+\sin^2\beta}{2}\right)\left(\frac{3\cos^2\alpha+3\cos^2\beta}{2}\right)\\&\leqslant\frac{16}{3}\left(\frac{\sin^2\alpha+\sin^2\beta+\frac{\sin^2\alpha+\sin^2\beta}{2}+\frac{3\cos^2\alpha+3\cos^2\beta}{2}}{4}\right)^4\\&=\frac{27}{16},\end{aligned}$$

因此有 $-\frac{3\sqrt{3}}{4}\leqslant E\leqslant\frac{3\sqrt{3}}{4}$. 当且仅当

$$\alpha=\beta=\frac{2\pi}{3}\ \Leftrightarrow\ x=y=-\frac{5\pi}{12}\ \Leftrightarrow\ a=b=-\frac{\sqrt{6}+\sqrt{2}}{\sqrt{6}-\sqrt{2}}=-2-\sqrt{3}$$

时,下界取到等号. 并且当且仅当

$$\alpha=\beta=\frac{\pi}{3}\ \Leftrightarrow\ x=y=-\frac{\pi}{12}\ \Leftrightarrow\ a=b=-\frac{\sqrt{6}-\sqrt{2}}{\sqrt{6}+\sqrt{2}}=-2+\sqrt{3}.$$

时,上界取到等号. 因此,最小值和最大值分别为 $-\frac{3\sqrt{3}}{4}$ 和 $\frac{3\sqrt{3}}{4}$. □

题 14.34. 设正实数 a,b,c 满足

$$(a^2+1)(b^2+1)(c^2+1)\left(\frac{1}{a^2b^2c^2}+1\right)=2\ 011.$$

求 $\max\{a(b+c),b(c+a),c(a+b)\}$ 的最大值.

Titu Andreescu, Gabriel Dospinescu –《数学反思》*O198*

解 由对称性，只需在所给的约束条件下求 $a(b+c)$ 的最大值. 设 $p=bc$，$u=\frac{(b-c)^2}{4bc}$，于是 $p>0$，$u\geqslant 0$，并且 (p,u) 唯一决定了 (无序的) 一对正实数 $\{b,c\}$，具体为

$$\{b,c\}=\{\sqrt{p}(\sqrt{u+1}+\sqrt{u}),\sqrt{p}(\sqrt{u+1}-\sqrt{u})\}.$$

这样我们就能进行下面的计算来求解这个极值问题.

直接计算得到

$$(b^2+1)(c^2+1)=(bc+1)^2+(b-c)^2=(p+1)^2+4pu,$$

于是题目的约束条件变为

$$\begin{aligned}&p^2((1+p)^2+4pu)a^4-(2\,011p^2-(p+1)^2(p^2+1)-\\&4p(1+p^2)u)a^2+(1+p)^2+4pu=0.\end{aligned}$$

定义

$$x=2\,011-\left(p-\frac{1}{p}\right)^2-4\left(p-2+\frac{1}{p}\right)u,\ d=4\left(p+2+\frac{1}{p}+4u\right).$$

于是约束方程变为

$$p^2da^4-2p(2x-d)a^2+d=0.$$

很容易发现方程的解为

$$a=\frac{\pm\sqrt{x}\pm\sqrt{x-d}}{\sqrt{pd}}.$$

由于 a 是正数，而且我们需要找 $a(b+c)$ 的最大值，因此我们两次开根号都取正值，于是得到

$$a(b+c)=2\sqrt{u+1}\cdot\frac{\sqrt{x}+\sqrt{x-d}}{\sqrt{d}}.$$

现在考察这个式子通过 x 和 d 对 p 的依赖关系. 式子关于 x 是正函数，关于 d 为减函数. 进一步，x 在 $p=1$ 处取到最大值 2 011，而 d 在 $p=1$ 处取到最小值 $16(1+u)$. 因此，$a(b+c)$ 在 $p=1$ 时可以取到最大值，此时

$$a(b+c)=\frac{\sqrt{2\,011}+\sqrt{1\,995-16u}}{2}.$$

这显然在 $u=0$ 时取到最大值 $\frac{\sqrt{2\,011}+\sqrt{1\,995}}{2}$. 分析上述过程，可以发现，此时有 $b=c=1$ 且 $a=\frac{\sqrt{2\,011}+\sqrt{1\,995}}{4}$. □

题 14.35. 设实数 x, y, z 都不在区间 $(-1, 1)$ 内，并且满足

$$\frac{1}{x}+\frac{1}{y}+\frac{1}{z}+x+y+z=0.$$

求 $\frac{z}{x+y}$ 的最小值.

Marius Stănean –《数学反思》*O559*

解 设 a, b, c 为 x, y, z 的某个排列，即 $\{a, b, c\}=\{x, y, z\}$，则计算得到

$$(a+b)\left(1+\frac{1}{ab}\right)=a+b+\frac{1}{a}+\frac{1}{b}=-\frac{c^2+1}{c}.$$

由于 $|a|, |b| \geqslant 1$，因此有 $1+\frac{1}{ab} \geqslant 0$，而且由于它不能为零，因此必然为正数. 于是有 $c(a+b)<0$，然后得到 $\frac{c}{a+b}<0$. 因此我们寻找的最小值为负数.

现在假设 a 和 c 的符号不同，则 $ac<0$. 又根据上面的结果有 $b(a+c)<0$，因此由题目条件得到

$$\frac{a+b+c}{a+c}=-\frac{ab+bc+ca}{abc(a+c)}=-\frac{1}{ac}-\frac{1}{b(a+c)}>0,$$

于是 $\frac{b}{a+c}>-1$.

如果 $\frac{z}{x+y}$ 的最小值小于 -1，那么必然有 $xy>0$. 现在假设 $a \geqslant b \geqslant c$，由于 a, b, c 不能都有相同符号，因此有 $a \geqslant 1, c \leqslant -1$. 根据 b 的符号，有两种情况. 若 (x, y, z) 满足题目假设，则 $(-x, -y, -z)$ 也满足这个假设，并且没有改变 $\frac{z}{x+y}$ 的值. 因此两种情况等价，我们不妨设 $b \geqslant 1$.

根据上面的论述，若要 $\frac{z}{x+y}<-1$，则有 $z=c$ 且 $\{x, y\}=\{a, b\}$，因此我们只需找到 $\frac{c}{a+b}$ 的下界.

记 $A=a+b+\frac{1}{a}+\frac{1}{b} \geqslant 4$，于是题目条件给出 $c^2+Ac+1=0$. 这是关于 c 的二次方程，有两个负根且乘积为 1，因此只有那个较小的根才会小于 -1. 解方程得到

$$c=\frac{-A-\sqrt{A^2-4}}{2} \leqslant -1.$$

于是

$$\begin{aligned}
\frac{2c}{a+b}=\frac{-A-\sqrt{A^2-4}}{a+b} & =-1-\frac{1}{ab}-\sqrt{\left(1+\frac{1}{ab}\right)^2-\frac{4}{(a+b)^2}} \\
& \geqslant -1-\frac{1}{ab}-\sqrt{\left(1+\frac{1}{ab}\right)^2-\frac{4}{(1+ab)^2}},
\end{aligned}$$

其中，我们利用了不等式 $(a-1)(b-1) \geqslant 0$ 来导出 $ab+1 \geqslant a+b$. 利用 $\frac{1}{ab} \leqslant 1$ 以及

$$\left(1+\frac{1}{ab}\right)^2 - \frac{4}{(1+ab)^2} \leqslant 3, \tag{1}$$

得到 $\frac{2c}{a+b} \geqslant -2-\sqrt{3}$，其中，式 (1) 通分并展开变形为

$$(ab-1)(2(ab)^3+4(ab)^2+5ab+1) \geqslant 0,$$

显然成立.

因此，我们得到 $\frac{c}{a+b} \geqslant -1-\frac{\sqrt{3}}{2}$，当 $x=y=a=b=1, z=c=-2-\sqrt{3}$ 时，等号成立. 因此要求的最小值为 $-1-\frac{\sqrt{3}}{2}$. □

题 14.36. 考虑四个正数 a, b, c, d，满足

$$abc+abd+acd+bcd = ab+ac+ad+bc+bd+cd$$

并且不是其中两个数均小于 1，另外两个数均大于 1 的情况. 求

$$a+b+c+d-abcd$$

的最小值.

Marian Tetiva –《数学反思》*S570*

解 最小值为 $\frac{15}{16}$，在 $a=b=c=d=\frac{3}{2}$ 时取到.

若四个数中有 1，例如 $d=1$，则题目假设为 $abc=a+b+c$，而目标函数为 $a+b+c+1-abc=1$. 接下来我们只考虑所有数均不为 1 的情况.

题目条件可以改写为

$$bc(a-1)+ad(b-1)+bd(c-1)+ac(d-1) = ab+cd,$$

因此，不会所有的数都小于 1. 由于其中两个数均小于 1，另外两个数均大于 1 的情况被排除，因此只需考虑下面的情况：

(1) 一个数小于 1，另外三个数均大于 1.

(2) 一个数大于 1，另外三个数均小于 1.

(3) 所有数均大于 1.

考虑到题目中的条件，我们要证的不等式等价于

$$(a-1)(b-1)(c-1)(d-1) \leqslant \frac{1}{16}.$$

前两种情况下，上式左端的乘积为负，因此不等式显然成立．现在只需考虑四个数均大于 1 的情形，于是

$$x=a-1,\ y=b-1,\ z=c-1,\ t=d-1$$

均为正．题目关于 a,b,c,d 的条件变为

$$\sum(x+1)(y+1)(z+1)=\sum(x+1)(y+1)$$

其中求和为对称求和，经过简单计算得到，上式等价于

$$\sum xyz+\sum xy=2.$$

现在，根据均值不等式，我们有

$$2=\sum xyz+\sum xy\geqslant 4\sqrt[4]{x^3y^3z^3t^3}+6\sqrt{xyzt},$$

或者等价地写成

$$2u^3+3u^2-1\leqslant 0,$$

其中 $u=\sqrt[4]{xyzt}$．由于 $u>0$，因此得到

$$2u^3+3u^2-1\leqslant 0\ \Leftrightarrow\ (2u-1)(u+1)^2\leqslant 0$$

进而等价于

$$u\leqslant\frac{1}{2}\ \Leftrightarrow\ xyzt\leqslant\frac{1}{16}\ \Leftrightarrow\ (a-1)(b-1)(c-1)(d-1)\leqslant\frac{1}{16},$$

证明完成． □

第 15 章 $a^3+b^3+c^3-3abc$

题 15.1. 求方程的实数解

$$(x^2-x-2)^3+(x^2+x+2)^3=(2x^2)^3.$$

Nicolae Ivăşchescu –《数学公报》*E:14376*

解 记 $a=x^2-x-2, b=x^2+x+2, c=-2x^2$. 注意到 $a+b+c=0$,然后利用

$$a^3+b^3+c^3-3abc=(a+b+c)(a^2+b^2+c^2-ab-bc-ca),$$

得到 $a^3+b^3+c^3=3abc$. 因此,所给方程变为

$$3(x^2-x-2)(x^2+x+2)(-2x^2)=0,$$

解得 $x\in\{-1,0,2\}$. □

题 15.2. 实数 x,y,z 满足 $x+y+z\neq 0$ 和 $x+y+z\neq 2xyz$,证明:

$$\frac{x^3+y^3+z^3}{2xyz-(x+y+z)}\neq\frac{3}{2}.$$

Titu Andreescu –《蒂米什瓦拉数学学报》,题 *1513*

证明 用反证法,假设

$$\frac{x^3+y^3+z^3}{2xyz-(x+y+z)}=\frac{3}{2}.$$

则有

$$2(x^3+y^3+z^3)=6xyz-3(x+y+z),$$

即

$$2(x^3+y^3+z^3-3xyz)+3(x+y+z)=0.$$

利用恒等式

$$x^3+y^3+z^3-3xyz=(x+y+z)(x^2+y^2+z^2-xy-yz-zx),$$

得到

$$(x+y+z)(2x^2+2y^2+2z^2-2xy-2yz-2zx+3)=0.$$

由于 $x+y+z\neq 0$,因此

$$2x^2+2y^2+2z^2-2xy-2yz-2zx+3=0, \tag{1}$$

配方得到

$$(x-y+1)^2+(y-z+1)^2+(z-x+1)^2=0.$$

因此有 $x-y+1=y-z+1=z-x+1=0$,相加得到

$$x-y+1+y-z+1+z-x+1=0,$$

即 $3=0$,矛盾. □

注 我们还可以用稍有不同的一个做法结束. 从式 (1) 可得

$$(x-y)^2+(x-z)^2+(y-z)^2+3=0,$$

这个方程显然无实数解.

题 15.3. 整数 a,b,c,d 中恰有一个为负数,并且满足

$$a^3+b^3+c^3+d^3+3abcd=2\ 016,$$

求这个负整数的最大值.

Titu Andreescu – AwesomeMath 入学测试 *2016,* 测试 C

解 如果当这个负整数为 -1 时方程有解,那么这个最大值必然是 -1. 取 $d=-1$,我们需要求方程 $a^3+b^3+c^3-3abc=2\ 017$ 的非负整数解. 因式分解得到

$$(a+b+c)\left((a-b)^2+(b-c)^2+(c-a)^2\right)=2\times 2\ 017.$$

若 $(a-b)^2+(b-c)^2+(c-a)^2=2$,则有 $(a,b,c)=(n,n,n+1)$,于是 $a+b+c=3n+1=2\ 017$,解得 $n=672$. 由于 $(672,672,673,-1)$ 确实是方程的解,因此所求的最大值为 -1. □

题 15.4. 若正整数 $a\leqslant b\leqslant c\leqslant d$ 满足

$$a^3+b^3+c^3+d^3=(a^2-1)bcd+2\ 019,$$

求 a 的最小值.

Titu Andreescu – AwesomeMath 入学测试 *2019,* 测试 B

解　若 $a=1$，则有

$$b^3+c^3+d^3=2\ 018.$$

于是 $b^3+c^3+d^3\equiv 2 \pmod 9$. 对任意整数 n，均有 $n^3\equiv -1,0,1 \pmod 9$，因此 b,c,d 中恰有一个为 3 的倍数. 由于 $15^3>2\ 018$，因此这个数是 $\{3,6,9,12\}$ 之一，于是得到另外两个数的三次方之和为 $\{1\ 991,1\ 802,1\ 289,290\}$. 进行模 9 可知，这两个数的三次方模 9 余 1，因此这两个数均模 3 余 1，属于集合 $\{1,4,7,10\}$，其立方属于 $\{1,64,343,1\ 000\}$，直接验证发现无解.

若 $a=2$，则有 $b^3+c^3+d^3-3bcd=2\ 011$，即

$$(b+c+d)(b^2+c^2+d^2-bc-cd-db)=2\ 011.$$

由于 2 011 是素数，而 $b+c+d>1$，因此有

$$\begin{cases}b+c+d=2\ 011\\ b^2+c^2+d^2-bc-cd-db=1\end{cases}$$

第二个方程可以变为 $(c-b)^2+(d-c)^2+(d-b)^2=2$，于是 b,c,d 中有两个数相同，另一个和它们相差 1. 显然 $b\neq d$，于是 $d=b+1$. 若 $c=d$，则 $3b+2=2\ 011$，无解；若 $b=c$，则 $3c+1=2\ 011$，解得一组解 $(b,c,d)=(670,670,671)$.

因此，a 的最小值为 2. □

题 15.5. 设 $\{a_n\}_{n\geqslant 1}$ 为正实数数列，满足 $a_1=1,a_2=2$ 以及

$$\frac{a_{n+1}^3+a_{n-1}^3}{9a_n}+a_{n+1}a_{n-1}=3a_n^2,\quad \forall n\geqslant 2.$$

求 a_n 的通项公式.

Adrian Andreescu –《数学反思》*J517*

解　所给条件可以改写为

$$a_{n+1}^3-27a_n^3+a_{n-1}^3+9a_{n+1}a_na_{n-1}=0.$$

将恒等式

$$a^3+b^3+c^3-3abc=\frac{1}{2}(a+b+c)\left((a-b)^2+(b-c)^2+(c-a)^2\right)$$

应用到 $a=a_{n+1},b=-3a_n,c=a_{n-1}$. 由于 $a_n>0$ 对所有 $n\geqslant 1$ 成立，因此上式右端第二个因子非零，于是总有 $a_{n+1}-3a_n+a_{n-1}=0$.

现在,设 F_n 为斐波那契数列的第 n 项,即

$$F_1=1,\quad F_2=1,\quad F_n=F_{n-1}+F_{n-2},\quad n\geqslant 3.$$

显然 $a_n=F_{2n-1}$ 对 $n=1,2$ 均成立,假设这对 n 和 $n-1$ 成立,则有

$$\begin{aligned}a_{n+1}&=3a_n-a_{n-1}=3F_{2n-1}-F_{2n-3}=2F_{2n-1}+F_{2n-2}\\&=F_{2n-1}+F_{2n}=F_{2n+1},\end{aligned}$$

因此由数学归纳法,$a_n=F_{2n-1}$ 对所有正整数 n 成立.

若记 α,β 分别为 $\frac{1\pm\sqrt{5}}{2}$,则

$$a_n=F_{2n-1}=\frac{\alpha^{2n-1}-\beta^{2n-1}}{\alpha-\beta}.$$

□

题 15.6. 证明:正整数 a,b,c 是连续的三个正整数的排列,当且仅当

$$a^3+b^3+c^3=3(a+b+c+abc).$$

Adrian Andreescu –《数学反思》*J525*

证明 由于 $a,b,c>0$,因此有

$$\begin{aligned}&a^3+b^3+c^3=3(a+b+c+abc)\\\Leftrightarrow\ &(a+b+c)(a^2+b^2+c^2-ab-bc-ca-3)=0\\\Leftrightarrow\ &(a-b)^2+(b-c)^2+(c-a)^2=6\\\Leftrightarrow\ &\{|a-b|,|b-c|,|c-a|\}=\{1,1,2\},\end{aligned}$$

这样就完成了证明. □

题 15.7. 设 k 是非零整数,

$$t=\sqrt[3]{k+\sqrt{k^2-1}}+\sqrt[3]{k-\sqrt{k^2-1}}+1.$$

证明:t^3-3t^2 是整数.

Titu Andreescu –《数学反思》*S13*

证明 将恒等式

$$a^3+b^3+c^3-3abc=(a+b+c)(a^2+b^2+c^2-ab-bc-ca),$$

应用到 $a=\sqrt[3]{k+\sqrt{k^2-1}}$,$b=\sqrt[3]{k-\sqrt{k^2-1}}$,$c=1-t$,并利用 $a+b+c=0$,得到 $a^3+b^3+c^3-3abc=0$. 由于 $ab=1$,因此 $2k+(1-t)^3-3(1-t)=0$. 整理得到 $t^3-3t^2=2k-2$ 是一个整数,证明完成. □

题 15.8. 求所有 $a^3+b^3+c^3-3abc$ 形式的整数,其中 a,b,c 均为正整数.

Titu Andreescu –《数学反思》*J79*

解　我们证明,所有这样的整数为 $0, 3k+1(k\geqslant 1), 3k+2(k\geqslant 1)$ 或者 $9k(k\geqslant 2)$.

首先,证明这样的数可以写上述形式. 利用

$$a^3+b^3+c^3-3abc=\frac{1}{2}(a+b+c)\left((a-b)^2+(b-c)^2+(c-a)^2\right),$$

我们看到 $(a,b,c)=(k,k,k)$ 给出了 0 的表达方式;$(a,b,c)=(k,k,k+1)\,(k\geqslant 1)$,给出了 $3k+1$ 的表达方式;$(a,b,c)=(k,k+1,k+1)\,(k\geqslant 1)$ 给出了 $3k+2$ 的表达方式;$(a,b,c)=(k-1,k,k+1)\,(k\geqslant 2)$ 给出了 $9k$ 的表达方式.

其次,证明其他的数无法如此表示. 利用因式分解或者均值不等式,可得

$$a^3+b^3+c^3-3abc\geqslant 0.$$

因此我们只需证明 1, 2, 9 以及是 3 的倍数但不是 9 的倍数的数不能表示.

由于 $a+b+c\geqslant 3$,而且若 a,b,c 不全相同,则 $(a-b)^2+(b-c)^2+(c-a)^2\geqslant 2$,因此 1, 2 无法表示.

由恒等式

$$a^3+b^3+c^3-3abc=(a+b+c)\left((a+b+c)^2-3(ab+bc+ca)\right) \tag{1}$$

可知,若 $a^3+b^3+c^3-3abc$ 为 3 的倍数,则 $a+b+c$ 为 3 的倍数,此时式 (1) 右端两个因子均为 3 的倍数,于是 $a^3+b^3+c^3-3abc$ 为 9 的倍数.

最后,我们说明 9 无法表示. 注意到根据式 (1),9 能表示当且仅当式 (1) 右端两个因子均为 3. 而 $a+b+c=3$ 必然给出 $a=b=c=1$,于是式 (1) 第二个因子为 0,矛盾. □

题 15.9. 证明:如果三个十进制数 $\overline{abc},\overline{bca},\overline{cab}$ 都被正整数 k 整除,那么

$$a^3+b^3+c^3-3abc$$

也被 k 整除.

Titu Andreescu –《蒂米什瓦拉数学学报》,题 *2839*

证法一　注意到

$$a^3+b^3+c^3-3abc=-\det\begin{pmatrix}a&b&c\\b&c&a\\c&a&b\end{pmatrix}=-\det\begin{pmatrix}a&b&100a+10b+c\\b&c&100b+10c+a\\c&a&100c+10a+b\end{pmatrix},$$

因此

$$a^3+b^3+c^3-3abc=\overline{abc}(c^2-ab)+\overline{bca}(a^2-bc)+\overline{cab}(b^2-ac)$$

为 k 的倍数的整系数线性组合，必然是 k 的倍数. □

证法二 整数被 n 整除，当且仅当它被 n 的每一个素数幂因子整除，因此只需对 k 为素数幂的情况进行证明.

假设 k 为素数 p 的幂，k 整除三个数 $\overline{abc},\overline{bca},\overline{cab}$，则有

$$k\mid(\overline{abc}+\overline{bca}+\overline{cab})=111(a+b+c).$$

若 $p\neq 3,37$，则 $k\mid(a+b+c)$，于是有

$$k\mid(a+b+c)(a^2+b^2+c^2-ab-bc-ca)=a^3+b^3+c^3-3abc.$$

若 $p=3$，则上面的方程给出 $k\mid 3(a+b+c)$. 进一步，由于 $3\mid\overline{abc}$，因此 3 整除 $\overline{abc}$ 的数码和，即 $3\mid(a+b+c)$，于是由

$$a^2+b^2+c^2-ab-bc-ca=(a+b+c)^2-3(ab+bc+ca)$$

得到 $3\mid(a^2+b^2+c^2-ab-bc-ca)$. 因此由 $k\mid 3(a+b+c)$ 得

$$k\,\big|(a+b+c)(a^2+b^2+c^2-ab-bc-ca)=a^3+b^3+c^3-3abc.$$

最后，若 $p=37$，则由于 $37^2=1\ 369>999\geqslant\overline{abc}$，因此 $k=p=37$. 从 $37\mid\overline{abc}$，得到 $100a+10b+c\equiv 0\ (\mathrm{mod}\ 37)$，即

$$11a\equiv 10b+c\ (\mathrm{mod}\ 37). \tag{1}$$

类似地，得

$$11b\equiv 10c+a\ (\mathrm{mod}\ 37), \tag{2}$$

$$11c\equiv 10a+b\ (\mathrm{mod}\ 37). \tag{3}$$

计算 $b\cdot(1)+c\cdot(2)+a\cdot(3)$，得

$$10(ab+bc+ca)\equiv 10(b^2+c^2+a^2)\ (\mathrm{mod}\ 37),$$

因此有 $a^2+b^2+c^2-ab-bc-ca\equiv 0\ (\mathrm{mod}\ 37)$，于是

$$k\mid(a+b+c)(a^2+b^2+c^2-ab-bc-ca)=a^3+b^3+c^3-3abc.$$ □

题 15.10. 求最小的实数 r,使得若三角形的三边长为 a,b,c,则有

$$\frac{\max\{a,b,c\}}{\sqrt[3]{a^3+b^3+c^3+3abc}}<r.$$

Titu Andreescu –《数学反思》*S85*

解 若我们取 $a=b=n$ 和 $c=1$,则有 $r>\frac{n}{\sqrt[3]{2n^3+3n^2+1}}$. 取极限得到

$$\lim_{n\to\infty}\frac{n}{\sqrt[3]{2n^3+3n^2+1}}=\frac{1}{\sqrt[3]{2}},$$

因此 $r\geqslant\frac{1}{\sqrt[3]{2}}$.

我们证明 $r=\frac{1}{\sqrt[3]{2}}$ 满足题目条件,即

$$\frac{1}{\sqrt[3]{2}}>\frac{\max\{a,b,c\}}{\sqrt[3]{a^3+b^3+c^3+3abc}}.\tag{1}$$

假设 $a=\max\{a,b,c\}$,则不等式 (1) 等价于

$$b^3+c^3-a^3+3abc>0\ \Leftrightarrow\ (b+c-a)((b+a)^2+(b-c)^2+(c+a)^2)>0.$$

由于 $b+c-a>0$,因此不等式成立. 因此满足题目条件的最小的 r 值为 $\frac{1}{\sqrt[3]{2}}$. □

题 15.11. 求方程的正整数解

$$x^3+y^3+z^3-3xyz=2\ 021.$$

Titu Andreescu – AwesomeMath 入学测试 *2021,* 测试 C

解 方程可以改写为

$$\frac{1}{2}(x+y+z)\big((x-y)^2+(y-z)^2+(z-x)^2\big)=2\ 021=43\times47,$$

因此 $x+y+z$ 可以是 2 021, 47, 43, 同时 $(x-y)^2+(y-z)^2+(z-x)^2$ 分别为 2, 86, 94. 不妨设 $x\geqslant y\geqslant z$,令 $x-y=a,y-z=b,a,b$ 为非负整数. 于是 $x-z=a+b$,然后有

$$(x-y)^2+(y-z)^2+(z-x)^2=2(a^2+ab+b^2),$$

得到 a^2+ab+b^2 为 1,43,47 之一. 由于

$$4(a^2+ab+b^2)=(2a+b)^2+3b^2,$$

因此 a^2+ab+b^2 模 3 余 0 或 1，可以排除 $a^2+ab+b^2=47$ 的情况.

若 $a^2+ab+b^2=1$，则 $(a,b)=(1,0)$ 或 $(0,1)$，于是 x,y,z 取两个连续的值. 由于此时 $x+y+z=2\,021$，因此 (x,y,z) 为 $(674,674,673)$ 的一个排列.

若 $a^2+ab+b^2=43$，则 $(a,b)=(6,1)$ 或 $(1,6)$. 此时

$$x+y+z=3z+2b+a=47,$$

可以看出必然有 $(a,b)=(6,1)$，$z=13$(试验 $(a,b)=(1,6)$ 给出 $z=\frac{34}{3}$，矛盾)，因此 $(x,y,z)=(20,14,13)$.

综上所述，$(x,y,z)=(674,674,673)$ 或 $(x,y,z)=(20,14,13)$ 及其排列为所有的解. □

题 15.12. 证明：曲线 $x^3+3xy+y^3=1$ 上存在唯一一组三个不同的点 A,B,C 构成一个等边三角形，并求它的面积.

Titu Andreescu – Putnam Competition *2006*

证明 所谓的曲线 $x^3+3xy+y^3-1=0$ 实际上可以分成两条曲线，因为它的方程可以因式分解为

$$(x+y-1)(x^2-xy+y^2+x+y+1).$$

进一步，第二个因子为

$$\frac{1}{2}((x+1)^2+(y+1)^2+(x-y)^2),$$

因此这个因子对应的曲线上只有一个点 $(-1,-1)$. 于是题目中的曲线包含了一个点 $(-1,-1)$ 以及一条直线 $x+y=1$.

若要曲线上三个点构成三角形，则其中一点必为 $(-1,-1)$. 另外两个点在直线 $x+y=1$ 上，因此从 $(-1,-1)$ 出发的高的长度为 $(-1,-1)$ 到这条直线的距离，即 $\frac{3\sqrt{2}}{2}$. $(-1,1)$ 在直线上的投影 $\left(\frac{1}{2},\frac{1}{2}\right)$ 为高的垂足，于是这个正三角形被唯一确定. 高为 h 的正三角形的面积为 $\frac{\sqrt{3}h^2}{3}$，因此所求的面积为 $\frac{3\sqrt{3}}{2}$. □

题 15.13. 求方程 $x^3-y^3-xy=1$ 的整数解.

Titu Andreescu, Alessandro Ventullo

解 将方程改写为 $27x^3-27y^3-1-27xy=26$，因式分解得到

$$(3x-3y-1)\left((3x+3y)^2+(3x+1)^2+(3y-1)^2\right)=52.$$

由于第二个因子为正，因此 $3x-3y-1$ 是 52 的一个正约数，模 3 为 -1. 因此 $3x-3y-1=2$ 或者 $3x-3y-1=26$,解得 $x=y+1$ 或者 $x=y+9$. 在第一个情形下，可以得到 $(x,y)=(1,0)$ 和 $(x,y)=(0,-1)$; 在第二个情形下，方程没有整数解. □

题 15.14. 求整数对 (m,n) 的个数，使得 $mn \geqslant 0$ 且

$$m^3+99mn+n^3=33^3.$$

Titu Andreescu – AHSME *1999*

解 我们有 $m^3+n^3+(-33)^3-3mn(-33)=0$,得出

$$\frac{1}{2}(m+n-33)\left((m-n)^2+(m+33)^2+(n+33)^2\right)=0.$$

因此 $m+n=33$ 或者 $m-n=m+33=n+33=0$. 所有的解为

$$\{(0,33),(1,32),\cdots,(33,0),(-33,-33)\},$$

因此答案为 35. □

题 15.15. 求方程的所有整数解

$$(x-1)x(x+1)+(y-1)y(y+1)=24-9xy.$$

G. Baron – 奥地利数学奥林匹克 *2012*

解 所给方程可以改写为

$$x^3-x+y^3-y=24-9xy,$$

即

$$(x^3+y^3-27+9xy)-(x+y-3)=0,$$

因式分解得到

$$\frac{1}{2}(x+y-3)\left((x-y)^2+(y+3)^2+(x+3)^2-2\right)=0.$$

若 $x+y-3=0$,则得到解 $\{(t,3-t)\mid t\in\mathbb{Z}\}$.

若 $x+y-3\neq 0$,则

$$(x-y)^2+(y+3)^2+(x+3)^2=2.$$

因此,其中两个平方数为 1,另一个为 0,有下面几种情况.

(1) 若 $x-y=0$,则 $x=y$ 且 $(x+3)^2=1$,解得 $x=-4$ 或者 $x=-2$,因此有 $(x,y)\in\{(-4,-4),(-2-2)\}$.

(2) 若 $y+3=0$,则 $y=-3$ 且 $(x+3)^2=1$,解得 $x=-4$ 或者 $x=-2$,因此有 $(x,y)\in\{(-4,-3),(-2,-3)\}$.

(3) 若 $x+3=0$,则 $x=-3$ 且 $(y+3)^2=1$,解得 $y=-4$ 或者 $y=-2$,因此有 $(x,y)\in\{(-3,-4),(-3,-2)\}$. □

题 15.16. 设实数 a,b,c 满足

$$\left(-\frac{a}{2}+\frac{b}{3}+\frac{c}{6}\right)^3+\left(\frac{a}{3}+\frac{b}{6}-\frac{c}{2}\right)^3+\left(\frac{a}{6}-\frac{b}{2}+\frac{c}{3}\right)^3=\frac{1}{8}.$$

证明:

$$(a-3b+2c)(2a+b-3c)(-3a+2b+c)=9.$$

Titu Andreescu –《数学反思》*J243*

证明 由所给的等式可得

$$(-3a+2b+c)^3+(2a+b-3c)^3+(a-3b+2c)^3=27.$$

令 $x=-3a+2b+c, y=2a+b-3c, z=a-3b+2c$. 由于 $x+y+z=0$,因此利用恒等式

$$x^3+y^3+z^3-3xyz=(x+y+z)(x^2+y^2+z^2-xy-yz-zx),$$

得到 $x^3+y^3+z^3=3xyz$,即

$$3(-3a+2b+c)(2a+b-3c)(a-3b+2c)=27,$$

因此得到 $(-3a+2b+c)(2a+b-3c)(a-3b+2c)=9$. □

题 15.17. 证明:对任意正整数 $m,n,8m^6+27m^3n^3+27n^6$ 是合数.

Titu Andreescu –《数学反思》*S47*

证明 我们有

$$\begin{aligned}&8m^6+27m^3n^3+27n^6\\=&8m^6-27m^3n^3+27n^6+54m^3n^3\\=&(2m^2)^3+(-3mn)^3+(3n^2)^3-3(2m^2)(-3mn)(3n^2)\\=&(2m^2-3mn+3n^2)(4m^4+6m^3n+3m^2n^2+9mn^3+9n^4).\end{aligned}$$

第二个因子显然大于 1,而第一个因子为

$$2m^2-3mn+3n^2=2(m-n)^2+mn+n^2>1,$$

这样就证明了问题. □

题 15.18. 设整数 n 使得 n^2+11 为素数,证明:$n+4$ 不是完全立方数.

Titu Andreescu –《数学反思》*S393*

证明 用反证法,假设 $n+4$ 是完全立方数.记 $n+4=m^3$,m 为整数,则 $n=m^3-4$.于是得到

$$\begin{aligned}
n^2+11&=(m^3-4)^2+11\\
&=m^6-8m^3+27\\
&=m^6+m^3+27-9m^3\\
&=(m^2)^3+m^3+3^3-9m^3\\
&=(m^2+m+3)(m^4-m^3-2m^2-3m+9).
\end{aligned}$$

现在,$m^2+m+3\geqslant 3$,而且

$$m^4-m^3-2m^2-3m+9\geqslant 3 \Leftrightarrow (m-2)(m^3+m^2-3)\geqslant 0$$

对所有 $m\in\mathbb{Z}$ 成立,因此 n^2+11 不是素数,矛盾. □

题 15.19. 求方程的正整数解

$$\frac{x^2-y}{8x-y^2}=\frac{y}{x}.$$

Titu Andreescu –《数学反思》*J361*

解 所给方程可以改写为

$$x^3+y^3+27-9xy=27.$$

利用恒等式

$$a^3+b^3+c^3-3abc=(a+b+c)(a^2+b^2+c^2-ab-bc-ca),$$

可得

$$(x+y+3)(x^2+y^2+9-xy-3x-3y)=27.$$

由于 x, y 为正整数，因此有 $x+y+3 \geqslant 5$，我们有两种情况.

(1) $x+y+3=9$ 且 $x^2+y^2+9-xy-3(x+y)=3$. 由第一个方程得到 $x+y=6$，得到 $x^2+y^2=36-2xy$. 代入第二个方程，得到 $(36-2xy)+9-xy-18=3$，化简为 $xy=8$，因此得到方程组

$$\begin{cases} x+y=6 \\ xy=8 \end{cases},$$

解得 $(x,y) \in \{(2,4),(4,2)\}$. 容易验证，$(x,y)=(4,2)$ 是题目的解.

(2) $x+y+3=27$ 且 $x^2+y^2+9-xy-3x-3y=1$. 由第一个方程得到 $x+y=24$，然后得到 $x^2+y^2=576-2xy$，代入第二个方程得到 $(576-2xy)+9-xy-72=1$，化简为 $3xy=512$. 因此，这种情形下没有正整数解.

综上所述，方程的唯一解是 $(x,y)=(4,2)$. □

题 15.20. 求方程的正整数解

$$x^3-\frac{13}{2}xy-y^3=2\ 020.$$

Adrian Andreescu –《数学反思》*J535*

解法一 记 $x-y=d$ 和 $xy=2p$，其中 d, p 为正整数 (由 $x^3-y^3>0$ 可得 $d>0$). 于是方程变为 $d^3+6pd-13p=2\ 020$，给出

$$p=\frac{2\ 020-d^3}{6d-13}.$$

可以看出，当 $d=1$ 或 $d=2$ 时，p 不是正整数，因此只考虑 $d \geqslant 3$. 于是 $6d-13>0$，$2\ 020-d^3>0$，得出 $d \leqslant 12$. 在 $d \in \{3,4,\cdots,12\}$ 中只有 $d=11$ 使得 p 为正整数. 因此 $p=13$，然后得到 $x-y=11$ 和 $xy=26$，解得 $(x,y)=(13,2)$. □

解法二 显然 $(x,y)=(13,2)$ 是一个解. 我们证明这是唯一的解. 将方程模 13 我们得到 $x^3-y^3 \equiv 5$.

由于 $\{0,\pm 1,\pm 5\}$ 为立方数模 13 的所有可能值，因此有 $(x,y)=(13m,13n-r)$ 或者 $(13m+r,13n)$，其中 $m \geqslant n \geqslant 1, r \in \{7,8,11\}$. 若 $x=13m+r, y=13n$，则方程的左边为

$$(x-y)^3+\left(3(x-y)-\frac{13}{2}\right)xy \geqslant 7^3+\left(21-\frac{13}{2}\right)\cdot 20\times 13>2\ 020.$$

考虑 $x=13m$ 且 $y=13n-r$. 若 $n\geqslant 2$,则类似地,得到方程左边为

$$7^3+\left(21-\frac{13}{2}\right)\cdot 26\times 15>2\ 020.$$

因此必然有 $n=1$. 若 $m\geqslant 2$,则 $(x-y)^3\geqslant 20^3>2\ 020$,于是 $m=1$. 容易验证,此时只有 $r=11$ 符合要求. □

题 15.21. 求方程的整数解

$$(x^3-1)(y^3-1)=3(x^2y^2+2).$$

Titu Andreescu –《数学反思》*O397*

解 方程等价于

$$x^3y^3-x^3-y^3-3x^2y^2=5. \tag{1}$$

于是,应用熟知的恒等式

$$a^3+b^3+c^3-3abc=(a+b+c)(a^2+b^2+c^2-ab-bc-ca)$$

到式 (1) 的左端,可以将原始方程改写为

$$(xy-x-y)((xy)^2+x^2+y^2+x^2y-xy+xy^2)=5.$$

由于 5 是素数,因此 $xy-x-y\in\{\pm 1,\pm 5\}$.

若 $xy-x-y=1$,则 $(x-1)(y-1)=2$. 得到四组可能的解

$$(x,y)\in\{(2,3),(0,-1),(3,2),(-1,0)\},$$

经验证,这些都不是原方程的解.

若 $xy-x-y=-1$,则 $(x-1)(y-1)=0$,于是原方程左端为零. 但是 $3(x^2y^2+2)>0$,因此这种情形下无解.

若 $xy-x-y=5$,则 $(x-1)(y-1)=6$. 得到 (x,y) 有八组可能的解

$$(x,y)\in\{(2,7),(0,-5),(3,4),(-1,-2),(4,3),(-2,-1),(7,2),(-5,0)\},$$

经验证,此时有原方程的两组解 $(-1,-2)$ 和 $(-2,-1)$.

若 $xy-x-y=-5$,则 $(x-1)(y-1)=-4$. 得到 (x,y) 的六组可能值

$$(x,y)\in\{(2,-3),(3,-1),(5,0),(0,5),(-1,3),(-3,2)\},$$

经验证,这些都不是原方程的解.

综上所述,原方程有两组解 $(x,y)=(-1,-2)$ 和 $(x,y)=(-2,-1)$. □

题 15.22. 设 p 为素数,求方程的正整数解

$$(x^2-yz)^3+(y^2-zx)^3+(z^2-xy)^3-3(x^2-yz)(y^2-zx)(z^2-xy)=p^2.$$

Alessandro Ventullo –《数学反思》*S561*

解 记原方程左端为 $P(x,y,z)$,应用恒等式

$$a^3+b^3+c^3-3abc=(a+b+c)(a^2+b^2+c^2-ab-bc-ca)$$

到 $a=x^2-yz, b=y^2-zx, c=z^2-xy$,可得

$$\begin{aligned}P(x,y,z)&=(x^2+y^2+z^2-xy-yz-zx)(x+y+z)^2\times\\&\quad(x^2+y^2+z^2-xy-yz-zx)\\&=\big((x+y+z)(x^2+y^2+z^2-xy-yz-zx)\big)^2\\&=(x^3+y^3+z^3-3xyz)^2.\end{aligned}$$

由于 $x^3+y^3+z^3\geqslant 3xyz$,因此所给方程变为

$$x^3+y^3+z^3-3xyz=p. \tag{1}$$

这个方程在题 15.8 中已经解决*,当 p 为 $0,1,3k+1(k\geqslant 1),3k+2(k\geqslant 1)$ 或者 $9k(k\geqslant 2)$ 时有正整数解 x,y,z. 由于 p 是素数,因此有如下的解:

若 $p\equiv 2\pmod 3$,则 (x,y,z) 为 $\left(\frac{p+1}{3},\frac{p+1}{3},\frac{p-2}{3}\right)$ 或其排列.

若 $p\equiv 1\pmod 3$,则 (x,y,z) 为 $\left(\frac{p+2}{3},\frac{p-1}{3},\frac{p-1}{3}\right)$ 或其排列. □

注 两个 $a^3+b^3+c^3-3abc$ 形式的数的乘积还是这样形式的数. 事实上,设

$$\begin{aligned}U&=a^3+b^3+c^3-3abc,\\V&=x^3+y^3+z^3-3xyz.\end{aligned}$$

则有

$$\begin{aligned}U&=(a+b+c)(a+\omega b+\omega^2c)(a+\omega^2b+\omega c),\\V&=(x+y+z)(x+\omega y+\omega^2z)(x+\omega^2y+\omega z),\end{aligned}$$

---

*英文版给出了另一个文献: T. Andreescu, D. Andrica, I. Cucurezeanu, *An Introduction to Diophantine Equations*,第 9 页. ——译者注

其中 ω 为一个本原三次单位根. 现在记

$$A = ax + by + cz,$$
$$B = bx + cy + az,$$
$$C = cx + ay + bz.$$

则有

$$\begin{aligned} UV &= (a+b+c)(x+y+z)(a+\omega b+\omega^2 c)(x+\omega y+\omega^2 z)\times \\ &\quad (a+\omega^2 b+\omega c)(x+\omega^2 y+\omega z) \\ &= (A+B+C)(A+\omega B+\omega^2 C)(A+\omega^2 B+\omega C) \\ &= A^3+B^3+C^3-3ABC. \end{aligned}$$

题 15.23. 设正整数 m,n,p 满足

$$(m-n)^2+(n-p)^2+(p-m)^2=\frac{mnp}{2}.$$

证明:$m+n+p+12$ 整除 $m^3+n^3+p^3$.

Titu Andreescu, Marian Tetiva

证明　显然有

$$(m-n)^2+(n-p)^2+(p-m)^2=2(m^2+n^2+p^2-mn-np-pm),$$

因此 $m^2+n^2+p^2-mn-np-pm=\frac{mnp}{4}$. 特别地,这得出 $\frac{mnp}{4}$ 为整数. 现在,利用恒等式

$$m^3+n^3+p^3-3mnp=(m+n+p)(m^2+n^2+p^2-mn-np-pm),$$

得到

$$m^3+n^3+p^3-3mnp=\frac{mnp}{4}(m+n+p),$$

即

$$(m^3+n^3+p^3)=\frac{mnp}{4}(m+n+p+12).$$

由于 $\frac{mnp}{4}$ 为整数,因此 $m+n+p+12$ 整除 $m^3+n^3+p^3$.

注意到确实有整数 m,n,p 满足题目条件,例如 $m=2,n=6,p=7$.　□

题 15.24. 设 a 和 b 为不同的实数,证明:

$$(3a+1)(3b+1)=3a^2b^2+1$$

当且仅当 $\left(\sqrt[3]{a}+\sqrt[3]{b}\right)^3=a^2b^2$.

Adrian Andreescu –《数学反思》*J469*

证明 第一个条件等价于

$$a+b-a^2b^2+3ab=0. \tag{1}$$

恒等式

$$x^3+y^3+z^3-3xyz=\frac{1}{2}(x+y+z)\left((x-y)^2+(y-z)^2+(z-x)^2\right)$$

表明,若 x,y,z 为不全相等的实数,则

$$x^3+y^3+z^3-3xyz=0,$$

当且仅当 $x+y+z=0$.

对于本题,取 $x=\sqrt[3]{a},y=\sqrt[3]{b},z=-\sqrt[3]{a^2b^2}$,则得到式 (1) 成立当且仅当

$$\sqrt[3]{a}+\sqrt[3]{b}-\sqrt[3]{a^2b^2}=0,$$

即

$$\sqrt[3]{a}+\sqrt[3]{b}=\sqrt[3]{a^2b^2},$$

这就完成了证明. □

题 15.25. 设 a,b,c 为不全相等的非零实数,满足

$$\left(\frac{a^2}{bc}-1\right)^3+\left(\frac{b^2}{ca}-1\right)^3+\left(\frac{c^2}{ab}-1\right)^3=3\left(\frac{a^2}{bc}+\frac{b^2}{ca}+\frac{c^2}{ab}-\frac{bc}{a^2}-\frac{ca}{b^2}-\frac{ab}{c^2}\right).$$

证明:$a+b+c=0$.

Titu Andreescu –《数学反思》*J479*

证明 令 $x=\frac{a^2}{bc},y=\frac{b^2}{ca},z=\frac{c^2}{ab}$,则 x,y,z 不全相同,并且

$$xy=\frac{ab}{c^2},\ yz=\frac{bc}{a^2},\ zx=\frac{ca}{b^2},\ xyz=1.$$

因此,题目的条件变为

$$\begin{aligned}0&=x^3+y^3+z^3-3(x^2+y^2+z^2)-3xyz+3(xy+yz+zx)\\&=\frac{1}{2}(x+y+z-3)\big((x-y)^2+(y-z)^2+(z-x)^2\big).\end{aligned}$$

因此有

$$\begin{aligned}0=x+y+z-3&=\frac{a^3+b^3+c^3-3abc}{abc}\\&=\frac{(a+b+c)\big((a-b)^2+(b-c)^2+(c-a)^2\big)}{2abc},\end{aligned}$$

得到 $a+b+c=0$,证明完成. □

题 15.26. 设 a 和 b 是不同的实数,证明:

$$27ab\left(\sqrt[3]{a}+\sqrt[3]{b}\right)^3=1$$

当且仅当 $27ab(a+b+1)=1$.

Titu Andreescu –《数学反思》*S499*

证明　令 $\sqrt[3]{a}=x,\sqrt[3]{b}=y$,则题目可以重新叙述为:

证明:$3xy(x+y)=1$ 当且仅当 $27x^3y^3(x^3+y^3+1)=1$.

我们有 $27x^3y^3(x^3+y^3+1)=1$ 等价于

$$x^3+y^3+1=\frac{1}{(3xy)^3},$$

因此,记 $z=-\frac{1}{3xy}$,则上式为

$$x^3+y^3+z^3-3xyz=0. \tag{1}$$

由于这可以因式分解为

$$(x+y+z)(x^2+y^2+z^2-xy-yz-zx)=0,$$

而且

$$2(x^2+y^2+z^2-xy-yz-zx)=(x-y)^2+(y-z)^2+(z-x)^2>0$$

(利用 $x\neq y$),因此式 (1) 等价于 $x+y+z=0$,即

$$x+y-\frac{1}{3xy}=0.$$

这恰好就是 $3xy(x+y)=1$,证明完成. □

题 15.27. 设 a 和 b 为正实数,证明:$\frac{a^3-b^3}{ab+3} \geqslant 9$ 当且仅当 $\frac{a-3}{b+3} \geqslant \frac{b}{a}$.

Titu Andreescu

证明 第一个不等式等价于 $a^3-b^3-27-9ab \geqslant 0$,进而等价于

$$(a-b-3)(a^2+b^2+9+ab+3a-3b) \geqslant 0. \tag{1}$$

由于 $a+3>0$,因此

$$a^2+b^2+9+ab+3a-3b=\frac{1}{2}\left((a+b)^2+(b-3)^2+(a+3)^2\right)>0.$$

于是不等式 (1) 等价于 $a-b-3 \geqslant 0$,进而等价于

$$\begin{aligned}(a+b)(a-b-3) \geqslant 0 \Leftrightarrow\ & a^2-b^2-3a-3b \geqslant 0 \\ \Leftrightarrow\ & a(a-3) \geqslant b(b+3),\end{aligned}$$

即 $\frac{a-3}{b+3} \geqslant \frac{b}{a}$. □

题 15.28. 设 a, b 为不同的实数,满足 $a^4+b^4+3ab=\frac{1}{ab}$. 计算

$$\sqrt[3]{\frac{a}{b}}+\sqrt[3]{\frac{b}{a}}-\sqrt{2+\frac{1}{ab}}.$$

Adrian Andreescu –《数学反思》*J459*

解 我们有

$$(\sqrt[3]{a^4})^3+(\sqrt[3]{b^4})^3+\left(\frac{-1}{\sqrt[3]{ab}}\right)^3-3(\sqrt[3]{a^4})(\sqrt[3]{a^4})\left(\frac{-1}{\sqrt[3]{ab}}\right)=0,$$

而且由于 $a \neq b$,因此得到

$$\sqrt[3]{a^4}+\sqrt[3]{b^4}-\frac{1}{\sqrt[3]{ab}}=0.$$

除以 $\sqrt[3]{a^2b^2}$,得到

$$\sqrt[3]{\left(\frac{a}{b}\right)^2}+\sqrt[3]{\left(\frac{b}{a}\right)^2}-\frac{1}{ab}=0,$$

因此有

$$\left(\sqrt[3]{\frac{a}{b}}+\sqrt[3]{\frac{b}{a}}\right)^2=2+\frac{1}{ab},$$

答案是 0. □

题 15.29. 设 m 和 n 为大于 2 的整数,证明:

$$(mn+3)^3+27\geqslant 8m^3+3(2mn+3)^2+8n^3.$$

Titu Andreescu

证明 题目中的不等式等价于

$$(mn+3)^3-8m^3-8n^3-12mn(mn+3)\geqslant 0, \tag{1}$$

在根据恒等式

$$a^3+b^3+c^3-3abc=\frac{1}{2}(a+b+c)\big((a-b)^2+(b-c)^2+(c-a)^2\big),$$

式 (1) 可以改写为

$$\frac{1}{2}(mn+3-2m-2n)\big((mn+3-2m)^2+(2m-2n)^2+(2n-mn-3)^2\big)\geqslant 0.$$

第二个因子显然为正,因此只需证明

$$mn+3-2m-2n\geqslant 0,$$

而由 $(m-2)(n-2)\geqslant 1$ 可知,这是显然成立的. 当且仅当 $m=n=3$ 时,等号成立. □

题 15.30. 设实数 a,b,c 满足

$$a^3+b^3+c^3-1=3(a-1)(b-1)(c-1).$$

证明:$a+b+c\leqslant 2$.

Titu Andreescu –《数学反思》*S517*

证明 首先有恒等式

$$a^3+b^3+c^3-3abc=1-3(ab+bc+ca)+3(a+b+c)-3.$$

令 $a+b+c=s,ab+bc+ca=q$,则恒等式变为

$$s(s^2-3q)+3q-3s+2=0,$$

得出

$$(s-1)(s^2+s-2-3q)=0.$$

若 $s=1$,则 $a+b+c=1<2$. 若 $s^2+s-2-3q=0$,则由均值不等式,有 $s^2-3q\geqslant 0$,因此 $s-2\leqslant 0$. 当且仅当 $a=b=c=\frac{2}{3}$ 时,等号成立. □

题 15.31. 设实数 a,b,c 满足 $|a|^3 \leqslant bc$，并且

$$a^6+b^6+c^6 \geqslant \frac{1}{27},$$

证明：$b^2+c^2 \geqslant \frac{1}{3}$.

Titu Andreescu –《数学反思》*J72*

证明 我们有 $b^2c^2 \geqslant a^6$，因此

$$b^6+c^6+b^2c^2 \geqslant a^6+b^6+c^6 \geqslant \frac{1}{27}.$$

于是

$$(b^2)^3+(c^2)^3+\left(\frac{-1}{3}\right)^3-3b^2c^2\left(-\frac{1}{3}\right) \geqslant 0.$$

由于不可能有 $b^2=c^2=-\frac{1}{3}$，因此得到 $b^2+c^2-\frac{1}{3} \geqslant 0$. □

题 15.32. 实数 x,y,z 满足 $x+y+z=1$，证明：

$$x^3+y^3+z^3 \geqslant 3xyz+3(x-y)(y-z).$$

Emil C. Popa –《数学公报》*C.O:5211*

证明 由恒等式

$$x^3+y^3+z^3-3xyz=(x+y+z)(x^2+y^2+z^2-xy-yz-zx),$$

可得

$$x^3+y^3+z^3-3xyz=\frac{1}{2}\left((x-y)^2+(y-z)^2+(z-x)^2\right).$$

令 $x-y=a, y-z=b, z-x=c$，则 $a+b+c=0$，然后有

$$\begin{aligned}&\frac{1}{2}\left((x-y)^2+(y-z)^2+(z-x)^2\right)\\=&\frac{1}{2}(a^2+b^2+c^2)=a^2+ab+b^2 \geqslant 3ab=3(x-y)(y-z).\end{aligned}$$

这样就证明了 $x^3+y^3+z^3 \geqslant 3xyz+3(x-y)(y-z)$. □

注 我们实际上对 $x+y+z \geqslant 0$ 证明了不等式

$$x^3+y^3+z^3-3xyz \geqslant 3(x+y+z)|x-y||y-z|,$$

这是比 $x^3+y^3+z^3-3xyz \geqslant 0$ 更强的不等式.

题 15.33. 设 a 和 b 为非零实数,满足

$$ab \geqslant \frac{1}{a}+\frac{1}{b}+3.$$

证明:

$$ab \geqslant \left(\frac{1}{\sqrt[3]{a}}+\frac{1}{\sqrt[3]{b}}\right)^3.$$

Titu Andreescu –《数学反思》*J301*

证明 令 $x=\sqrt[3]{ab}, y=-\frac{1}{\sqrt[3]{a}}, z=-\frac{1}{\sqrt[3]{b}}$,则 $xyz=1$. 题目的条件 $ab \geqslant \frac{1}{a}+\frac{1}{b}+3$ 变成 $x^3+y^3+z^3 \geqslant 3$. 然而,

$$\begin{aligned}
&(x+y+z)(x^2+y^2+z^2-xy-yz-zx)\\
=&x^3+y^3+z^3-3xyz=x^3+y^3+z^3-3 \geqslant 0
\end{aligned}$$

和

$$x^2+y^2+z^2 \geqslant xy+yz+zx$$

给出 $x+y+z \geqslant 0$,于是有

$$x \geqslant -(y+z) \ \Leftrightarrow\ x^3 \geqslant (-y-z)^3 \ \Leftrightarrow\ ab \geqslant \left(\frac{1}{\sqrt[3]{a}}+\frac{1}{\sqrt[3]{b}}\right)^3. \qquad \square$$

题 15.34. 设实数 a,b,c 均不小于 $\frac{1}{2}$ 且满足 $a+b+c=3$. 证明:

$$\sqrt{a^3+3ab+b^3-1}+\sqrt{b^3+3bc+c^3-1}+\sqrt{c^3+3ca+a^3-1}+\frac{1}{4}(a+5)(b+5)(c+5) \leqslant 60.$$

等号何时成立?

Titu Andreescu –《数学反思》*S495*

证明 利用恒等式

$$x^3+y^3+z^3-3xyz=(x+y+z)(x^2+y^2+z^2-xy-yz-zx)$$

以及均值不等式,可得

$$\begin{aligned}
\sqrt{a^3+3ab+b^3-1} &= \sqrt{(a+b-1)(a^2+b^2+1-ab+a+b)}\\
&= \frac{1}{2}\sqrt{4(a+b-1)(a^2+b^2+1-ab+a+b)}\\
&\leqslant \frac{4(a+b-1)+(a^2+b^2+1-ab+a+b)}{4}\\
&= \frac{a^2+b^2-ab+5a+5b-3}{4}.
\end{aligned}$$

写出另外两个类似的不等式然后相加,得到

$$\sum_{\text{cyc}}\sqrt{a^3+3ab+b^3-1}\leqslant\frac{a^2+b^2+c^2}{2}-\frac{ab+bc+ca}{4}+\frac{5(a+b+c)}{2}-\frac{9}{4}$$
$$=\frac{a^2+b^2+c^2}{2}-\frac{ab+bc+ca}{4}+\frac{21}{4}.$$

另外,直接展开计算可得

$$\begin{aligned}(a+5)(b+5)(c+5)&=abc+5(ab+bc+ca)+25(a+b+c)+125\\&\leqslant\frac{(a+b+c)^3}{27}+5(ab+bc+ca)+25(a+b+c)+125\\&=5(ab+bc+ca)+201.\end{aligned}$$

因此

$$\begin{aligned}&\sum_{\text{cyc}}\sqrt{a^3+3ab+b^3-1}+\frac{1}{4}(a+5)(b+5)(c+5)\\\leqslant&\frac{a^2+b^2+c^2}{2}+ab+bc+ca+\frac{111}{2}\\=&\frac{(a+b+c)^2}{2}+\frac{111}{2}=60,\end{aligned}$$

这正是我们要证明的不等式. 当且仅当 $a=b=c=1$ 时,等号成立. □

题 15.35. 设整数 m 和 n 均大于 1,证明:

$$\left(m^3-1\right)\left(n^3-1\right)\geqslant 3m^2n^2+1.$$

Titu Andreescu –《数学反思》*J432*

证明 我们想要证明

$$m^3n^3-m^3-n^3-3m^2n^2\geqslant 0.$$

应用恒等式

$$a^3+b^3+c^3-3abc=\frac{1}{2}(a+b+c)\left((a-b)^2+(b-c)^2+(c-a)^2\right)$$

到 $a=mn,b=-m,c=-n$,可得

$$\begin{aligned}&m^3n^3-m^3-n^3-3m^2n^2\\=&\frac{1}{2}(mn-m-n)\left((mn+m)^2+(m-n)^2+(mn+n)^2\right).\end{aligned}$$

因此,我们只需证明 $mn-m-n\geqslant 0$,即

$$(m-1)(n-1)\geqslant 1$$

由于 $m,n\geqslant 2$,因此上式成立,证明完成. □

题 15.36. 设 $f(x,y)=\frac{x^3-y^3}{6}+3xy+48$,奇数 m 和 n 满足

$$|f(m,n)|\leqslant mn+37.$$

计算 $f(m,n)$.

Titu Andreescu –《数学反思》*O385*

解　设奇数 m 和 n 满足

$$-mn-37\leqslant \frac{m^3-n^3}{6}+3mn+48\leqslant mn+37.$$

我们得到两个不等式

$$m^3-n^3+64+12mn\leqslant -2$$

和

$$m^3-n^3+512+24mn\geqslant 2.$$

将恒等式

$$a^3+b^3+c^3-3abc=(a+b+c)(a^2+b^2+c^2-ab-bc-ca)$$

分别应用到 $(a,b,c)=(m,-n,4)$ 和 $(a,b,c)=(m,-n,8)$,我们得到两个不等式

$$(m-n+4)(m^2+n^2+16+mn-4m+4n)\leqslant -2$$

和

$$(m-n+8)(m^2+n^2+64+mn-8m+8n)\geqslant 2.$$

不等式 $a^2+b^2+c^2-ab-bc-ca\geqslant 0$ 成立，当且仅当 $a=b=c$ 时，等号成立，而 m,n 都是奇数，因此总有 $m^2+n^2+16+mn-4m+4n>0$ 和 $m^2+n^2+64+mn-8m+8n>0$. 于是得到 $m-n+4<0$ 和 $m-n+8>0$,根据奇偶性得到 $m-n+4\leqslant -2$ 和 $m-n+8\geqslant 2$,给出 $-6\leqslant m-n\leqslant -6$,即 $m-n=-6$. 因此得到

$$f(m,n)=-(m^2+mn+n^2)+3mn+48=-(m-n)^2+48=12.$$ □

第 16 章 $a+b\mathrm{i}$

题 16.1. 设复数 z 和 w 满足 $3z^2-3zw+2w^2=0$，证明：

$$(3z^2)^3+(3zw)^3+(2w^2)^3=0.$$

Titu Andreescu

证明 由 $3z^2+2w^2=3zw$ 和恒等式

$$a^3+b^3=(a+b)^3-3ab(a+b)$$

得到

$$(3z^2)^3+(2w^2)^3=(3zw)^3-3(3z^2)(2w^2)(3zw)=-(3zw)^3,$$

这样就完成了证明. □

题 16.2. 求所有的复数对 (z,w)，满足方程组

$$\frac{2\ 018}{z}-w=15+28\mathrm{i},\quad \frac{2\ 018}{w}-z=15-28\mathrm{i}.$$

Titu Andreescu –《数学反思》*S451*

解 将所给两个方程相乘得到

$$\left(\frac{2\ 018}{z}-w\right)\left(\frac{2\ 018}{w}-z\right)=(15+28\mathrm{i})(15-28\mathrm{i})=1\ 009,$$

化简为

$$(zw)^2-5\ 045zw+2\ 018^2=0,$$

解得 $zw=1\ 009$ 或者 $4\ 036$. 若 $zw=1\ 009$，则 $w=\frac{1\ 009}{z}$，代入所给方程得到 $(z,w)=(15-28\mathrm{i},15+28\mathrm{i})$. 若 $zw=4\ 036$，则类似地可解得 $(z,w)=(-30+56\mathrm{i},-30-56\mathrm{i})$. 二者都是原方程组的解. □

题 16.3. 设 $a,b\in[-2,2]$,证明:方程

$$z^4+(a+b)z^3+(ab+2)z^2+(a+b)z+1=0$$

的所有解的模长均为 1.

证明 方程除以 z^2 得到

$$z^2+(a+b)z+ab+2+\frac{a+b}{z}+\frac{1}{z^2}=0,$$

可以进一步改写为

$$\left(z+\frac{1}{z}\right)^2+(a+b)\left(z+\frac{1}{z}\right)+ab=0.$$

因式分解得到

$$\left(z+\frac{1}{z}+a\right)\left(z+\frac{1}{z}+b\right)=0,$$

因此分别有 $z^2+az+1=0$ 和 $z^2+bz+1=0$. 由于 $|a|,|b|\leqslant 2$,因此这两个二次方程的判别式非正,均有两个共轭的复根或者重根,特别地,两个根的模长相同,由韦达定理,两个根的乘积为 1,因此两个根的模长都是 1. □

题 16.4. 设两两不同的复数 z_1,z_2,z_3 均不是实数,模长相同. 证明:若 $z_1+z_2z_3$, $z_2+z_3z_1$, $z_3+z_1z_2$ 均为实数,则 $z_1z_2z_3=1$.

Laurenţiu Panaitopol – 罗马尼亚数学奥林匹克 *1979*

证明 设 $z_k=r(\cos a_k+\mathrm{i}\sin a_k)$,其中 $r>0$, $a_k\in(0,\pi)\cup(\pi,2\pi)$, $k=1,2,3$. 根据题目假设,有

$$\sin a_1+r\sin(a_2+a_3)=0,$$
$$\sin a_2+r\sin(a_3+a_1)=0,$$
$$\sin a_3+r\sin(a_1+a_2)=0.$$

设 $a_1+a_2+a_3=b$,则有 $\sin a_k+r\sin(b-a_k)=0$, $k=1,2,3$,得

$$\cot a_k\sin b=\cos b-\frac{1}{r},\quad k=1,2,3.$$

若 $\sin b\neq 0$,则 $\cot a_1=\cot a_2=\cot a_3$,然后得 a_1,a_2,a_3 中至少有两个同时在区间 $(0,\pi)$ 或者 $(\pi,2\pi)$ 内,它们相同,与题目假设矛盾. 因此 $\sin b=0$, $\cos b=\frac{1}{r}$. 这说明 $r=1$, $z_1z_2z_3=r^3(\cos b+\mathrm{i}\sin b)=1$,证明完成. □

题 16.5. 设复数 z_1, z_2, z_3 满足

$$z_1 + z_2 + z_3 = z_1 z_2 + z_2 z_3 + z_3 z_1 = 0.$$

证明:$|z_1| = |z_2| = |z_3|$.

证法一 将 $z_1 + z_2 = -z_3$ 代入 $z_1 z_2 + z_3(z_1 + z_2) = 0$ 得到 $z_1 z_2 = z_3^2$,因此有 $|z_1| \cdot |z_2| = |z_3|^2$. 类似地,得 $|z_2| \cdot |z_3| = |z_1|^2$ 和 $|z_3| \cdot |z_1| = |z_2|^2$,于是

$$|z_1|^2 + |z_2|^2 + |z_3|^2 = |z_1||z_2| + |z_2||z_3| + |z_3||z_1|,$$

即

$$(|z_1| - |z_2|)^2 + (|z_2| - |z_3|)^2 + (|z_3| - |z_1|)^2 = 0,$$

得出 $|z_1| = |z_2| = |z_3|$. □

证法二 利用根与系数的关系,得 z_1, z_2, z_3 为多项式 $z^3 - p$ 的三个根,其中 $p = z_1 z_2 z_3$. 因此有 $z_1^3 - p = z_2^3 - p = z_3^3 - p = 0$,这说明 $z_1^3 = z_2^3 = z_3^3$. □

题 16.6. 设复数 z 满足 $z \in \mathbb{C} \setminus \mathbb{R}$,并且

$$\frac{1 + z + z^2}{1 - z + z^2} \in \mathbb{R}.$$

证明:$|z| = 1$.

证明 我们有

$$\frac{1 + z + z^2}{1 - z + z^2} = 1 + 2\frac{z}{1 - z + z^2} \in \mathbb{R} \ \Leftrightarrow \ \frac{z}{1 - z + z^2} \in \mathbb{R},$$

即

$$\frac{1 - z + z^2}{z} = \frac{1}{z} - 1 + z \in \mathbb{R} \ \Leftrightarrow \ z + \frac{1}{z} \in \mathbb{R}.$$

最后的关系等价于

$$z + \frac{1}{z} = \overline{z} + \frac{1}{\overline{z}} \ \Leftrightarrow \ (z - \overline{z})(1 - |z|^2) = 0.$$

因此 $z = \overline{z}$ 或者 $|z| = 1$. 根据题目条件,z 不是实数,因此 $|z| = 1$,证明完成. □

题 16.7. 设 z, w 为复数,证明:$|1 + z| + |1 + w| + |1 + zw| \geqslant 2$.

证明　若 $|z| \geqslant 1$,则有

$$|1+z|+|1+w|+|1+zw| \geqslant |(1+z)-(1+zw)|+|1+w|$$
$$=|z|\cdot|1-w|+|1+w| \geqslant |1-w|+|1+w| \geqslant |(1-w)+(1+w)|=2.$$

若 $|z| \leqslant 1$,则有

$$|1+z|+|1+w|+|1+zw| \geqslant |1+z|+|z|\cdot|1+w|+|1+zw|$$
$$\geqslant |(1+z)-z(1+w)+(1+zw)|=|2|=2.$$

□

题 16.8. 设 n 为给定正整数,求所有的实数对 (a,b),使得 $(a+b\mathrm{i})^n=b+a\mathrm{i}$.

Titu Andreescu

解　显然,若 $n=1$,则解为 (c,c),$c\in\mathbb{R}$;还有 $(0,0)$ 对所有的 n 都是解. 现在设 $n\geqslant 2$,记 $z=a+b\mathrm{i}$,$|z|\neq 0$,则方程变为 $z^n=\mathrm{i}\overline{z}$,得 $|z|^n=|z^n|=|\mathrm{i}\overline{z}|=|\mathrm{i}||\overline{z}|=|z|$. 因此 $|z|=1$,于是 $\overline{z}=\frac{1}{z}$,代入方程得到 $z^{n+1}=\mathrm{i}$,其解为

$$z_k=\cos\frac{\frac{\pi}{2}+2k\pi}{n+1}+\mathrm{i}\sin\frac{\frac{\pi}{2}+2k\pi}{n+1},\quad k=0,1,\cdots,n.$$

因此,这种情况下方程的解为

$$(a,b)=\left(\cos\frac{\frac{\pi}{2}+2k\pi}{n+1},\sin\frac{\frac{\pi}{2}+2k\pi}{n+1}\right),\quad k=0,1,\cdots,n.$$

□

题 16.9. 有多少不超过 1 000 的正整数 n 满足

$$(\sin t+\mathrm{i}\cos t)^n=\sin nt+\mathrm{i}\cos nt$$

对所有实数 t 成立?

Titu Andreescu – AIME II *2005*

解　利用三角不等式 $\cos\left(\frac{\pi}{2}-u\right)=\sin u$, $\sin\left(\frac{\pi}{2}-u\right)=\cos u$,因此原始方程可写为

$$\left(\cos\left(\frac{\pi}{2}-t\right)+\mathrm{i}\sin\left(\frac{\pi}{2}-t\right)\right)^n=\cos\left(\frac{\pi}{2}-nt\right)+\mathrm{i}\sin\left(\frac{\pi}{2}-nt\right),\quad \forall\, t\in\mathbb{R}.$$

利用棣莫弗公式,方程变为

$$\cos n\left(\frac{\pi}{2}-t\right)+\mathrm{i}\sin n\left(\frac{\pi}{2}-t\right)=\cos\left(\frac{\pi}{2}-nt\right)+\mathrm{i}\sin\left(\frac{\pi}{2}-nt\right),\quad \forall\, t\in\mathbb{R},$$

因此 $n\left(\frac{\pi}{2}-t\right)-\left(\frac{\pi}{2}-nt\right)=\frac{n\pi}{2}-\frac{\pi}{2}$ 为 2π 的整数倍,得到 $n\equiv 1 \pmod 4$. 容易验证,这也是充分的条件. 因此满足条件的 n 有 $\left\lfloor\frac{1\,000+3}{4}\right\rfloor=250$ 个. □

题 16.10. 求所有的正整数 n,使得

$$2(6+9\mathrm{i})^n-3(1+8\mathrm{i})^n=3(7+4\mathrm{i})^n.$$

Titu Andreescu –《数学反思》*J356*

解 将所给方程移项,然后取绝对值得到

$$|2(6+9\mathrm{i})^n|=|3(1+8\mathrm{i})^n+3(7+4\mathrm{i})^n|.$$

但是根据三角不等式有

$$|3(1+8\mathrm{i})^n+3(7+4\mathrm{i})^n|\leqslant|3(1+8\mathrm{i})^n|+|3(7+4\mathrm{i})^n|.$$

因此可以得到

$$|2(6+9\mathrm{i})^n|\leqslant|3(1+8\mathrm{i})^n|+|3(7+4\mathrm{i})^n|.$$

计算绝对值得到

$$2\left(\sqrt{6^2+9^2}\right)^n\leqslant 3\left(\sqrt{1^2+8^2}\right)^n+3\left(\sqrt{7^2+4^2}\right)^n,$$

化简为 $9^{n-1}\leqslant 5^n$. 这个不等式只对 $n=1,2,3$ 成立. 事实上, 由 $9^{4-1}=729>625=5^4$ 以及 $9^m\geqslant 5^m(m\geqslant 0)$ 立刻得到 $9^{m+3}>5^{m+4}(m\geqslant 0)$,因此 $9^{n-1}>5^n$ 对所有 $n\geqslant 4$ 成立.

现在要对 $n=1,2,3$ 验证

$$2(6+9\mathrm{i})^n=3(1+8\mathrm{i})^n+3(7+4\mathrm{i})^n$$

是否成立. 对 $n=1$ 和 $n=3$,等式分别变成

$$12+18\mathrm{i}\neq 24+36\mathrm{i}$$

和

$$-2\ 484+486\mathrm{i}\neq -552+108\mathrm{i}.$$

对 $n=2$,等式两边均为 $-90+216\mathrm{i}$,因此 $n=2$ 是唯一的解. □

题 16.11. 求所有的整数 n,使得存在整数 a 和 b,满足 $(a+b\mathrm{i})^4=n+2\ 016\mathrm{i}$.

Titu Andreescu –《数学反思》*S361*

解　将方程的实部和虚部分开，得到

$$a^4+b^4-6a^2b^2=n$$

和

$$4a^3b-4ab^3=4ab(a+b)(a-b)=2\ 016.$$

因此，我们主要找到方程 $ab(a+b)(a-b)=504$ 的整数解 (a,b). 注意到，若 (a,b) 是方程的解，则 $(-a,-b)$，$(b,-a)$，$(-b,a)$ 也都是解. 我们不妨设 $a>b>0$，记 $d=a-b$.

方程变为 $db(d+b)(d+2b)=504$. 整除 504 的 3 的最高次幂为 3^2. 若四个因子中有两个为 3 的倍数，则四个都是 3 的倍数，得到 $3^4\mid 504$，矛盾. 因此恰有一个因子为 3 的倍数，于是它是 9 的倍数.

注意到 $db(d+b)(d+2b)=504<546=1\times 6\times(1+6)\times(1+12)$，得 $b\leqslant 5$. 类似地，由 $db(d+b)(d+2b)=504=7\times 1\times(7+1)\times(7+2)$，得 $d\leqslant 7$. 于是 d 和 b 都不是 9 的倍数. 由于 $d+2b\leqslant 7+2\times 5=17<18$，因此 $d+b=9$ 或者 $d+2b=9$.

若 $d+b=9$，则 (d,b) 可能的解为 $(7,2)$，$(5,4)$，$(4,5)$. 直接验证发现无解.

若 $d+2b=9$，则 (d,b) 可能的解为 $(7,1)$，$(5,2)$，$(1,4)$. 直接验证发现 $(d,b)=(7,1)$ 是唯一的解.

因此解得 $(a,b)=(8,1)$. 于是方程的所有解为 $(a,b)=(8,1)$，$(-8,-1)$，$(-1,8)$，$(1,-8)$. 代入得到，n 为 $8^4+1^4-6\cdot(8\times 1)^2=3\ 713$. □

题 16.12. 求所有的复数 z，满足

$$(z-z^2)(1-z+z^2)^2=\frac{1}{7}.$$

Titu Andreescu –《数学反思》*S257*

解　由恒等式

$$(x+y)^7=x^7+y^7+7xy(x+y)(x^2+xy+y^2)^2,$$

得到

$$(1-z)^7=1-z^7-7z(1-z)(1-z+z^2)^2.$$

因此我们的方程等价于

$$(1-z)^7=-z^7\ \Leftrightarrow\ \left(-\frac{1}{z}+1\right)^7=1.$$

因此

$$-\frac{1}{z_k}+1=\cos\frac{2k\pi}{7}+\mathrm{i}\sin\frac{2k\pi}{7},\quad k=0,1,\cdots,6.$$

于是有

$$\frac{1}{z_k}=1-\cos\frac{2k\pi}{7}-\mathrm{i}\sin\frac{2k\pi}{7}=2\sin^2\frac{k\pi}{7}-2\mathrm{i}\sin\frac{k\pi}{7}\cos\frac{k\pi}{7},$$

进而

$$\begin{aligned}z_k&=\frac{1}{-2\mathrm{i}\sin\frac{k\pi}{7}\left(\cos\frac{k\pi}{7}+\mathrm{i}\sin\frac{k\pi}{7}\right)}=\frac{\cos\frac{k\pi}{7}-\mathrm{i}\sin\frac{k\pi}{7}}{-2\mathrm{i}\sin\frac{k\pi}{7}}\\&=\frac{1}{2}\left(1+\mathrm{i}\cot\frac{k\pi}{7}\right),\quad k=1,2,\cdots,6,\end{aligned}$$

(注意到 $k=0$ 有 $-\frac{1}{z_k}+1=1$,无解). □

题 16.13. 复数 z 满足 $\left|z+\frac{1}{z}\right|=\sqrt{5}$,证明:

$$\left(\frac{\sqrt{5}-1}{2}\right)^2\leqslant|z|\leqslant\left(\frac{\sqrt{5}+1}{2}\right)^2.$$

Mihaly Bencze –《数学反思》*J357*

证明 题目条件等价于

$$|z^2+1|=\sqrt{5}|z|.$$

根据三角不等式,得

$$|z^2+1|+|-1|\geqslant|z^2|,$$

因此

$$\sqrt{5}|z|=|z^2+1|\geqslant|z|^2-1.$$

解不等式得到

$$|z|\leqslant\frac{3+\sqrt{5}}{2}=\left(\frac{\sqrt{5}+1}{2}\right)^2.\tag{1}$$

再次利用三角不等式,得

$$|z^2+1|+|-z^2|\geqslant|1|,$$

因此

$$\sqrt{5}|z|=|z^2+1|\geqslant1-|z|^2.$$

解不等式得到

$$|z|\geqslant\frac{3-\sqrt{5}}{2}=\left(\frac{\sqrt{5}-1}{2}\right)^2.\tag{2}$$

将式 (1) (2) 结合,就得到了要证明的不等式. □

题 16.14. 设复数 z 满足 $|z|\geqslant 1$,证明:

$$\frac{|2z-1|^5}{25\sqrt{5}}\geqslant\frac{|z-1|^4}{4}.$$

Florin Stănescu –《数学反思》*S377*

证明 记 $z=a+b\mathrm{i}$,其中 a,b 为实数. 我们有 $|z|\geqslant 1\ \Rightarrow\ a^2+b^2\geqslant 1$. 现在有

$$\frac{|2z-1|^5}{25\sqrt{5}}\geqslant\frac{|z-1|^4}{4}\Leftrightarrow\frac{|2z-1|^{10}}{5^5}\geqslant\frac{|z-1|^8}{16}$$
$$\Leftrightarrow\left(\frac{(2a-1)^2+4b^2}{5}\right)^5\geqslant\left(\frac{(a-1)^2+b^2}{2}\right)^4.$$

根据 $a^2+b^2\geqslant 1$,得

$$a^2+b^2-a\geqslant\frac{a^2+b^2}{2}+\frac{1}{2}-a=\frac{(a-1)^2+b^2}{2}\geqslant 0.$$

因此只需证明

$$\left(\frac{4(a^2+b^2-a)+1}{5}\right)^5\geqslant(a^2+b^2-a)^4.$$

由于 $a^2+b^2-a\geqslant 0$,因此根据均值不等式,得

$$\left(\frac{4(a^2+b^2-a)+1}{5}\right)^5\geqslant\left(\frac{5\sqrt[5]{(a^2+b^2-a)^4}}{5}\right)^5=(a^2+b^2-a)^4.$$

当且仅当 $a^2+b^2=1$ 且 $a^2+b^2-a=1$ 时,等号成立,因此此时有 $z=\pm\mathrm{i}$. □

题 16.15. 设复数 z_1,z_2 的模长相等,a 是大于 1 的实数,证明:

$$(a+1)|z_1+z_2|\leqslant 2|az_1+z_2|.$$

Marin Chirciu –《数学公报》*26429*

证法一 令 $z_1=x_1+\mathrm{i}y_1, z_2=x_2+\mathrm{i}y_2, x_1^2+y_1^2=x_2^2+y_2^2$,其中 x_1,x_2,y_1,y_2 为实数. 要证的不等式两边平方,变为

$$(a+1)^2\left((x_1+x_2)^2+(y_1+y_2)^2\right)\leqslant 4\left((ax_1+x_2)^2+(ay_1+y_2)^2\right),$$
$$2(a+1)^2(x_1^2+y_1^2+x_1x_2+y_1y_2)\leqslant 4\left((a^2+1)(x_1^2+y_1^2)+2a(x_1x_2+y_1y_2)\right),$$
$$(a-1)^2(x_1^2+y_1^2-x_1x_2-y_1y_2)\geqslant 0.$$

因此,要证明的不等式等价于

$$x_1^2+y_1^2\geqslant x_1x_2+y_1y_2.$$

将 $x_1^2+x_2^2\geqslant 2x_1x_2$ 和 $y_1^2+y_2^2\geqslant 2y_1y_2$ 相加,即可得到这个不等式. □

证法二 由于 z_1 和 z_2 的模长相同，因此 $\triangle Oz_1z_2$ 为等腰三角形，于是直线 z_1z_2 上到原点最近的点为 z_1z_2 的中点. 由于 z_1z_2 上的任意一点都可以写成 $\frac{a}{a+1}z_1+\frac{1}{a+1}z_2$ 的形式，因此得到

$$\left|\frac{a}{a+1}z_1+\frac{1}{a+1}z_2\right|\geqslant\left|\frac{1}{2}z_1+\frac{1}{2}z_2\right|.$$

通分即可得到要证明的不等式. □

注 注意到，更强的不等式 $|a+1|\cdot|z_1+z_2|\leqslant 2|az_1+z_2|$ 对所有实数 a 成立. 两个证明实际上都证明了这一点.

题 16.16. 设复数 z 满足 $|z+1+\mathrm{i}|=2$，分别求使得 $|z-2+5\mathrm{i}|$ 取到最大值和最小值的 z.

Liana Agnola, Daniela Burtoiu –《数学公报》*26473*

解 设 T 为复数 $z_T=-1-\mathrm{i}$ 在复平面上代表的点，M 为复数 z 代表的点. 题目条件说明，M 在以 T 为圆心，2 为半径的圆上，记这个圆为 $\mathcal{C}(T,2)$.

记 A 为复数 $z_A=2-5\mathrm{i}$ 代表的点，则

$$|z-2+5\mathrm{i}|=MA.$$

问题归结为找到点 M_1 和 M_2，分别使距离 MA 取到最大值和最小值.

由平面几何的事实，显然 M_1,M_2 为直线 AT 与圆 $\mathcal{C}(T,2)$ 的两个交点，并且 M_2 在 A 和 T 之间. 还可以应用三角不等式说明这一点

$$MA\leqslant MT+TA=M_2T+TA=M_2A,$$

$$MA\geqslant TA-MT=TA-M_1T=M_1A.$$

由于 $AT=|(2-5\mathrm{i})-(-1-\mathrm{i})|=|3-4\mathrm{i}|=5$，因此设 z_1,z_2 分别为 M_1,M_2 代表的复数，则有

$$z_1=z_T-\frac{2}{5}(z_A-z_T)=-1-\mathrm{i}-\frac{2}{5}(3-4\mathrm{i})=-\frac{11}{5}+\frac{3}{5}\mathrm{i}$$

和

$$z_2=z_T+\frac{2}{5}(z_A-z_T)=-1-\mathrm{i}+\frac{2}{5}(3-4\mathrm{i})=\frac{1}{5}-\frac{13}{5}\mathrm{i}.$$ □

题 16.17. 设复数 a,b,c 满足 $|a|=|b|=|c|=1$，证明：

$$|a-b|^2+|a-c|^2-|b-c|^2\geqslant -1.$$

Dan Nedeianu –《数学公报》*26496*

证明　若 $a=b$ 或者 $a=c$,则不等式的左边为零,不等式显然成立. 若 $b=c$,则不等式的左端为 $2|a-b|^2 \geqslant 0$,不等式也显然成立. 若 a,b,c 互不相同,设 A,B,C 分别为它们在复平面上代表的点. 若 $\angle A$ 不是钝角,则 $AB^2+AC^2 \geqslant BC^2$,于是有

$$|a-b|^2+|a-c|^2-|b-c|^2 \geqslant 0 > -1.$$

若 $\angle A$ 为钝角,则 $\triangle ABC$ 的外心在 $\angle A$ 的内部. 设 D 为 $\triangle ABC$ 的外接圆上点 A 的对径点,则四边形 $ABDC$ 是圆内接四边形. 将托勒密定理应用到四边形 $ABCD$,得

$$AB \cdot CD + AC \cdot BD = AD \cdot BC.$$

设 $\gamma = AB = |a-b|, \beta = AC = |a-c|, \alpha = BC = |b-c|$,则有

$$\gamma\sqrt{4-\beta^2}+\beta\sqrt{4-\gamma^2}=2\alpha.$$

两边平方,得到

$$4(\gamma^2+\beta^2-\alpha^2)=2\beta^2\gamma^2-2\beta\gamma\sqrt{4-\beta^2}\cdot\sqrt{4-\gamma^2}.$$

于是,题目中的不等式 $\beta^2+\gamma^2-\alpha^2 \geqslant -1$ 等价于

$$\beta^2\gamma^2-\beta\gamma\sqrt{4-\beta^2}\cdot\sqrt{4-\gamma^2} \geqslant -2,$$

即

$$\beta^2\gamma^2+2 \geqslant \beta\gamma\sqrt{16-4(\beta^2+\gamma^2)+\beta^2\gamma^2},$$

进一步等价于

$$4\beta^2\gamma^2+4 \geqslant 16\beta^2\gamma^2-4\beta^2\gamma^2(\beta^2+\gamma^2),$$

即

$$\beta^2\gamma^2(\beta^2+\gamma^2)-3\beta^2\gamma^2+1 \geqslant 0 \tag{1}$$

由于

$$\beta^2\gamma^2(\beta^2+\gamma^2)-3\beta^2\gamma^2+1 \geqslant 2(\beta\gamma)^3-3(\beta\gamma)^2+1=(\beta\gamma-1)^2(2\beta\gamma+1) \geqslant 0,$$

因此证明了式 (1). □

题 16.18. 设复数 z_1, z_2, z_3 满足 $|z_1|=|z_2|=|z_3|=R, z_2 \neq z_3$. 证明:

$$\min_{a\in\mathbb{R}}|az_2+(1-a)z_3-z_1|=\frac{1}{2R}|z_1-z_2|\cdot|z_1-z_3|.$$

Dorin Andrica – 罗马尼亚数学奥林匹克 *1984*

证明 记 $z = az_2 + (1-a)z_3$, $a \in \mathbb{R}$，设点 A_1, A_2, A_3, A 分别为 z_1, z_2, z_3, z 代表的复平面上的点. 题目假设给出，$\triangle A_1A_2A_3$ 的外心为原点，外径为 R. 点 A 在直线 A_2A_3 上，因此 $A_1A = |z - z_1|$ 的最小值为 $\triangle A_1A_2A_3$ 中从 A_1 出发的高的长度，这就是要证的恒等式的左端. 要证的等式的左端乘以 $|z_2 - z_3| = A_2A_3$，得到了 $\triangle A_1A_2A_3$ 的面积的两倍. 另外，利用正弦定理和面积公式，有

$$2[A_1A_2A_3] = A_1A_2 \cdot A_1A_3 \cdot \sin\angle A_2A_1A_3 = A_1A_2 \cdot A_1A_3 \cdot \frac{A_2A_3}{2R}$$

这恰好是要证的等式的右端乘以 A_2A_3 的结果，因此完成了证明. □

题 16.19. 是否可以在一个半径为 1 的圆上取 1 975 个不同的点，使得任意两个点之间的距离为一个有理数 (距离为以两个点为端点的弦的长度)?

国际数学奥林匹克 *1975*

解 答案是肯定的. 事实上，我们可以选择单位圆上的无穷多个点，使得任意两个点之间的距离为有理数.

首先，在单位圆上有无穷多个有理坐标的点，这相当于说有无穷多组勾股数. 一个证明方法是：取任意的有理数 m，过点 $(1,0)$，斜率为 m 的直线方程为

$$y = m(x-1),$$

这个直线与圆 $x^2 + y^2 = 1$ 相交于两个点，其中一个为 $(1,0)$. 用直线方程和圆方程消去 y，得到

$$x^2 + m^2(x-1)^2 - 1 = 0.$$

因此根据韦达定理，另一个交点的 x 坐标为 $x = \frac{m^2-1}{m^2+1}$，于是得到了单位圆上的有理点

$$(x, y) = \left(\frac{m^2-1}{m^2+1}, \frac{2m}{m^2+1}\right).$$

(反之，单位圆上的任意不同于 $(1,0)$ 的有理点和 $(1,0)$ 确定一条直线，其斜率为某个有理数 m.)

单位圆上的任意有理点 $A(x_A,\ y_A)$ 可以对应一个复数

$$z_A = x_A + \mathrm{i}y_A = \cos\alpha_A + \mathrm{i}\sin\alpha_A,$$

其中 α_A 为 z_A 的辐角，满足 $\cos\alpha_A$, $\sin\alpha_A$ 都是有理数.

现在，在单位圆上取如下形式的复数

$$z_A^2 = \cos 2\alpha_A + \mathrm{i}\sin 2\alpha_A.$$

考虑这样的两个点 z_A 和 z_B 之间的距离,计算得到

$$\begin{aligned}|z_A^2-z_B^2|&=\sqrt{(\cos 2\alpha_A-\cos 2\alpha_B)^2+(\sin 2\alpha_A-\sin 2\alpha_B)^2}\\&=\sqrt{2\big(1-\cos 2(\alpha_B-\alpha_A)\big)}\\&=\sqrt{2\cdot 2\sin^2(\alpha_B-\alpha_A)}\\&=2|\sin(\alpha_B-\alpha_A)|\\&=2|\sin\alpha_B\cos\alpha_A-\sin\alpha_A\cos\alpha_B|\in\mathbb{Q}.\end{aligned}$$

因此这些点之间的距离都是有理数,满足题目要求. □

题 16.20. 对多项式 $X^4+\mathrm{i}X^2-1$ 的任意复根 z,记 $w_z=z+\frac{2}{z}, f(x)=x^2-3$,证明:

$$|(f(w_z)-1)f(w_z-1)f(w_z+1)|$$

是不依赖于 z 的一个整数.

Titu Andreescu –《数学反思》*U416*

证明　设 z 为 $X^4+\mathrm{i}X^2-1$ 的一个根,计算得到

$$(f(w_z)-1)f(w_z-1)f(w_z+1)=\left(z^2+\frac{4}{z^2}\right)\left(z^4+\frac{16}{z^4}-4\right)=z^6+\frac{64}{z^6}.$$

现在,我们发现 $z^6=(z^2-\mathrm{i})(z^4+\mathrm{i}z^2-1)-\mathrm{i}=-\mathrm{i}$,因此有

$$z^6+\frac{64}{z^6}=-\mathrm{i}-\frac{64}{\mathrm{i}}=63\mathrm{i}.$$

因此 $|(f(w_z)-1)f(w_z-1)f(w_z+1)|=63$ 是一个整数,且不依赖于 z. □

题 16.21. 设复系数多项式

$$P(x)=x^n+a_1x^{n-1}+\cdots+a_n$$

的根为 $x_1,x_2,\cdots,x_n$,

$$Q(x)=x^n+b_1x^{n-1}+\cdots+b_n$$

的根为 $x_1^2,x_2^2,\cdots,x_n^2$. 证明:若

$$\operatorname{Im}(a_1+a_3+a_5+\cdots)=0,\quad \operatorname{Im}(a_2+a_4+a_6+\cdots)=0,$$

则 $\operatorname{Im}(b_1+b_2+\cdots+b_n)=0$.

Titu Andreescu –《数学公报》*17275*

证明 根据题目假设,有

$$\operatorname{Im}(a_1+a_2+\cdots+a_n)=0,\quad \operatorname{Im}(a_1-a_2+\cdots+(-1)^n a_n)=0,$$

因此有 $\operatorname{Im}(P(1))=0$ 和 $\operatorname{Im}(P(-1))=0$,于是得到

$$P(1)=\overline{P(1)},\quad P(-1)=\overline{P(-1)}.$$

由于 $P(x)=(x-x_1)(x-x_2)\cdot\cdots\cdot(x-x_n)$,因此有

$$(1-x_1)(1-x_2)\cdot\cdots\cdot(1-x_n)=(1-\overline{x_1})(1-\overline{x_2})\cdot\cdots\cdot(1-\overline{x_n}) \tag{1}$$

$$(1+x_1)(1+x_2)\cdot\cdots\cdot(1+x_n)=(1+\overline{x_1})(1+\overline{x_2})\cdot\cdots\cdot(1+\overline{x_n}) \tag{2}$$

将式 (1) (2) 相乘,得到

$$(1-x_1^2)(1-x_2^2)\cdot\cdots\cdot(1-x_n^2)=(1-\overline{x_1^2})(1-\overline{x_2^2})\cdot\cdots\cdot(1-\overline{x_n^2}).$$

因此 $Q(1)=\overline{Q(1)}$,得出 $\operatorname{Im}(Q(1))=0$,即

$$\operatorname{Im}(b_1+b_2+\cdots+b_n)=0. \qquad \square$$

题 16.22. 复数 $z_k,\ k=1,2,\cdots,5$ 有相同的非零模长,且满足

$$\sum_{k=1}^{5} z_k=\sum_{k=1}^{5} z_k^2=0.$$

证明:$z_1,\ z_2,\ \cdots,z_5$ 对应一个正五边形的顶点.

Daniel Jinga – 罗马尼亚数学奥林匹克 *2003*

证明 考虑以 $z_k,k=1,\cdots,5$ 为根的多项式

$$P(X)=X^5+aX^4+bX^3+cX^2+dX+e,$$

则根据韦达定理,有

$$a=-\sum z_1=0,\quad b=\sum z_1z_2=\frac{1}{2}\left(\sum z_1\right)^2-\frac{1}{2}\sum z_1^2=0.$$

设 r 为公共的模长,则取共轭得到

$$0=\sum \overline{z}_1=\sum\frac{r^2}{z_1}=\frac{r^2}{z_1z_2z_3z_4z_5}\sum z_1z_2z_3z_4,$$

因此得到 $d=0$. 还有

$$0=\sum \overline{z}_1\overline{z}_2=\sum\frac{r^4}{z_1z_2}=\frac{r^4}{z_1z_2z_3z_4z_5}\sum z_1z_2z_3,$$

得到 $c=0$. 因此 $P(X)=X^5+e$,这说明 $z_1,z_2,\cdots,z_5$ 为 $-e$ 的五个五次根,因此构成了一个正五边形的顶点,证明完成. $\square$

题 16.23. 复数 a, b, c 满足

$$\begin{cases}(a+b)(a+c)=b\\(b+c)(b+a)=c\\(c+a)(c+b)=a\end{cases}.$$

证明:a, b, c 均为实数.

Mihai Cipu – 罗马尼亚国家队选拔考试 *2001*

证法一 设 $P(x)=x^3-sx^2+qx-p$ 为以 a, b, c 为根的多项式.我们有 $s=a+b+c$, $q=ab+bc+ca, p=abc$. 题目中的方程等价于

$$\begin{cases}sa+bc=b\\sb+ca=c\\sc+ab=a\end{cases}. \tag{1}$$

这些方程相加,得到 $q=s-s^2$. 将式 (1) 中的等式分别乘以 a, b, c 后相加,得到 $s(a^2+b^2+c^2)+3p=q$,经过计算得到

$$3p=-3s^3+s^2+s. \tag{2}$$

如果将所给方程写成如下形式

$$(s-c)(s-b)=b,\ (s-a)(s-c)=c,\ (s-b)(s-a)=a,$$

那么相乘得到 $((s-a)(s-b)(s-c))^2=abc$,经过计算并利用式 (2),得

$$s(4s-3)(s+1)^2=0.$$

若 $s=0$,则 $P(x)=x^3$,于是 $a=b=c=0$.

若 $s=-1$,则有

$$P(x)=x^3+x^2-2x-1,$$

它的三个根为 $2\cos\frac{2\pi}{7}$, $2\cos\frac{4\pi}{7}$, $2\cos\frac{6\pi}{7}$ (还可以看到 P 在三个区间 $(-2,\ -1)$, $(-1,\ 0)$, $(1,2)$ 都变号,因此有三个实根).

最后,若 $s=\frac{3}{4}$,则有

$$P(x)=x^3-\frac{3}{4}x^2+\frac{3}{16}x-\frac{1}{64},$$

有三个实根 $a=b=c=\frac{1}{4}$. □

证法二 将所给的第一个方程减去第二个，得到 $(a+b)(a-b)=b-c$. 类似地，有 $(b+c)(b-c)=c-a$ 和 $(c+a)(c-a)=a-b$.

如果三个数中有相同的，则三个均相同，解得均为 0 或均为 $\frac{1}{4}$，于是结论显然.

如果三个数互不相同，将上面三个方程相乘，得到 $(a+b)(b+c)(c+a)=1$，于是有

$$b(b+c)=c(c+a)=a(a+b)=1.$$

如果三个数中有一个是实数，那么立即得出三个都是实数.

如果三个都不是实数，那么它们的辐角满足 $\arg a, \arg b, \arg c \in (0,\pi)\cup(\pi,2\pi)$. 三个辐角中有两个属于 $(0,\pi)$ 或 $(\pi,2\pi)$ 同一个区间. 不妨设 $\arg a, \arg b$ 满足 $0<\arg a \leqslant \arg b<\pi$，于是 $\arg a \leqslant \arg(a+b) \leqslant \arg b$，然后得到 $0<2\arg a \leqslant \arg a(a+b) \leqslant \arg a+\arg b<2\pi$，与 $a(a+b)=1$ 矛盾. □

题 16.24. 求方程组的复数解

$$\begin{cases} x(x-y)(x-z)=3 \\ y(y-x)(y-z)=3 \\ z(z-x)(z-y)=3 \end{cases}.$$

Mihai Piticari – 罗马尼亚数学奥林匹克区域赛 *2002*

解 对于任意解 (x,y,z)，均有 $x\neq 0, y\neq 0, z\neq 0$ 以及 $x\neq y, y\neq z, z\neq x$. 将所给方程的其中任意两个相除，我们得到下面的方程组

$$\begin{aligned} x^2+y^2&=yz+zx, \\ y^2+z^2&=xy+zx, \\ z^2+x^2&=xy+yz. \end{aligned} \tag{1}$$

将它们相加，得到

$$x^2+y^2+z^2=xy+yz+zx. \tag{2}$$

将式 (2) 和 (1) 中的每一个方程进行比较，得到

$$x^2=yz, \quad y^2=zx, \quad z^2=xy. \tag{3}$$

于是，有 $x^2-y^2=yz-zx$，即 $x+y+z=0$. 结合 $x^2=yz$ 以及题目条件中的第一个方程，得到

$$x(x^2-(y+z)x+yz)=3 \Leftrightarrow x(x^2-(-x)x+x^2)=3 \Leftrightarrow x^3=1.$$

类似地，得 $y^3=1$ 和 $z^3=1$. 记 $\varepsilon=\cos\frac{2\pi}{3}+\mathrm{i}\sin\frac{2\pi}{3}$ 为本原三次单位根，则有 $x,y,z\in\{1,\varepsilon,\varepsilon^2\}$，而且由于 $x+y+z=0$，因此 (x,y,z) 为 $\{1,\varepsilon,\varepsilon^2\}$ 的一个排列. 容易验证，这满足题目条件. * □

题 16.25. *求所有的正实数 x,y，满足方程组*

$$\sqrt{3x}\left(1+\frac{1}{x+y}\right)=2,\quad \sqrt{7y}\left(1-\frac{1}{x+y}\right)=4\sqrt{2}.$$

越南数学奥林匹克 *1996*

解 很自然想到作变量替换 $\sqrt{x}=u,\sqrt{y}=v$，方程组变为

$$u\left(1+\frac{1}{u^2+v^2}\right)=\frac{2}{\sqrt{3}},\quad v\left(1-\frac{1}{u^2+v^2}\right)=\frac{4\sqrt{2}}{\sqrt{7}}.$$

u^2+v^2 是复数 $z=u+\mathrm{i}v$ 的模长的平方，这启发我们将第二个方程乘以 i 以后与第一个方程相加，得到

$$u+\mathrm{i}v+\frac{u-\mathrm{i}v}{u^2+v^2}=\left(\frac{2}{\sqrt{3}}+\mathrm{i}\frac{4\sqrt{2}}{\sqrt{7}}\right).$$

商 $\frac{u-\mathrm{i}v}{u^2+v^2}$ 等于 $\frac{\overline{z}}{|z|^2}=\frac{1}{z}$，因此方程变为

$$z+\frac{1}{z}=\frac{2}{\sqrt{3}}+\mathrm{i}\frac{4\sqrt{2}}{\sqrt{7}}.$$

于是 z 满足二次方程

$$z^2-\left(\frac{2}{\sqrt{3}}+\mathrm{i}\frac{4\sqrt{2}}{\sqrt{7}}\right)z+1=0,$$

解得根为

$$\left(\frac{1}{\sqrt{3}}\pm\frac{2}{\sqrt{21}}\right)+\mathrm{i}\left(\frac{2\sqrt{2}}{\sqrt{7}}\pm\sqrt{2}\right),$$

其中两处“±”号同时取“+”或“−”号.

因此，原始方程组的解为

$$x=\left(\frac{1}{\sqrt{3}}+\frac{2}{\sqrt{21}}\right)^2,\quad y=\left(\frac{2\sqrt{2}}{\sqrt{7}}+\sqrt{2}\right)^2,$$

---

*还有一个简单的解法. 令 $f(t)=(t-x)(t-y)(t-z)$ 为以 x,y,z 为根的多项式，则 x,y,z 互不相同，并且题目条件可以表示为：$tf'(t)-3$ 的三个根也是 x,y,z. 设 $f(t)=t^3+at^2+bt+c$，于是 $3f(t)=tf'(t)-3$，比较系数得到 $a=b=0,c=-1$，因此 $f(t)=t^3-1$，x,y,z 为三个三次单位根. ——译者注

和

$$x=\left(\frac{1}{\sqrt{3}}-\frac{2}{\sqrt{21}}\right)^2,\quad y=\left(\frac{2\sqrt{2}}{\sqrt{7}}-\sqrt{2}\right)^2.$$

□

题 16.26. 设实数 a,b 满足 $0<a<b<1$, $z\in\mathbb{C}\setminus\mathbb{R}$ 使得

$$\frac{(z-a)(z-b)}{z(z-1)}$$

是一个正实数. 证明: $\left|1-\frac{1}{z}\right|=\sqrt{\frac{(a-1)(b-1)}{ab}}$.

Marian Andronache –《数学公报》*26599*

解 设 $\lambda\in\mathbb{R}_+$ 满足

$$\lambda=\frac{(z-a)(z-b)}{z(z-1)}=\frac{\left(1-\frac{a}{z}\right)\left(1-\frac{b}{z}\right)}{1-\frac{1}{z}}.$$

令 $t=1-\frac{1}{z}$,则有

$$(1-a(1-t))(1-b(1-t))=\lambda t,$$

化简为

$$abt^2+(b(1-a)+a(1-b)-\lambda)t+(1-a)(1-b)=0. \tag{1}$$

由于 $z\in\mathbb{C}\setminus\mathbb{R}$,因此 $t\in\mathbb{C}\setminus\mathbb{R}$,于是 t 和 $\bar{t}$ 为上面实系数二次方程 (1) 的两个根. 由韦达定理可得

$$|t|^2=t\cdot\bar{t}=\frac{(1-a)(1-b)}{ab},$$

这样就完成了证明. □

题 16.27. 设实数 $b>0$, n 是正整数. 证明: 方程 $z^{n+1}=bz^n-z-b$ 有一个模长为 1 的复根, 当且仅当 $b=1$ 并且 $n\equiv 1 \pmod 4$.

Ioan Băetu –《数学公报》*26824*

证明 设 $z\in\mathbb{C}$ 为给定方程的根, $|z|=1$. 注意到 $z\neq b$,否则代入方程得到 $b=0$,矛盾. 由于 $z^n(z-b)=-(z+b)$,因此 $z^n=-\frac{z+b}{z-b}$,于是

$$1=|z|^n=\frac{|z+b|}{|z-b|}.$$

记 $z=x+\mathrm{i}y, x,y\in\mathbb{R}, x^2+y^2=1$. 由于 $|z+b|=|z-b|$,因此 $(x+b)^2+y^2=(x-b)^2+y^2$,得 $4bx=0$,即 $x=0$,于是 $y=\pm1, z=\pm\mathrm{i}$. 由于方程的系数为实数,因此它的复根成对,于是 i 和 $-\mathrm{i}$ 均为方程的根. 代入 $z=\mathrm{i}$ 得到

$$\mathrm{i}^{n+1}=b\mathrm{i}^n-\mathrm{i}-b.$$

若 $n\equiv 0 \pmod 4$,则有 $\mathrm{i}=-\mathrm{i}$,矛盾.

若 $n\equiv 2 \pmod 4$,则有 $b=0$,矛盾.

若 $n\equiv 3 \pmod 4$,则有 $b=-1$,矛盾.

若 $n\equiv 1 \pmod 4$,则有

$$-1=b\mathrm{i}-\mathrm{i}-b \Rightarrow (b-1)(1-\mathrm{i})=0,$$

解得 $b=1$.

反之,若 $b=1$ 并且 $n\equiv 1 \pmod 4$,容易验证 i 是方程的模长为 1 的根. □

题 16.28. 设 a,b,c 是互不相同的实数,n 是正整数. 求所有的非零复数 z,使得

$$az^n+b\overline{z}+\frac{c}{z}=bz^n+c\overline{z}+\frac{a}{z}=cz^n+a\overline{z}+\frac{b}{z}.$$

Titu Andreescu –《数学反思》*S293*

解　由于 $z\neq 0$,因此可以将所给的每个方程乘以 z 得到

$$az^{n+1}+b|z|^2+c=bz^{n+1}+c|z|^2+a=cz^{n+1}+a|z|^2+b, \tag{1}$$

相减得到

$$(a-b)z^{n+1}+(b-c)|z|^2+(c-a)=(b-c)z^{n+1}+(c-a)|z|^2+(a-b)=0.$$

消去 z^{n+1} 项,得到

$$|z|^2=\frac{(a-b)^2-(b-c)(c-a)}{(b-c)^2-(a-b)(c-a)}=\frac{a^2+b^2+c^2-ab-bc-ca}{a^2+b^2+c^2-ab-bc-ca}=1,$$

其中由 a,b,c 互不相同可得 $a^2+b^2+c^2>ab+bc+ca$,于是分母非零. 代入到方程 (1),得到

$$a(z^{n+1}-1)=b(z^{n+1}-1)=c(z^{n+1}-1),$$

因此 z 为一个 $(n+1)$ 次单位根. 对于每个这样的 $(n+1)$ 次单位根,有 $\overline{z}=\frac{1}{z}=z^n$,因此所有的 $(n+1)$ 次单位根都是方程组的解. □

题 16.29. 设复数 $z_1, z_2, \cdots, z_n$ 满足

$$|z_1| = |z_2| = \cdots = |z_n| = r > 0.$$

证明:

$$\mathrm{Re}\left(\sum_{j=1}^{n}\sum_{k=1}^{n}\frac{z_j}{z_k}\right) = 0$$

当且仅当

$$\sum_{k=1}^{n} z_k = 0.$$

Titu Andreescu – 罗马尼亚数学奥林匹克 *1987*

证明 记

$$S = \sum_{j=1}^{n}\sum_{k=1}^{n}\frac{z_j}{z_k}. = \left(\sum_{k=1}^{n} z_k\right)\cdot\left(\sum_{k=1}^{n}\frac{1}{z_k}\right).$$

由于 $z_k \cdot \overline{z_k} = r^2$ 对所有 k 成立,因此有

$$\begin{aligned} S &= \left(\sum_{k=1}^{n} z_k\right)\cdot\left(\sum_{k=1}^{n}\frac{\overline{z_k}}{r^2}\right) = \frac{1}{r^2}\left(\sum_{k=1}^{n} z_k\right)\left(\overline{\sum_{k=1}^{n} z_k}\right) \\ &= \frac{1}{r^2}\left|\sum_{k=1}^{n} z_k\right|^2. \end{aligned}$$

于是 S 是实数. 因此 $\mathrm{Re}S = 0$,当且仅当 $S = 0$,即 $\sum\limits_{k=1}^{n} z_k = 0$. □

题 16.30. 证明:$k\sin k^\circ (k = 2, 4, \cdots, 180)$ 的算术平均值为 $\cot 1^\circ$.

Titu Andreescu – 美国数学奥林匹克 *1996*

证明 记 $z = \cos t + \mathrm{i}\sin t, z \neq 1$. 由恒等式

$$\begin{aligned} & z + 2z^2 + \cdots + nz^n = (z + \cdots + z^n) + (z^2 + \cdots + z^n) + \cdots + z^n \\ = & \frac{1}{z-1}\left((z^{n+1} - z) + (z^{n+1} - z^2) + \cdots + (z^{n+1} - z^n) + (z^{n+1} - z^{n+1})\right) \\ = & \frac{(n+1)z^{n+1}}{z-1} - \frac{z^{n+2} - z}{(z-1)^2}, \end{aligned}$$

取实部和虚部,得到

$$\sum_{k=1}^{n} k\cos kt = \frac{(n+1)\sin\frac{(2n+1)t}{2}}{2\sin\frac{t}{2}} - \frac{1 - \cos(n+1)t}{4\sin^2\frac{t}{2}}, \tag{1}$$

$$\sum_{k=1}^{n} k\sin kt = \frac{\sin(n+1)t}{4\sin^2\frac{t}{2}} - \frac{(n+1)\cos\frac{(2n+1)t}{2}}{2\sin\frac{t}{2}}. \tag{2}$$

利用式 (2),可得

$$
\begin{aligned}
&2\sin 2^\circ + 4\sin 4^\circ + \cdots + 178\sin 178^\circ \\
=& 2(\sin 2^\circ + 2\sin 2\cdot 2^\circ + \cdots + 89\sin 89\cdot 2^\circ) \\
=& 2\left(\frac{\sin 90\cdot 2^\circ}{4\sin^2 1^\circ} - \frac{90\cos 179^\circ}{2\sin 1^\circ}\right) \\
=& -\frac{90\cos 179^\circ}{\sin 1^\circ} = 90\cot 1^\circ.
\end{aligned}
$$

最后得到

$$
\frac{1}{90}(2\sin 2^\circ + 4\sin 4^\circ + \cdots + 178\sin 178^\circ + 180\sin 180^\circ) = \cot 1^\circ. \qquad \square
$$

题 16.31. 对任意复数 z,定义集合

$$
A_z = \{1 + z + z^2 + \cdots + z^n \mid n \in \mathbb{N}\}.
$$

(1) 求复数 z,使得 A_z 是有限集.

(2) 有多少复数 z,使得 A_z 恰有 2 013 个元素?

Vladimir Cerbu –《数学公报》*26851*

解　(1) 注意到 $A_1 = \mathbb{Z}_+$ 是无限集,$A_0 = \{1\}$ 是有限集. 现在设 $z \in \mathbb{C} \setminus \{0, 1\}$,于是

$$
A_z = \left\{\frac{z^n - 1}{z - 1} \,\middle|\, n \in \mathbb{N}\right\},
$$

因此 A_z 为有限集,当且仅当 $B_z = \{z^n \mid n \in \mathbb{N}\}$ 是有限集,即 z 在乘法群 $(\mathbb{C}^*, \cdot)$ 中是有限阶元素,于是 z 是单位根. 因此,A_z 是有限集当且仅当 z 是不同于 1 的一个 n 次单位根,或者 $z = 0$.

(2) 若 $z \neq 1$ 是一个 n 次单位根,并且 n 是最小的正整数,使得 $z^n = 1$(这样的复数 z 称为本原 n 次单位根,还可以说 z 在乘法群 $(\mathbb{C}^*, \cdot)$ 中的阶为 n),则 $|A_z| = |B_z| = n$. 因此,$|A_z| = 2\ 013$ 当且仅当 z 是一个本原 2 013 次单位根. 一个 n 次单位根 w 可以写成

$$
w = \cos\frac{2\pi k}{n} + \mathrm{i}\sin\frac{2\pi k}{n},
$$

其中 $k \in \{0, 1, \cdots, n-1\}$. 然而,若 $\gcd(k, n) > 1$,则 w 不是本原的. 因此,本原 n 次单位根的个数为 $\varphi(n)$,其中 φ 是欧拉函数. 于是,共有

$$
\varphi(2\ 013) = \varphi(3)\varphi(11)\varphi(61) = 2 \times 10 \times 60 = 1\ 200
$$

个不同的数满足题目的要求. $\square$

题 16.32. 设 U_n 为所有 n 次单位根构成的集合. 证明:下面的命题等价

(1) 存在 $\alpha\in U_n$,使得 $1+\alpha\in U_n$.

(2) 存在 $\beta\in U_n$,使得 $1-\beta\in U_n$.

罗马尼亚数学奥林匹克 *1990*

证明 假设存在 $\alpha\in U_n$,使得 $1+\alpha\in U_n$. 取 $\beta=\frac{1}{1+\alpha}$,则有 $\beta^n=\left(\frac{1}{1+\alpha}\right)^n=\frac{1}{(1+\alpha)^n}=1$,因此 $\beta\in U_n$.

另外,有 $1-\beta=\frac{\alpha}{\alpha+1}$,于是 $(1-\beta)^n=\frac{\alpha^n}{(1+\alpha)^n}=1$,因此 $1-\beta\in U_n$.

反之,若 $\beta,1-\beta\in U_n$,则取 $\alpha=\frac{1-\beta}{\beta}$. 由于 $\alpha^n=\frac{(1-\beta)^n}{\beta^n}=1$ 和 $(1+\alpha)^n=\frac{1}{\beta^n}=1$,因此有 $\alpha\in U_n$ 和 $1+\alpha\in U_n$. □

注 命题 (1) 和 (2) 都等价于 $6|n$.

事实上,若 α, $1+\alpha\in U_n$,则 $|\alpha|=|1+\alpha|=1$,因此有

$$\begin{aligned}1=|1+\alpha|^2&=(1+\alpha)(1+\overline{\alpha})=1+\alpha+\overline{\alpha}+|\alpha|^2\\&=1+\alpha+\overline{\alpha}+1=2+\alpha+\frac{1}{\alpha},\end{aligned}$$

即 $\alpha=-\frac{1}{2}\pm\mathrm{i}\frac{\sqrt{3}}{2}$,于是

$$1+\alpha=\frac{1}{2}\pm\mathrm{i}\frac{\sqrt{3}}{2}=\cos\frac{2\pi}{6}\pm\mathrm{i}\sin\frac{2\pi}{6}.$$

由于 $(1+\alpha)^n=1$,因此 6 整除 n.

反之,若 n 是 6 的倍数,则

$$\alpha=-\frac{1}{2}+\mathrm{i}\frac{\sqrt{3}}{2},\quad 1+\alpha=\frac{1}{2}+\mathrm{i}\frac{\sqrt{3}}{2}$$

均属于 U_n.

题 16.33. 一个复数的有限集 A 具有性质:$z\in A$ 可以推出 $z^n\in A$ 对所有正整数 n 成立. 证明:$\sum\limits_{z\in A}z$ 是一个整数.

Paltin Ionescu – 罗马尼亚数学奥林匹克 *2003*

证明 我们用 $S(X)$ 表示一个有限集 X 中所有元素的和. 假设 $0\neq z\in A$. 由于 A 是有限集,因此存在正整数 $m<n$,使得 $z^m=z^n$,于是 $z^{n-m}=1$. 设 d 为最小的正整数 k,使得 $z^k=1$,则 $1,z,z^2,\cdots,z^{d-1}$ 互不相同,并且每一个的 d 次幂都是 1,因此这些数恰好是所有的 d 次单位根. 如果定义 $U_p=\{z\in\mathbb{C}|z^p=1\}$ 为所

有 p 次单位根的集合，那么这说明 A 中的非零元素是有限个 U_{n_k} 形式的集合的并集，用公式写出为

$$A\backslash\{0\}=\bigcup_{k=1}^{m}U_{n_k}.$$

由于 $U_1=\{1\}$，因此 $S(U_1)=1$. 对于 $p\geqslant 2$，设 $w=\cos\frac{2\pi}{p}+\mathrm{i}\sin\frac{2\pi}{p}$，则 U_p 中的元素为 $1,w,\cdots,w^{p-1}$，于是

$$S(U_p)=1+w+\cdots+w^{p-1}=\frac{w^p-1}{w-1}=0.$$

利用容斥原理得到

$$S(A)=\sum_k S(U_{n_k})-\sum_{k<l}S(U_{n_k}\cap U_{n_l})+\sum_{k<l<s}S(U_{n_k}\cap U_{n_l}\cap U_{n_s})-\cdots.$$

由于 $U_p\cap U_q=U_{\gcd(p,q)}$，因此上式右端的每一个和项是某个 $S(U_p)$，为 0 或 1，于是 $S(A)$ 是整数. □

题 16.34. 求所有由复数 z 和正整数 n 构成的数对 (z,n)，使得 $|z|\in\mathbb{Z}_+$，并且

$$z+z^2+\cdots+z^n=n|z|.$$

Dorin Andrica, Mihai Piticari –《数学反思》*O88*

解　对于 $n=1$，则方程为 $z=|z|$，因此 $(z,1)$ 是方程的解，当且仅当 z 是正整数.

若 $|z|=1$，则 $n=|z+z^2+\cdots+z^n|\leqslant|z|+|z|^2+\cdots+|z|^n=n$，当且仅当所有的 z^k 辐角相同时，等号成立，于是 z 是实数，$z=1$. $(1,n)$ 对任意正整数 n 都满足题目要求，这是符合 $|z|=1$ 的唯一解.

这两种是相对平凡的解，下面我们考察非平凡的解.

对于 $n=2$，方程为 $z+z^2=2|z|$，利用表达式 $z=|z|\mathrm{e}^{\mathrm{i}\theta}$，然后分开成实部和虚部得到

$$\cos\theta+|z|\cos(2\theta)=2,\quad \sin\theta+|z|\sin(2\theta)=0. \tag{1}$$

式 (1) 的第二个方程可得 $\sin\theta=0$ 或者 $\cos\theta=-\frac{1}{2|z|}$. 由第二个解进一步可得出

$$\cos(2\theta)=2\cos^2\theta-1=\frac{1-2|z|^2}{2|z|^2}.$$

代入到式 (1) 的第一个方程得到 $|z|=-2$，矛盾. 因此 $\sin\theta=0$，得到 $|z|=2+1=3$ 且 $\cos\theta=-1$ 或者 $|z|=2-1=1$ 且 $\cos\theta=1$. 这样，我们得到了一个平凡解 $(1,2)$ 和一个非平凡解 $(-3,2)$.

若 $|z|>1$ 并且 $n\geqslant 3$,将方程乘以 $z-1$ 然后整理得到

$$z^{n+1}=n|z|(z-1)+z.$$

两边除以 z 然后取绝对值,得到 $|z|^n\leqslant n|z|+n+1$.改写成 $1\leqslant n|z|^{1-n}+(n+1)|z|^{-n}$ 的形式,我们看到右端为关于 $|z|$ 的减函数,可以将 $|z|$ 换成 $|z|$ 的一个下界,不等式依然成立. 若 $|z|\geqslant 3$,则得到 $3^n\leqslant 4n+1$,这对 $n=3$ 不成立,而将 n 增加为 $n+1$ 时,左端乘以 3,右端乘以

$$\frac{4n+5}{4n+1}=1+\frac{4}{4n+1}<3.$$

因此,$3^n\leqslant 4n+1$ 对所有 $n\geqslant 3$ 不成立. 我们可以假设 $|z|=2$. 此时,我们得到不等式 $2^n\leqslant 3n+1$. 这个不等式对于 $n=3$ 成立,但是对 $n=4$ 不成立,再由前面类似的讨论可得到,不等式对 $n\geqslant 4$ 都不成立.

现在,唯一剩下的情形是 $|z|=2$ 且 $n=3$. 此时方程变为 $z^3+z^2+z-6=0$. 容易验证,$z=\pm 2$ 不是方程的根,因此方程必然有一对共轭的根,其模长都是 2,这两个根的乘积为 4,因此根据韦达定理,方程有第三个根为 $\frac{3}{2}$. 然而,容易验证 $\frac{3}{2}$ 不是方程的根,因此方程没有模长为 2 的根.

综上所述,方程的非平凡解只有 $(-3,2)$,平凡解为 $(1,n)$,n 为任意正整数,以及 $(z,1)$,z 为任意正整数. □

题 16.35. 考虑非零复数 z 以及实数序列

$$a_n=\left|z^n+\frac{1}{z^n}\right|,\ n\geqslant 1.$$

(1) 证明:若 $a_1>2$,则

$$a_{n+1}<\frac{a_n+a_{n+2}}{2},\quad \forall n\in\mathbb{Z}_+.$$

(2) 证明:若存在 $k\in\mathbb{Z}_+$,使得 $a_k\leqslant 2$,则 $a_1\leqslant 2$.

罗马尼亚数学奥林匹克区域赛 *2010*

证法一 (1) 我们容易看到,若 $a_1>2$,则有

$$\begin{aligned}2a_{n+1}&=2\left|z^{n+1}+\frac{1}{z^{n+1}}\right|<\left|z+\frac{1}{z}\right|\cdot\left|z^{n+1}+\frac{1}{z^{n+1}}\right|\\&=\left|z^n+\frac{1}{z^n}+z^{n+2}+\frac{1}{z^{n+2}}\right|\\&\leqslant\left|z^n+\frac{1}{z^n}\right|+\left|z^{n+2}+\frac{1}{z^{n+2}}\right|\\&=a_n+a_{n+2}.\end{aligned}$$

(2) 用反证法，假设 $a_1>2$，则由 (1) 得 $(a_{n+1}-a_n)_{n\geqslant 1}$ 严格递增，因此 $a_{n+1}-a_n>a_2-a_1$. 但是

$$a_2=\left|z^2+\frac{1}{z^2}\right|=\left|\left(z+\frac{1}{z}\right)^2-2\right|\geqslant\left|z+\frac{1}{z}\right|^2-2=a_1^2-2>a_1,$$

因此序列 $\{a_n\}_{n\geqslant 1}$ 严格递增,于是 $a_k\geqslant a_1>2$ 对所有 k 成立,矛盾. □

证法二 (1) 考虑序列 $\{\alpha_n\}_{n\geqslant 1}$,定义为

$$\alpha_n=z^n+\frac{1}{z^n}.$$

补充定义 $\alpha_0=z^0+\frac{1}{z^0}=2$,并记 $\alpha=\alpha_1$.

显然 $a_n=|\alpha_n|$,我们有

$$\begin{aligned}\alpha\alpha_n&=\left(z+\frac{1}{z}\right)\left(z^n+\frac{1}{z^n}\right)=\left(z^{n+1}+\frac{1}{z^{n+1}}\right)+\left(z^{n-1}+\frac{1}{z^{n-1}}\right)\\&=\alpha_{n+1}+\alpha_{n-1}\end{aligned}$$

对所有 $n\geqslant 1$ 成立,因此序列 $\{\alpha_n\}_{n\geqslant 0}$ 满足线性递推方程

$$\alpha_{n+1}=\alpha\alpha_n-\alpha_{n-1}.$$

对于 $|\alpha|>2$,有

$$a_n=|\alpha_n|=\left|\frac{\alpha_{n+1}+\alpha_{n-1}}{\alpha}\right|\leqslant\frac{|\alpha_{n+1}|+|\alpha_{n-1}|}{|\alpha|}<\frac{a_{n+1}+a_{n-1}}{2},$$

即序列 $\{a_n\}_{n\geqslant 0}$ 是凸的,完成了 (1) 的证明.

(2) 若 $a_1=|\alpha|>2=a_0$,则由 $a_n>a_{n-1}$ 可得

$$a_{n+1}>2a_n-a_{n-1}=a_n+(a_n-a_{n-1})>a_n,$$

因此用归纳法可以得到,序列是严格递增的,与存在 $k\in\mathbb{Z}_+$, $a_k\leqslant 2$ 矛盾. 因此 $a_1\leqslant 2$.

注意到,(2) 的证明只用到了 (1) 的结果. □

题 16.36. 设有理数 a,b 使得复数 $z=a+bi$ 的模长为 1. 证明:对任意奇数 n,复数 $z_n=1+z+z^2+\cdots+z^{n-1}$ 的模长都是有理数.

罗马尼亚数学奥林匹克区域赛 *2012*

证法一 令 $z=\cos t+\mathrm{i}\sin t, t\in[0,2\pi)$ 并且注意到 $\sin t$ 和 $\cos t$ 都是有理数. 对于 $z=1$,命题显然成立. 对于 $z\neq 1$,记

$$|z_n|=|1+z+z^2+\cdots+z^{n-1}|=\left|\frac{z^n-1}{z-1}\right|.$$

设 $n=2k+1, k\in\mathbb{N}$,则有

$$\left|\frac{z^n-1}{z-1}\right|=\left|\frac{\sin\frac{(2k+1)t}{2}}{\sin\frac{t}{2}}\right|,$$

只需证明 $x_k=\frac{\sin\frac{(2k+1)t}{2}}{\sin\frac{t}{2}}$ 是一个有理数. 注意到 $x_{k+1}-x_k=2\cos(k+1)t, k\in\mathbb{N}$ 和 $x_0=1\in\mathbb{Q}$. 由于

$$\cos(k+1)t=\operatorname{Re} z^{k+1}=\operatorname{Re}(a+b\mathrm{i})^{k+1}\in\mathbb{Q},$$

因此利用归纳法可以得到 x_k 对所有 $k\in\mathbb{N}$ 都是有理数. □

证法二 记 $n=2k+1, k$ 是整数,然后有

$$\begin{aligned}z_n&=z^k\left(1+\left(z+\frac{1}{z}\right)+\cdots+\left(z^k+\frac{1}{z^k}\right)\right)\\&=z^k\left(1+2\operatorname{Re}\left(z+z^2+\cdots+z^k\right)\right).\end{aligned}$$

因此

$$|z_n|=\left|1+2\operatorname{Re}\left(z+z^2+\cdots+z^k\right)\right|.$$

由于 $z=a+\mathrm{i}b$ 的实部和虚部均为有理数,因此 z^k 的实部和虚部也都是有理数,于是 $|z_n|$ 是有理数. □

第 17 章　$(a^2+b^2)(c^2+d^2)$

题 17.1. 将 $2\ 018^{2\ 019}+2\ 018$ 写成两个平方数的和.

Titu Andreescu – AwesomeMath 入学测试 *2018*, 测试 C

解　注意到

$$2\ 018=2\times 1\ 009=(1^2+1^2)(28^2+15^2)=43^2+13^2.$$

因此有

$$\begin{aligned}2\ 018^{2\ 019}+2\ 018&=2\ 018(2\ 018^{2\ 018}+1)=(43^2+13^2)\left((2\ 018^{1\ 009})^2+1^2\right)\\&=(43\times 2\ 018^{1\ 009}-13)^2+(43+13\times 2\ 018^{1\ 009})^2\end{aligned}$$

其中最后的等式来自拉格朗日恒等式

$$(a^2+b^2)(c^2+d^2)=(ac-bd)^2+(ad+bc)^2.$$

□

题 17.2. 将 $2\ 020^{2\ 021}-2\ 020^{1\ 011}+2\ 020$ 写成两个平方数的和.

Titu Andreescu – AwesomeMath 入学测试 *2021*, 测试 A

解　注意到

$$2\ 020=20\times 101=(4^2+2^2)(10^2+1^2)=38^2+24^2.$$

因此有

$$\begin{aligned}2\ 020^{2\ 021}-2\ 020^{1\ 011}+2\ 020&=2\ 020(2\ 020^{2\ 020}-2\ 020^{1\ 010}+1)\\&=(38^2+24^2)\left((2\ 020^{1\ 010}-1)^2+(2\ 020^{505})^2\right),\end{aligned}$$

再利用拉格朗日恒等式

$$(a^2+b^2)(c^2+d^2)=(ac-bd)^2+(ad+bc)^2,$$

得到

$$\left(38(2\ 020^{1\ 010}-1)-24(2\ 020^{505})\right)^2+\left(38(2\ 020^{505})+24(2\ 020^{1\ 010}-1)\right)^2.$$

□

题 17.3. 设 m,n 是不同的正整数. 将 m^6+n^6 写成不同于 m^6 和 n^6 的两个平方数的和.

解 我们有

$$\begin{aligned}
m^6+n^6&=(m^2)^3+(n^2)^3\\
&=(m^2+n^2)(m^4-m^2n^2+n^4)\\
&=(m^2+n^2)\left((m^2-n^2)^2+(mn)^2\right)\\
&=\left(m(m^2-n^2)-n(mn)\right)^2+\left(m(mn)+n(m^2-n^2)\right)^2\\
&=(m^3-2mn^2)^2+(n^3-2m^2n)^2.
\end{aligned}$$

□

题 17.4. 设实数 a,b,c,d 满足 $ad+bc=44$ 和

$$a^2+b^2=\frac{2\ 017}{c^2+d^2}.$$

求 $ac-bd$ 的所有可能值.

Titu Andreescu – AwesomeMath 入学测试 *2017,* 测试 A

解 根据拉格朗日恒等式

$$(ad+bc)^2+(ac-bd)^2=(a^2+b^2)(c^2+d^2),$$

得

$$44^2+(ac-bd)^2=2\ 017,$$

因此 $ac-bd=\pm 9$.

注意到这些值可以由 $(a,b,c,d)=(44,\mp 9,0,1)$ 取到. □

题 17.5. 设整数 a,b,c,d 满足 $ad-bc=1$,证明:$\frac{a^2+b^2}{ac+bd}$ 是既约分数.

证明 根据拉格朗日恒等式

$$(ac+bd)^2+(ad-bc)^2=(a^2+b^2)(c^2+d^2),$$

可得 $\gcd(a^2+b^2,ac+bd)$ 整除

$$(a^2+b^2)(c^2+d^2)-(ac+bd)^2=(ad-bc)^2=1,$$

因此 $\gcd(a^2+b^2,ac+bd)=1$. □

题 17.6. 证明:对任意正整数 m,n 和非负整数 k,

$$(m^4+4m^2n^2+n^4)^{2^k}$$

可以写成三个正整数的平方和.

Titu Andreescu

证明 我们对 k 作归纳证明. 当 $k=0$ 时,结论是显然的. 若 $k=1$,则有

$$(m^4+4m^2n^2+n^4)^2=(m^4-4m^2n^2+n^4)^2+(4m^3n)^2+(4mn^3)^2.$$

现在假设

$$(m^4+4m^2n^2+n^4)^{2^k}=u^2+v^2+w^2,$$

其中 u,v,w 为正整数,则有

$$(m^4+4m^2n^2+n^4)^{2^{k+1}}=(u^2+v^2+w^2)^2=(u^2-v^2+w^2)^2+(2uv)^2+(2vw)^2,$$

这样就完成了归纳步骤. □

题 17.7. 设 $P_k(x)$ 和 $Q_k(x)$ 为整系数多项式,$k=1,\cdots,n$. 证明:存在整系数多项式 $P(x)$ 和 $Q(x)$,使得

$$\prod_{k=1}^{n}\left(P_k^2(x)+Q_k^2(x)\right)=P^2(x)+Q^2(x).$$

Titu Andreescu –《蒂米什瓦拉数学学报》,题 *2298*

证明 用归纳法证明. 若 $n=1$,只需取 $P_1(x)=P(x)$ 和 $Q_1(x)=Q(x)$ 即可. 假设命题对 n 成立,于是存在整系数多项式 $P(x)$ 和 $Q(x)$,满足

$$\prod_{k=1}^{n}\left(P_k^2(x)+Q_k^2(x)\right)=P^2(x)+Q^2(x).$$

于是

$$\begin{aligned}\prod_{k=1}^{n+1}\left(P_k^2(x)+Q_k^2(x)\right)&=\prod_{k=1}^{n}\left(P_k^2(x)+Q_k^2(x)\right)\cdot\left(P_{n+1}^2(x)+Q_{n+1}^2(x)\right)\\&=\left(P^2(x)+Q^2(x)\right)\left(P_{n+1}^2(x)+Q_{n+1}^2(x)\right)\\&=\left(P(x)P_{n+1}(x)-Q(x)Q_{n+1}(x)\right)^2+\\&\quad\left(P(x)Q_{n+1}(x)+Q(x)P_{n+1}(x)\right)^2.\end{aligned}$$

取

$$\begin{aligned}U(x)&=P(x)P_{n+1}(x)-Q(x)Q_{n+1}(x),\\V(x)&=P(x)Q_{n+1}(x)+Q(x)P_{n+1}(x),\end{aligned}$$

则 $U(x)$ 和 $V(x)$ 为整系数多项式,这样就完成了归纳步骤. □

题 17.8. 设 m,n 是整数. 证明:不存在整数 k,使得 $(k^2+mn)^2+k^2(m-n)^2$ 为两个连续奇数的乘积.

Adrian Andreescu

证明 题目中的表达式等于 $(k^2+m^2)(k^2+n^2)$,若它是两个连续奇数的乘积,则它必然模 4 同余于 -1. 但是 k^2+m^2 和 k^2+n^2 都模 4 余 $0,1,2$ 之一,因此乘积不能模 4 余 -1,矛盾. □

题 17.9. 设整数 a,b,c,d 满足

$$a(bc-1)+b(cd-1)+c(da-1)+d(ab-1)=0.$$

证明:$(a^2+1)(b^2+1)(c^2+1)(d^2+1)$ 是完全平方数.

Titu Andreescu

证明　我们有

$$\begin{aligned}
&(a^2+1)(b^2+1)(c^2+1)(d^2+1)\\
=&\left((ab-1)^2+(a+b)^2\right)\left((cd-1)^2+(c+d)^2\right)\\
=&((ab-1)(cd-1)-(a+b)(c+d))^2+\\
&((ab-1)(c+d)+(a+b)(cd-1))^2\\
=&\left(abcd-\sum_{\text{sym}}ab+1\right)^2+\left(\sum_{\text{sym}}abc-\sum_{\text{sym}}a\right)^2\\
=&\left(abcd-\sum_{\text{sym}}ab+1\right)^2.
\end{aligned}$$

□

题 17.10. 证明:存在无穷多整数的三元组 (a,b,c),使得 $ab+bc+ca=1$ 并且 $(a^2+1)(b^2+1)(c^2+1)$ 是完全平方数.

Titu Andreescu –《数学反思》*O560*

证法一　验证当 k 是奇数时,$\left(k,2-k,\frac{(k-1)^2}{2}\right)$ 满足题目要求. 事实上,由第 59 页的式 (7.3) 可得

$$(a^2+1)(b^2+1)(c^2+1)=(abc-a-b-c)^2+(ab+bc+ca-1)^2.$$

因为 $ab+bc+ca=1$,所以

$$(a^2+1)(b^2+1)(c^2+1)=(abc-a-b-c)^2,$$

证明完成. □

证法二　注意到 $(k,1-k,k^2-k+1)$ 满足 $ab+bc+ca=1$,其 k 是整数. 现在有

$$a^2+1=a^2+ab+bc+ca=(a+b)(c+a),$$

类似地,有

$$b^2+1=(b+c)(a+b),$$
$$c^2+1=(c+a)(b+c).$$

因此有

$$(a^2+1)(b^2+1)(c^2+1)=((a+b)(b+c)(c+c))^2.$$

□

题 17.11. 证明:存在无穷多整数组成的三元组 (a,b,c),满足 $ab+bc+ca=-1$,并且 $(a^2-1)(b^2-1)(c^2-1)$ 是平方数.

Titu Andreescu

证法一 注意到 $\left(k,2-k,\frac{k^2-2k-1}{2}\right)$,$k$ 是奇数,给出这样的三元组. 事实上,有

$$\begin{aligned}
&(a^2-1)(b^2-1)(c^2-1)\\
=&-((\mathrm{i}a)^2+1)((\mathrm{i}b)^2+1)((\mathrm{i}c)^2+1)\\
=&-\left((\mathrm{i}^3abc-\mathrm{i}a-\mathrm{i}b-\mathrm{i}c)^2+(\mathrm{i}^2ab+\mathrm{i}^2bc+\mathrm{i}^2ca-1)^2\right)\\
=&(abc+a+b+c)^2-(ab+bc+ca+1)^2\\
=&(abc+a+b+c)^2,
\end{aligned}$$

这样就完成了证明. □

证法二 注意到 $(k,1-k,k^2-k-1)$ 满足 $ab+bc+ca=-1$,其中 k 是整数. 于是有

$$a^2-1=a^2+ab+bc+ca=(a+b)(c+a).$$

类似地,有

$$b^2-1=(b+c)(a+b)$$

和

$$c^2-1=(c+a)(b+c).$$

因此有

$$(a^2-1)(b^2-1)(c^2-1)=((a+b)(b+c)(c+c))^2.$$

□

题 17.12. 设 x_1,x_2,x_3,y_1,y_2,y_3 为非零实数,证明:

$$\begin{aligned}
\sqrt{2(x_1^2+y_1^2)(x_2^2+y_2^2)(x_3^2+y_3^2)}\geqslant&|x_1x_2y_3+x_2x_3y_1+x_3x_1y_2-y_1y_2y_3|+\\
&|x_1y_2y_3+x_2y_3y_1+x_3y_1y_2-x_1x_2x_3|.
\end{aligned}$$

Titu Andreescu

证明 应用恒等式

$$(a^2+1)(b^2+1)(c^2+1)=(a+b+c-abc)^2+(ab+bc+ca-1)^2$$

到 $a=\frac{y_1}{x_1}, b=\frac{y_2}{x_2}, c=\frac{y_3}{x_3}$，得到

$$\begin{aligned}(x_1^2+y_1^2)(x_2^2+y_2^2)(x_3^2+y_3^2)=&(x_1x_2y_3+x_2x_3y_1+x_3x_1y_2-y_1y_2y_3)^2+\\&(x_1y_2y_3+x_2y_3y_1+x_3y_1y_2-x_1x_2x_3)^2.\end{aligned}$$

现在利用不等式 $\sqrt{2(u^2+v^2)}\geqslant|u|+|v|$，就得到了要证明的不等式. 当且仅当 $|u|=|v|$ 时，等号成立，此时有

$$|a+b+c-abc|=|ab+bc+ca-1|,$$

即

$$|x_1x_2y_3+x_2x_3y_1+x_3x_1y_2-y_1y_2y_3|=|x_1y_2y_3+x_2y_3y_1+x_3y_1y_2-x_1x_2x_3|.$$

□

题 17.13. 证明：

$$(a^2+4)(b^2+4)(c^2+4)=(abc-4a-4b-4c)^2+4(ab+bc+ca-4)^2.$$

Titu Andreescu

证明　只需将第 59 页式 (7.3) 中的 a,b,c 分别替换为 $\frac{a}{2},\frac{b}{2},\frac{c}{2}$，然后两边乘以 64 即可得到要证明的恒等式. □

题 17.14. 设实数 a,b,c,d 满足

$$|(a^2-b^2)cd-ab(c^2-d^2)|=2,\quad |(ac+bd)^2-(ad-bc)^2|=3.$$

计算 $(a^2+b^2)(c^2+d^2)$.

Titu Andreescu

解　注意到

$$\begin{aligned}25&=\left((ac+bd)^2-(ad-bc)^2\right)^2+4\left((a^2-b^2)cd-ab(c^2-d^2)\right)^2\\&=\left((a^2-b^2)(c^2-d^2)+4abcd\right)^2+\left((a^2-b^2)(2cd)-(c^2-d^2)(2ab)\right)^2,\end{aligned}$$

由拉格朗日恒等式知，上式等于

$$\left((a^2-b^2)^2+(2ab)^2\right)\left((c^2-d^2)^2+(2cd)^2\right)=(a^2+b^2)^2(c^2+d^2)^2.$$

因此 $(a^2+b^2)^2(c^2+d^2)^2=25$，得 $(a^2+b^2)(c^2+d^2)=5$. □

题 17.15. 记

$$f(x,y)=\left((x+y)^2+(2xy-x+y-1)^2\right)\left((x+y)^2+(2xy+x-y-1)^2\right).$$

证明:$f(\sqrt[8]{7},\sqrt[8]{9})=q+r\sqrt{s}$,其中 q,r,s 都是正整数,并且 s 不含平方数因子.

Titu Andreescu

证明 应用拉格朗日恒等式

$$(a^2+b^2)(c^2+d^2)=(ac+bd)^2+(ad-bc)^2$$

到 $a=c=x+y$,$b=2xy-x+y-1$,$d=2xy+x-y-1$,可得

$$\begin{aligned}ac+bd&=(x+y)^2+((2xy-1)-(x-y))((2xy-1)+(x-y))\\&=(x+y)^2+(2xy-1)^2-(x-y)^2\\&=4x^2y^2+1\end{aligned}$$

和

$$\begin{aligned}ad-bc&=(x+y)(2xy+x-y-1)-(2xy-x+y-1)(x+y)\\&=(x+y)2(x-y)\\&=2(x^2-y^2).\end{aligned}$$

因此有

$$f(x,y)=(4x^2y^2+1)^2+4(x^2-y^2)^2=(4x^4+1)(4y^4+1),$$

于是答案为 $(4\sqrt{7}+1)(4\sqrt{9}+1)=13+52\sqrt{7}$. □

题 17.16. 设 $a,b,c,d>0$ 满足 $ac+bd=2$,证明:

$$(ad-bc)^2+2\geqslant ad+bc.$$

Ion Nedelcu –《数学公报》*26529*

证明 根据拉格朗日恒等式

$$(ad-bc)^2+(ac+bd)^2=(a^2+b^2)(c^2+d^2)$$

以及 $ac+bd=2$,可得

$$(ad-bc)^2=(a^2+b^2)(c^2+d^2)-4.$$

因此,我们需要证明

$$(a^2+b^2)(c^2+d^2) \geqslant 2+ad+bc = ac+bd+ad+bc = (a+b)(c+d).$$

由于 $(a+b)^2 \leqslant 2(a^2+b^2)$ 并且 $(c+d)^2 \leqslant 2(c^2+d^2)$,因此有

$$(a+b)(c+d) \leqslant \sqrt{2(a^2+b^2)} \cdot \sqrt{2(c^2+d^2)} = 2\sqrt{(a^2+b^2)(c^2+d^2)}.$$

现在,只需证明

$$(a^2+b^2)(c^2+d^2) \geqslant 2\sqrt{(a^2+b^2)(c^2+d^2)},$$

即 $(a^2+b^2)(c^2+d^2) \geqslant 4$,而根据

$$(a^2+b^2)(c^2+d^2) = 4+(ad-bc)^2,$$

这是显然成立的. □

注 事实上,解答证明了更强的事实:

若 $a,b,c,d>0$ 并且 $(a^2+b^2)(c^2+d^2) \geqslant 4$,则有

$$(a^2+b^2)(c^2+d^2) \geqslant (a+b)(c+d).$$

证明本质上是一样的,即

$$(a^2+b^2)^2(c^2+d^2)^2 \geqslant 4(a^2+b^2)(c^2+d^2) \geqslant (a+b)^2(c+d)^2.$$

上面的解答的前半部分只是证明了 $ac+bd=2 \Rightarrow (a^2+b^2)(c^2+d^2) \geqslant 4$.

题 17.17. 对任意非负实数 x,y,证明:

$$\left((\sqrt{xy}-1)^2-(x+y)\right)^2+2\left((x-1)\sqrt{y}+(y-1)\sqrt{x}\right)^2 = (x^2+1)(y^2+1).$$

Titu Andreescu

证明 在拉格朗日恒等式中取 $a=x-1, b=\sqrt{2x}, c=y-1, d=\sqrt{2y}$ 得到

$$a^2+b^2=(x-1)^2+2x=x^2+1, \quad c^2+d^2=y^2+1,$$

$$ac-bd=(x-1)(y-1)-2\sqrt{xy}=(\sqrt{xy}-1)^2-(x+y),$$

$$ad+bc=(x-1)\sqrt{2y}+(y-1)\sqrt{2x},$$

这样就证明了问题. □

题 17.18. 证明:方程 $x^2+y^2=z^5+z$ 有无穷多互素的整数解.

英国数学奥林匹克 *1985*

证明 取一个 $4k+1$ 型的素数 p. 根据二平方和的费马定理,p 可以写成两个整数的平方和. 现在,p^4+1 也是两个整数的平方和,因此根据拉格朗日恒等式,有

$$p^5+p=p(p^4+1)$$

也是两个整数的平方和,设 $p^5+p=a^2+b^2, a, b$ 是整数. 于是 $x=a, y=b, z=p$ 是方程的一组解. 由于 p 是素数,而且 x, y 不同时为 p 的倍数 (否则 $p^2 \mid p^5+p$, 矛盾),因此 $\gcd(x, y, p)=1$,即这是一组互素的整数解.

由于 $4k+1$ 型的素数有无穷多,因此证明完成. □

注 我们还可以考虑如下形式的解

$$(x, y, z)=\left(a(a^2+b^2)^2+b, b(a^2+b^2)^2-a, a^2+b^2\right),$$

其中 a 和 b 是互素的整数.

类似地,方程 $x^2+y^2=z^{2k+1}+z^{2l+1}$ 也有无穷多组互素的整数解.

题 17.19. 设 $\angle X, \angle Y, \angle Z$ 为一个三角形的三个内角,证明:

$$\left|\tan\frac{X}{2}+\tan\frac{Y}{2}+\tan\frac{Z}{2}-\tan\frac{X}{2}\tan\frac{Y}{2}\tan\frac{Z}{2}\right|=\sec\frac{X}{2}\sec\frac{Y}{2}\sec\frac{Z}{2}.$$

证明 由第 59 页式 (7.3) 得

$$(a^2+1)(b^2+1)(c^2+1)=(abc-a-b-c)^2+(ab+bc+ca-1)^2.$$

取 $a=\tan\frac{X}{2}, b=\tan\frac{Y}{2}, c=\tan\frac{Z}{2}$,并利用恒等式

$$\cot\frac{X}{2}+\cot\frac{Y}{2}+\cot\frac{Z}{2}=\cot\frac{X}{2}\cot\frac{Y}{2}\cot\frac{Z}{2},$$

可得 $ab+bc+ca-1=0$. 因此有

$$\sec^2\frac{X}{2}\sec^2\frac{Y}{2}\sec^2\frac{Z}{2}=\left(\tan\frac{X}{2}+\tan\frac{Y}{2}+\tan\frac{Z}{2}-\tan\frac{X}{2}\tan\frac{Y}{2}\tan\frac{Z}{2}\right)^2,$$

这就证明了想要的结果. □

题 17.20. 设整数 k,m,n 满足 $k+m+n=1$，证明：

$$(k^2+m^2+n^2+7)^2+(kmn-4)^2$$

不是一个奇数的平方.

Titu Andreescu –《数学反思》*S577*

证明 我们有

$$k^2+m^2+n^2+7=1-2(km+mn+mk)+7=-2(km+mn+mk-4)$$

和

$$kmn-4=kmn-4k-4m-4n.$$

由本章的题 17.13，题目中的表达式等于 $(k^2+4)(m^2+4)(n^2+4)$. 如果这是一个奇数的平方，那么 k^2+4, m^2+4, n^2+4 必须均为奇数，然后它们都模 8 余 5，因此有

$$(k^2+4)(m^2+4)(n^2+4)\equiv 5 \pmod 8,$$

这不可能是一个奇数的平方. □

第 18 章 a^4+4b^4

题 18.1. 证明:$3^{4^5}+4^{5^6}$ 可以写成两个大于 $10^{2\,009}$ 的整数的乘积.

Dorin Andrica – 罗马尼亚数学奥林匹克 *2009*

证明 注意到

$$m^4+4n^4=\left((m+n)^2+n^2\right)\left((m-n)^2+n^2\right).$$

现在取 $m=3^{4^4}$ 和 $n=4^{\frac{5^6-1}{4}}=4^{3\,906}$,则得到

$$3^{4^5}+4^{5^6}=m^4+4n^4=\left((3^{256}-4^{3\,906})^2+(4^{3\,906})^2\right)\left((3^{256}+4^{3\,906})^2+(4^{3\,906})^2\right).$$

由于 $4^{3\,906}>4^{3\,900}=1\,024^{780}>1\,000^{780}=10^{2\,340}$,因此有 $(4^{3\,906})^2>10^{2\,009}$,于是两个因子都大于 $10^{2\,009}$. □

题 18.2. 是否存在整数 n,使得 $4^{5^n}+5^{4^n}$ 是一个素数?

Titu Andreescu –《数学反思》*J277*

解 答案是否定的. 显然,若 $n<0$,则所给的表达式不是整数. 若 $n=0$,则得到 $4+5=9$ 不是素数. 若 $n>0$,令 $x=5^{4^{n-1}}$ 和 $y=4^{\frac{5^n-1}{4}}$,则容易看到 x 和 y 都是整数. 因此有

$$\begin{aligned}4^{5^n}+5^{4^n}&=x^4+4y^4\\&=(x^2+2y^2+2xy)(x^2+2y^2-2xy)\\&=\left((x+y)^2+y^2\right)\left((x-y)^2+y^2\right),\end{aligned}$$

是两个大于 1 的整数的乘积. □

题 18.3. 设正整数 a 和 b 均大于 1,证明:

$$4(a^4+b^4)^2+9(ab)^4$$

至少被 4 个素数(可以相同)整除.

Titu Andreescu

证明 我们有

$$
\begin{aligned}
& 4(a^4+b^4)^2+9(ab)^4 \\
=& 4a^8+4b^8+17a^4b^4 \\
=& (4a^4+b^4)(a^4+4b^4) \\
=& \left((a-b)^2+a^2\right)\left((a+b)^2+a^2\right)\left((a-b)^2+b^2\right)\left((a+b)^2+b^2\right).
\end{aligned}
$$

由于每个因子大于 1,因此这个数有至少 4 个素因子. □

题 18.4. 证明:$1024\underbrace{00\cdots0}_{2\ 012个0}2401$ 是合数.

Titu Andreescu –《数学反思》*J343*

证明 由 $4a^4+b^4=(2a^2-2ab+b^2)(2a^2+2ab+b^2)$ 可得,题目中的数为

$$
\begin{aligned}
& 1\ 024\times 10^{2\ 016}+2\ 401 \\
=& 4(4\times 10^{504})^4+7^4 \\
=& (32\times 10^{1\ 008}-56\times 10^{504}+49)(32\times 10^{1\ 008}+56\times 10^{504}+49),
\end{aligned}
$$

因此它是两个大于 1 的数的乘积. □

题 18.5. 证明:$2^{2\ 022}+1$ 是两个相差 2^{507} 的正整数的乘积.

Titu Andreescu

证法一 由于 $4a^4+b^4=(2a^2-2ab+b^2)(2a^2+2ab+b^2)$,因此有

$$
\begin{aligned}
2^{2\ 022}+1 &= 4(2^{505})^4+1 \\
&= (2\times 2^{1\ 010}-2\times 2^{505}+1)(2\times 2^{1\ 010}+2\times 2^{505}+1) \\
&= (2^{1\ 011}-2^{506}+1)(2^{1\ 011}+2^{506}+1),
\end{aligned}
$$

并且 $(2^{1\ 011}+2^{506}+1)-(2^{1\ 011}-2^{506}+1)=2\times 2^{506}=2^{507}$. □

证法二 我们要找到两个正整数 m 和 n,使得 $mn=2^{2\ 022}+1$ 且 $m-n=2^{507}$.
因为

$$
(m+n)^2=4mn+(m-n)^2=2^{2\ 024}+2^{1\ 014}+4=(2^{1\ 012}+2)^2,
$$

所以得 $m+n=2^{1\ 012}+2$,于是解出

$$m=\frac{1}{2}(2^{1\ 012}+2+2^{507})=2^{1\ 011}+2^{506}+1$$

和

$$n=\frac{1}{2}(2^{1\ 012}+2-2^{507})=2^{1\ 011}-2^{506}+1.$$

□

题 18.6. 证明:

$$\left((ab-1)^2+1\right)^2\left((ab+1)^2+1\right)^2+4a^3b^3(a-b)^2=(a^3b^5+4)(a^5b^3+4).$$

Titu Andreescu

证明 等式左端为

$$\begin{aligned}&((ab)^4+4)^2+4a^3b^3(a^2-2ab+b^2)\\=&a^8b^8+8a^4b^4+16+4a^5b^3-8a^4b^4+4a^5b^3\\=&a^8b^8+4a^5b^3+4a^5b^3+16\\=&(a^3b^5+4)(a^5b^3+4),\end{aligned}$$

这样就完成了证明. □

题 18.7. 证明:

$$(x,y,z,w)=(2n-1,2n^2,2n+1,8n^4+2),\quad n=1,2,3,\cdots$$

是方程

$$(x^2+1)(y^2+1)(z^2+1)=w^2$$

的解.

Titu Andreescu

证明 注意到

$$\begin{aligned}(8n^4+2)^2&=4(4n^4+1)^2\\&=4(4n^4+1)(4n^4+1)\\&=4(2n^2-2n+1)(4n^4+1)(2n^2+2n+1)\\&=(4n^2-4n+2)(4n^4+1)(4n^2+4n+2)\\&=\left((2n-1)^2+1\right)\left((2n)^2+1\right)\left((2n+1)^2+1\right),\end{aligned}$$

这就证明了结论. □

注　利用题目的结论进行一些计算,我们可以得到一个听起来更奇怪的命题. 对于 $n=3$ 或者 $n\geqslant 5$,方程

$$(x_1^2+1)(x_2^2+1)\cdot\cdots\cdot(x_n^2+1)=y^2$$

有无穷多解,其中 $x_1,\cdots,x_n$ 和 y 是互不相同的正整数.

要证明这一点,我们从下面两个

$$(1^2+1)(7^2+1)=10^2,\quad (1^2+1)(2^2+1)(5^2+1)(8^2+1)=130^2,$$

分别对应于 $n=2$ 和 $n=4$ 的解以及本题所给的对应于 $n=3$ 的任意一个解开始. 我们将其乘以适当数目的 $n=3$ 的情形的解,然后就得到对应于 $n\geqslant 5$ 的情形的无穷多的解. 我们需要小心处理以使所有的 x_i 互不相同. 上面的命题实际上对于 $n\geqslant 2$ 都成立,但是证明需要佩尔方程的技巧.

类似地,方程

$$(x_1^2+1)(x_2^2+1)\cdot\cdots\cdot(x_n^2+1)=y^2+1$$

对于任意 $n\geqslant 1$ 有无穷多正整数解. 这可以从恒等式

$$(k^2+1)\left((k+1)^2+1\right)=(k^2+k+1)^2+1$$

得到,这个式子不但解决了 $n=2$ 的情形,也给出了从 n 到 $n+1$ 进行归纳的方法.

题 18.8. 设实数 a 和 b 满足

$$\begin{aligned}&\left((a-1)^2+1\right)\left((b-1)^2+1\right)\left((a+1)^2+1\right)\left((b+1)^2+1\right)\\=&(a^2b^2+2)^2+(2ab+4)^2.\end{aligned}$$

证明:$|a-b|=1$.

Titu Andreescu

证明　我们有

$$\left((a-1)^2+1\right)\left((a+1)^2+1\right)=(a^2-2a+2)(a^2+2a+2)=a^4+4$$

和

$$\left((b-1)^2+1\right)\left((b+1)^2+1\right)=b^4+4,$$

因此,所给方程为

$$a^4b^4+4a^4+4b^4+16=a^4b^4+4a^2b^2+4+4a^2b^2+16ab+16,$$

整理得

$$4(a^4+b^4+4)=4(2a^2b^2+4ab+5).$$

因此有 $a^4+b^4+2a^2b^2=4a^2b^2+4ab+1$,于是 $(a^2+b^2)^2=(2ab+1)^2$. 若 $a^2+b^2=-(2ab+1)$,则得到 $(a+b)^2=-1$,矛盾. 因此 $a^2+b^2=2ab+1$,即 $(a-b)^2=1$,得 $|a-b|=1$,证明完成. □

题 18.9. 设

$$E(a,b)=(4ab-1)^2+4(a+b)^2.$$

证明:$E(2\ 022^2,2\ 023^2)$ 被 $(2\ 021^2+2\ 022^2)(2\ 023^2+2\ 024^2)$ 整除.

Titu Andreescu

证明 我们有

$$E(a,b)=16a^2b^2-8ab+1+4a^2+8ab+4b^2=(4a^2+1)(4b^2+1),$$

因此

$$E(m^2,n^2)=(4m^4+1)(4n^4+1).$$

由于

$$4k^4+1=(2k^2-2k+1)(2k^2+2k+1)=\left((k-1)^2+k^2\right)\left(k^2+(k+1)^2\right),$$

因此 $4\times 2\ 022^4+1$ 为 $2\ 021^2+2\ 022^2$ 的倍数,而 $4\times 2\ 023^4+1$ 为 $2\ 023^2+2\ 024^2$ 的倍数,这样就证明了结论. □

题 18.10. 设 m 和 n 为奇数,证明:$(m^2n^2-4)^2+4(m^2+n^2)^2$ 的末位数为 1 或者 5.

Titu Andreescu

证明 我们有

$$(m^2n^2-4)^2+4(m^2+n^2)^2=(m^4+4)(n^4+4).$$

若 k 是奇数并且被 5 整除,则 k^4+4 末位数为 $5+4=9$; 若 $k=5q\pm 1$ 或者 $k=5k\pm 2$,则 k^4+4 末位数为 $1+4=5$. 因此,$(m^4+4)(n^4+4)$ 的末位数为 $\{5,9\}$ 中取两个数(可以相同)相乘的末位数,只能是 1 或 5,证明完成. □

题 18.11. 将 $P(x)=325x^4+4x^3+6x^2+4x+1$ 写成两个整系数非常数多项式的乘积.

解 我们有

$$\begin{aligned}P(x)&=4(3x)^4+(x+1)^4\\&=\left(2(3x)^2-2(3x)(x+1)+(x+1)^2\right)\left(2(3x)^2+2(3x)(x+1)+(x+1)^2\right)\\&=(13x^2-4x+1)(25x^2+8x+1).\end{aligned}$$

□

题 18.12. 求最小的正整数 n,使得多项式

$$P(x)=x^{n-4}+4n$$

是 4 个整系数非常数多项式的乘积.

Titu Andreescu –《数学反思》*S18*

解 我们证明最小的 n 为 16.

我们证明 1 到 15 均不符合要求. 显然需要有 $n\geqslant 4$,否则 $P(x)$ 不是多项式. 若 $4\leqslant n\leqslant 7$,则 $P(x)$ 的次数小于 4,不能分解成 4 个非常数多项式的乘积. 对于 $10\leqslant n\leqslant 15$,可以通过爱森斯坦判别法证明多项式 $x^{n-4}+4n$ 为有理系数不可约多项式,分别对素数 5,11,3,13,7,5 检验. 若 $n=9$,则 $P(x)=x^5+36$. 若 $P(x)$ 可以分解成 4 个非常数多项式的乘积,则其中一个为线性式,对应 $P(x)$ 的一个有理根,矛盾. 类似地,若 $n=8$,则 $P(x)=x^4+32$ 也将有一个有理根,矛盾.

若 $n=16$,则

$$\begin{aligned}x^{12}+64&=x^{12}+16x^6+64-16x^6\\&=(x^6+8)^2-(4x^3)^2\\&=(x^6-4x^3+8)(x^6+4x^3+8).\end{aligned}$$

另外,有

$$\begin{aligned}x^{12}+64&=(x^4+4)(x^8-4x^4+16)\\&=(x^2-2x+2)(x^2+2x+2)(x^8-4x^4+16).\end{aligned}$$

因为 x^2-2x+2 和 x^2+2x+2 没有整数根,所以它们都是不可约多项式,分别整除 x^6-4x^3+8 和 x^6+4x^3+8(可能要调换一下顺序). 事实上,我们有

$$x^6-4x^3+8=(x^2+2x+2)(x^4-2x^3+2x^2-4x+4),$$

$$x^6+4x^3+8=(x^2-2x+2)(x^4+2x^3+2x^2+4x+4).$$

因此对于 $n=16$,我们可以把 $P(x)$ 写成 4 个整系数多项式的乘积. □

题 18.13. 设

$$a_n = 1 - \frac{2n^2}{1+\sqrt{1+4n^4}} \quad \forall n = 1,2,3,\cdots.$$

证明:$\sqrt{a_1} + 2\sqrt{a_2} + \cdots + 20\sqrt{a_{20}}$ 是整数.

Titu Andreescu –《数学反思》*J559*

证明 注意到

$$\begin{aligned} 4n^2 a_n &= 4n^2 - \frac{8n^4\left(1-\sqrt{1+4n^4}\right)}{\left(1+\sqrt{1+4n^4}\right)\left(1-\sqrt{1+4n^4}\right)} \\ &= 4n^2 + 2\left(1-\sqrt{1+4n^4}\right) \\ &= \left(\sqrt{2n^2+2n+1} - \sqrt{2n^2-2n+1}\right)^2, \end{aligned}$$

因此

$$n\sqrt{a_n} = \frac{1}{2}\left(\sqrt{n^2+(n+1)^2} - \sqrt{(n-1)^2+n^2}\right).$$

于是题目中的求和可以裂项计算,得

$$\frac{1}{2}\left(\sqrt{20^2+21^2} - \sqrt{0^2+1^2}\right) = \frac{1}{2}(29-1) = 14.$$

□

题 18.14. 计算 $\sum\limits_{k\geqslant 1} \frac{64k}{k^4+64}$.

Titu Andreescu

解 注意到

$$\begin{aligned} \frac{64k}{k^4+64} &= \frac{64k}{((k-2)^2+4)((k+2)^2+4)} \\ &= \frac{8}{(k-2)^2+4} - \frac{8}{(k+2)^2+4}. \end{aligned}$$

因此所给求和可以裂项,每一项和 4 项之后的项抵消,得

$$\begin{aligned} \sum_{k\geqslant 1} \frac{64k}{k^4+64} &= 8\sum_{k\geqslant 1}\left(\frac{1}{(k-2)^2+4} - \frac{1}{(k+2)^2+4}\right) \\ &= 8\left(\frac{1}{5}+\frac{1}{4}+\frac{1}{5}+\frac{1}{8}\right) = \frac{31}{5}. \end{aligned}$$

□

题 18.15. 证明：$\prod\limits_{k=1}^{340}((2k+1)^4+4)$ 是完全平方数.

Titu Andreescu

证明　因为 $n^4+4=\left((n-1)^2+1\right)\left((n+1)^2+1\right)$，所以有

$$(2k+1)^4+4=\left((2k)^2+1\right)\left((2(k+1))^2+1\right).$$

上面除了 $(2\times 1)^2+1$ 和 $(2\times 341)^2+1$ 之外的所有因子都出现恰好两次，因此这些乘积为平方数. 而 $(2\times 1)^2+1$ 和 $(2\times 341)^2+1$ 的乘积为 $1\,525^2$，也是平方数，这样就完成了证明. □

题 18.16. 设卢卡斯序列 $\{L_n\}_{n\geqslant 1}$ 为：

$$L_1=1,\quad L_2=3,\quad L_{n+2}=L_{n+1}+L_n,\quad n=1,2,3,\cdots.$$

证明：若 $n=\frac{1}{4}(L_{6m+1}-1)$，$m$ 是正整数，则

$$\prod_{k=1}^{n}((4k-1)^4+64)$$

为完全平方数.

Titu Andreescu –《数学反思》*O575*

证明　我们有

$$n^4+64=\left((n-2)^2+4\right)\left((n+2)^2+4\right),$$

因此

$$(4k-1)^4+64=\left((4(k-1)+1)^2+4\right)\left((4k+1)^2+4\right).$$

类似上一题，只需证明 $5\left((4n+1)^2+4\right)$ 是完全平方数，即 $5(L_{6m+1}^2+4)$ 是完全平方数. 计算发现

$$L_{2t+1}^2+4=5F_{2t+1}^2,$$

其中 F_{2t+1} 为斐波那契数列的第 $2t+1$ 项，因此

$$5(L_{6m+1}^2+4)=(5F_{6m+1})^2,$$

这就完成了证明. □

题 18.17. 证明:对任意正整数 n,乘积

$$\frac{4(2k+1)}{2k^2-2k+1}+1,\quad k=0,1,\cdots,10^n-1,$$

是一个正整数,其数码和为 5.

Titu Andreescu

证明 我们有

$$\frac{4(2k+1)}{2k^2-2k+1}+1=\frac{2k^2+6k+5}{2k^2-2k+1}.\tag{1}$$

因为有

$$(2k^2-2k+1)(2k^2+2k+1)=4k^4+1$$

和

$$\begin{aligned}&(2k^2+2k+1)(2k^2+6k+5)\\=&(2(k+1)^2-2(k+1)+1)(2(k+1)^2+2(k+1)+1)\\=&4(k+1)^4+1,\end{aligned}$$

所以将式 (1)的分子和分母都乘以 $2k^2+k+1$,乘积变为

$$\prod_{k=0}^{10^n-1}\frac{4(k+1)^4+1}{4k^4+1},$$

裂项计算得到 $4(10^n)^4+1=4\underbrace{00\cdots0}_{4n-1\text{个}0}1$. 这样就完成了证明. □

题 18.18. 求所有的正整数 n,使得

$$\left(1^4+\frac{1}{4}\right)\left(2^4+\frac{1}{4}\right)\cdots\cdots\left(n^4+\frac{1}{4}\right)$$

为有理数的平方.

Titu Andreescu –《数学反思》*O145*

解 设 $P=\prod_{k=1}^{n}\left(k^4+\frac{1}{4}\right)$,$a_k=k^2-k+\frac{1}{2}$,$k=1,2,\cdots,n$. 由于 $a_{k+1}=k^2+k+\frac{1}{2}$ 以及

$$k^4+\frac{1}{4}=\left(k^2+\frac{1}{2}\right)^2-k^2=a_ka_{k+1},$$

因此得到

$$P=a_1a_{n+1}Q^2=\frac{1}{4}(2n^2+2n+1)Q^2,$$

其中

$$Q=\prod_{k=2}^{n} a_k.$$

于是,P 为有理数的平方,当且仅当

$$2n^2+2n+1=m^2,$$

m 为正整数. 这可以写成

$$(2n+1)^2-2m^2=-1,$$

利用佩尔方程的理论可得,方程

$$x^2-2y^2=-1$$

的所有正整数解为 $(x_k,y_k)_k$,其中整数 x_k,y_k 由

$$x_k+y_k\sqrt{2}=(1+\sqrt{2})^{2k+1},\quad x_k-y_k\sqrt{2}=(1-\sqrt{2})^{2k+1}$$

确定. 将上面两式相加并除以 2,得到 x_k 用 k 表示的式子. 最后,题目的解答为

$$n_k=\frac{x_k-1}{2}=\frac{(1+\sqrt{2})^{2k+1}+(1-\sqrt{2})^{2k+1}-2}{4},\quad k=1,2,3,\cdots.$$

□

题 18.19. 设函数 $f:\mathbb{Q}\times\mathbb{Q}\to\mathbb{Q}$ 为

$$f(x,y)=(x^2+1)(y^2+1),$$

有理数 a,b,c 满足

$$a^2b^2c^2=4(a^2+b^2+c^2).$$

证明:$f(a-1,b+1),f(b-1,c+1),f(c-1,a+1)$ 的乘积为有理数的平方.

Titu Andreescu

证明　因为 $\left((r-1)^2+1\right)\left((r+1)^2+1\right)=r^4+4$, 所以三个数的乘积为 $(a^4+4)(b^4+4)(c^4+4)$,然后根据上一章的题 17.13,这等于 $4(a^2b^2+b^2c^2+c^2a^2-4)^2$. □

题 18.20. 定义序列 $\{x_n\}_{n\in\mathbb{Z}_+}$ 和 $\{y_n\}_{n\in\mathbb{Z}_+}$ 为

$$x_1 = 3, \quad x_n = 3x_{n-1} + 4y_{n-1}, \quad n \geqslant 2,$$

$$y_1 = 2, \quad y_n = 2x_{n-1} + 3y_{n-1}, \quad n \geqslant 2.$$

证明:$z_n = 1 + 4x_n^2y_n^2, n = 1, 2, 3, \cdots$ 不包含素数.

Titu Andreescu –《蒂米什瓦拉数学学报》,题 *2571*

证明 我们先用归纳法证明

$$x_n^2 - 2y_n^2 = 1, \quad \forall n \in \mathbb{Z}_+. \tag{1}$$

当 $n = 1$ 时,直接计算得 $x_1^2 - 2y_1^2 = 3^2 - 2 \times 2^2 = 1$,命题成立.

现在,假设命题对 n 成立,于是有

$$x_{n+1}^2 - 2y_{n+1}^2 = (3x_n + 4y_n)^2 - 2(2x_n + 3y_n)^2 = x_n^2 - 2y_n^2 = 1.$$

因此式 (1) 对所有正整数成立. 现在

$$\begin{aligned}
z_n &= 1 + 4x_n^2y_n^2 \\
&= (x_n^2 - 2y_n^2)^2 + 4x_n^2y_n^2 \\
&= (x_n^2 + 2y_n^2)^2 - 4x_n^2y_n^2 \\
&= (x_n^2 + 2y_n^2 - 2x_ny_n)(x_n^2 + 2y_n^2 + 2x_ny_n) \\
&= \left((x_n - y_n)^2 + y_n^2\right)\left((x_n + y_n)^2 + y_n^2\right)
\end{aligned}$$

对所有 $n \in \mathbb{Z}_+$ 成立. 由于两个因子均大于 1,因此 $z_n (n \geqslant 1)$ 总是合数. □

题 18.21. 考虑实数 a,对任意正整数 n,设

$$z_n = (2a^2 + \mathrm{i})^n, \quad v_n = (a - 1 + a\mathrm{i})^n, \quad w_n = (a + 1 + a\mathrm{i})^n.$$

令 $A_n(z_n)$ 和 $B_n(v_nw_n)$ 分别为 z_n 和 v_nw_n 代表的复平面上的点. 证明: 线段 A_nB_n 的垂直平分线经过一个定点.

Titu Andreescu

证明 这个固定点为复平面上的原点为 O.

事实上，由 $|z_n|=(4a^4+1)^n$ 得

$$\begin{aligned}|v_nw_n| &= \left((a-1)^2+a^2\right)^n\cdot\left((a+1)^2+a^2\right)^n\\&=\left((2a^2-2a+1)(2a^2+2a+1)\right)^n\\&=(4a^4+1)^n.\end{aligned}$$

因此 $OA_n=OB_n$ 对所有 n 成立，于是得到了结论．□

题 18.22. 设 $\boldsymbol{A}$ 为 $n\times n$ 矩阵，满足 $\boldsymbol{A}^4=\boldsymbol{I}_n$．证明：$\boldsymbol{A}^2+(\boldsymbol{A}+\boldsymbol{I}_n)^2$ 和 $\boldsymbol{A}^2+(\boldsymbol{A}-\boldsymbol{I}_n)^2$ 为可逆矩阵．

Adrian Andreescu –《数学反思》*U553*

证明　我们有

$$\begin{aligned}\left(\boldsymbol{A}^2+(\boldsymbol{A}+\boldsymbol{I}_n)^2\right)\left(\boldsymbol{A}^2+(\boldsymbol{A}-\boldsymbol{I}_n)^2\right)&=(2\boldsymbol{A}^2+2\boldsymbol{A}+\boldsymbol{I}_n)(2\boldsymbol{A}^2-2\boldsymbol{A}+\boldsymbol{I}_n)\\&=4\boldsymbol{A}^4+\boldsymbol{I}_n\\&=5\boldsymbol{I}_n.\end{aligned}$$

因此 $\det\left(\boldsymbol{A}^2+(\boldsymbol{A}+\boldsymbol{I}_n)^2\right)\det\left(\boldsymbol{A}^2+(\boldsymbol{A}-\boldsymbol{I}_n)^2\right)=5^n\neq 0$，于是证明了问题．□

题 18.23. 设 K 为 q 个元素的有限域，证明：

(1) 若 $q\equiv 1\pmod 4$，则多项式 $f(x)=x^4+4$ 在 K 上有四个根．

(2) 多项式 $g(x)=x^8-16$ 在 K 上至少有一个根．

Dorel Miheţ –《数学公报》*C.O:5210*

证明　(1) 我们有

$$f(x)=(x^2-2x+2)(x^2+2x+2)=\left((x-1)^2+1\right)\left((x+1)^2+1\right).$$

设 $a\in K^*$ 为 $(K^*,\cdot)$ 的一个生成元．由于 $q=4k+1$，因此 a 在 K^* 中的阶为 $4k$．设 $b=a^{2k}\neq 1$，则有 $b^2=a^{4k}=1$，于是 $b=-1$．因此 $(a^k)^2=b=-1$，然后得到 $f(\pm1\pm a^k)=0$．

(2) 若 q 是偶数，则 $q=2^s$，$s\in\mathbb{Z}_+$，然后方程变为 $g(x)=x^8$，有根 $0\in K$．若 $q=4k+3$，$k\in\mathbb{N}$，则有 $g(x)=(x^2-2)(x^2+2)f(x)$，我们证明 x^2-2 和 x^2+2 中恰有一个有根在 K 中．设 $a\in K^*$ 为 $(K^*,\cdot)$ 的生成元，则有 $a^{4k+2}=1$ 和 $a^{2k+1}=-1$．设 $r\in\mathbb{N}$ 满足 $2=a^r$，则 $-2=a^{r+2k+1}$．由于 r 和 $r+2k+1$ 中恰有一个是偶数，因此 $x^2=2$ 和 $x^2=-2$ 中恰有一个在 K 中有根 ($\pm a^{\frac{r}{2}}$ 或者 $\pm a^{\frac{r+2k+1}{2}}$)．$q=4k+1$ 的情形已经在 (1) 中解决．这样就完成了证明．□

第 19 章 $t + k/t$

题 19.1. 设 $x+\frac{1}{x}=a, y+\frac{1}{y}=b, xy+\frac{1}{xy}=c$,证明:$a^2+b^2+c^2-abc$ 为完全平方数.

证明 我们有

$$a^2=x^2+\frac{1}{x^2}+2,\quad b^2=y^2+\frac{1}{y^2}+2,\quad c^2=x^2y^2+\frac{1}{x^2y^2}+2.$$

因此

$$\begin{aligned}a^2+b^2+c^2-abc=&\left(x^2+\frac{1}{x^2}+2\right)+\left(y^2+\frac{1}{y^2}+2\right)+\left(x^2y^2+\frac{1}{x^2y^2}+2\right)-\\&\left(x+\frac{1}{x}\right)\left(y+\frac{1}{y}\right)\left(xy+\frac{1}{xy}\right)\\=&x^2+y^2+x^2y^2+\frac{1}{x^2}+\frac{1}{y^2}+\frac{1}{x^2y^2}+6-\\&\left(xy+\frac{x}{y}+\frac{y}{x}+\frac{1}{xy}\right)\left(xy+\frac{1}{xy}\right)\\=&x^2+y^2+x^2y^2+\frac{1}{x^2}+\frac{1}{y^2}+\frac{1}{x^2y^2}+6-\\&\left(x^2y^2+1+x^2+\frac{1}{y^2}+y^2+\frac{1}{x^2}+1+\frac{1}{x^2y^2}\right)\\=&6-2=4.\end{aligned}$$

□

题 19.2. 设 a,b,c 为两两不同的非零实数,满足 $ab+\frac{1}{ab}=bc+\frac{1}{bc}=ca+\frac{1}{ca}$,证明:$(abc)^2=1$.

证明 若 $ab+\frac{1}{ab}=bc+\frac{1}{bc}$,则 $ab-bc=\frac{1}{bc}-\frac{1}{ab}$,即 $b(a-c)=\frac{a-c}{abc}$. 类似地,得 $c(b-a)=\frac{b-a}{abc}$ 和 $a(c-b)=\frac{c-b}{abc}$. 于是有

$$abc(a-c)(b-a)(c-b)=\frac{(a-c)(b-a)(c-b)}{(abc)^3}.$$

由于 a,b,c 互不相等,因此得到 $(abc)^4=1$,于是 $(abc)^2=1$. □

题 19.3. 设正实数 a 满足 $a^2+\frac{16}{a^2}=2\ 017$,计算 $\sqrt{a}+\frac{2}{\sqrt{a}}$.

Titu Andreescu – AwesomeMath 入学测试 *2017*, 测试 A

解 由题目条件,得

$$\left(a+\frac{4}{a}\right)^2=2\ 025\ \Rightarrow\ a+\frac{4}{a}=45.$$

因此

$$\left(\sqrt{a}+\frac{2}{\sqrt{a}}\right)^2=49\ \Rightarrow\ \sqrt{a}+\frac{2}{\sqrt{a}}=7.$$

□

题 19.4. 求方程的实数解

$$x+\frac{1}{x}=2\sqrt{x-\frac{1}{x}}.$$

Titu Andreescu

解 必然有 $x-\frac{1}{x}\geqslant 0$,于是 $-1\leqslant x<0$ 或者 $x\geqslant 1$. 进一步,由于题目所给的方程的右端非负,因此 $x+\frac{1}{x}\geqslant 0$,得 $x>0$,故 $x\geqslant 1$. 将方程两边平方,得到

$$\left(x+\frac{1}{x}\right)^2=4\left(x-\frac{1}{x}\right),$$

于是有

$$\left(x-\frac{1}{x}\right)^2+4-4\left(x-\frac{1}{x}\right)=0.$$

因此 $\left(\left(x-\frac{1}{x}\right)-2\right)^2=0$, 于是 $x^2-2x-1=0$, 结合条件 $x\geqslant 1$, 解得 $x=1+\sqrt{2}$. □

题 19.5. 求方程的正实数解

$$\sqrt{x^4-4x}+\frac{1}{x^2}=1.$$

Titu Andreescu –《数学反思》*J407*

解 所给方程等价于

$$x\sqrt{x^4-4x}=x-\frac{1}{x}.$$

两边平方得到 $x^6-4x^3=x^2-2+\frac{1}{x^2}$,两边加 4 并配方,得到

$$(x^3-2)^2=\left(x+\frac{1}{x}\right)^2.$$

由于 $x^3>4$,因此 $x^3-2=x+\frac{1}{x}$,于是 $x^4-2x=x^2+1$,配方得到 $x^4=(x+1)^2$,即 $x^2=x+1$,解得 $x=\frac{1+\sqrt{5}}{2}$. □

题 19.6. 设 a 为正实数,求方程的实数解

$$x^3-3x=a+\frac{1}{a}.$$

Titu Andreescu

解 设 $b=\sqrt[3]{a}$,则方程可以改写为

$$x^3-3x=\left(b+\frac{1}{b}\right)^3-3\left(b+\frac{1}{b}\right),$$

移项得到

$$x^3-\left(b+\frac{1}{b}\right)^3-3\left(x-\left(b+\frac{1}{b}\right)\right)=0,$$

因式分解得

$$\left(x-\left(b+\frac{1}{b}\right)\right)\left(x^2+\left(b+\frac{1}{b}\right)x+\left(b+\frac{1}{b}\right)^2-3\right)=0,$$

因此 $x=b+\frac{1}{b}$ 或者

$$x^2+\left(b+\frac{1}{b}\right)x+\left(b+\frac{1}{b}\right)^2-3=0.$$

这个二次方程的判别式为

$$\left(b+\frac{1}{b}\right)^2-4\left(b+\frac{1}{b}\right)^2+12=-3\left(\left(b+\frac{1}{b}\right)^2-4\right)\leqslant 0,$$

其中用到了 $b+\frac{1}{b}\geqslant 2$,当且仅当 $b=1$ 时,等号成立. 因此,若 $a\neq 1$,则 $x=\sqrt[3]{a}+\frac{1}{\sqrt[3]{a}}$ 是唯一的解,若 $a=1$,则 $x=-1$ 也是一个解. □

题 19.7. 设正实数 a 使得对某个正整数 n,

$$3\left(a^{n-1}+\frac{1}{a^{n-1}}\right),\quad 5\left(a^n+\frac{1}{a^n}\right),\quad 3\left(a^{n+1}+\frac{1}{a^{n+1}}\right)$$

是一个等差数列,求所有可能的 a.

Titu Andreescu

解 根据恒等式

$$a^{n+1}+\frac{1}{a^{n+1}}=\left(a+\frac{1}{a}\right)\left(a^n+\frac{1}{a^n}\right)-\left(a^{n-1}+\frac{1}{a^{n-1}}\right)$$

可得

$$3\left(a^{n+1}+\frac{1}{a^{n+1}}\right)+3\left(a^{n-1}+\frac{1}{a^{n-1}}\right)=3\left(a+\frac{1}{a}\right)\left(a^{n}+\frac{1}{a^{n}}\right). \tag{1}$$

将题目假设用方程写出,得到

$$3\left(a^{n+1}+\frac{1}{a^{n+1}}\right)+3\left(a^{n-1}+\frac{1}{a^{n-1}}\right)=2\times 5\left(a^{n}+\frac{1}{a^{n}}\right). \tag{2}$$

比较式 (1) 和式 (2),得到 $2\times 5=3\left(a+\frac{1}{a}\right)$,解出 $a=3$ 或者 $a=\frac{1}{3}$. 验证 $a=3(a=\frac{1}{3}$ 时给出同样的序列) 时得到

$$3\left(3^{n-1}+\frac{1}{3^{n-1}}\right)=3^{n}+\frac{9}{3^{n}},$$
$$5\left(3^{n}+\frac{1}{3^{n}}\right)=5\times 3^{n}+\frac{5}{3^{n}},$$
$$3\left(3^{n+1}+\frac{1}{3^{n+1}}\right)=9\times 3^{n}+\frac{1}{3^{n}},$$

因此我们得到了一个公差为 $4\times 3^{n}-\frac{4}{3^{n}}$ 的等差数列. □

题 19.8. 设 t 和 k 为正实数,证明:不存在正整数 n,使得

$$t^{n-1}+\frac{k}{t^{n-1}},\quad t^{n}+\frac{k}{t^{n}},\quad t^{n+1}+\frac{k}{t^{n+1}}$$

为一个非常数的等比数列.

Titu Andreescu

证明　假设三个数构成等比数列,则有

$$\left(t^{n}+\frac{k}{t^{n}}\right)^{2}=\left(t^{n-1}+\frac{k}{t^{n-1}}\right)\left(t^{n+1}+\frac{k}{t^{n+1}}\right).$$

于是得到 $2k=k\left(t^{2}+\frac{1}{t^{2}}\right)$,得 $t=1$,但是此时这三个数都是 $1+k$,矛盾. □

题 19.9. 设非零实数 a 满足

$$\left(a-\frac{1}{a}\right)\left(\frac{1}{a}-a+1\right)=\frac{1}{4},$$

计算

$$\left(a^{3}-\frac{1}{a^{3}}\right)\left(\frac{1}{a^{3}}-a^{3}+1\right).$$

Titu Andreescu

解 根据所给条件,得

$$-\left(a-\frac{1}{a}\right)^2+\left(a-\frac{1}{a}\right)-\frac{1}{4}=0,$$

因式分解为

$$-\left(\left(a-\frac{1}{a}\right)-\frac{1}{2}\right)^2=0.$$

因此 $a-\frac{1}{a}=\frac{1}{2}$,于是有

$$a^3-\frac{1}{a^3}=\left(a-\frac{1}{a}\right)^3+3\left(a-\frac{1}{a}\right)=\frac{1}{8}+\frac{3}{2}=\frac{13}{8},$$

然后得到

$$\left(a^3-\frac{1}{a^3}\right)\left(\frac{1}{a^3}-a^3+1\right)=\frac{13}{8}\left(-\frac{13}{8}+1\right)=-\frac{65}{64}.$$

□

题 19.10. 设正实数 a,b 满足

$$\frac{a^3}{b^2}+\frac{b^3}{a^2}=5\sqrt{5ab}.$$

证明:

$$\sqrt{\frac{a}{b}}+\sqrt{\frac{b}{a}}=\sqrt{5}.$$

Adrian Andreescu –《数学反思》*S475*

证明 令 $x=\sqrt{\frac{a}{b}}, y=x+\frac{1}{x}$,则有

$$\begin{aligned}\frac{a^3}{b^2}+\frac{b^3}{a^2}=5\sqrt{5ab}&\Leftrightarrow x^5+\frac{1}{x^5}=5\sqrt{5}\\&\Leftrightarrow\left(x+\frac{1}{x}\right)\left(x^4-x^2+1-\frac{1}{x^2}+\frac{1}{x^4}\right)=5\sqrt{5}\\&\Leftrightarrow y(y^4-5y^2+5)=5\sqrt{5}\\&\Leftrightarrow\left(y-\sqrt{5}\right)\left(y^4+\sqrt{5}y^3+5\right)=0.\end{aligned}$$

由于 $y^4+\sqrt{5}y^3+5>0$,因此得到结论 $y=\sqrt{5}$. □

题 19.11. 设非零实数 a 满足:存在实数 $b\geqslant 1$,使得 $a^3+\frac{1}{a^3}=b\sqrt{b+3}$. 证明: $a^2+\frac{1}{a^2}=b+1$.

Titu Andreescu –《数学反思》*S571*

证明　显然有 $a>0$. 将所给的式子两边平方,得

$$a^6+2+\frac{1}{a^6}=b^2(b+3),$$

于是 $a^6+\frac{1}{a^6}=b^3+3b^2-2$. 代数变形得到

$$\left(a^2+\frac{1}{a^2}\right)^3-3\left(a^2+\frac{1}{a^2}\right)=(b+1)^3-3(b+1).$$

当 $x\geqslant 2$ 时,函数 $f(x)=x^3-3x$ 为增函数. 事实上,

$$f(x)-2=(x-2)(x+1)^2,$$

因此若 $x>y$,则 $f(x)>f(y)$.

因此,若 u 和 v 为不小于 2 的实数,满足 $u^3-3u=v^3-3v$,则有 $u=v$. 这样就证明了 $a^2+\frac{1}{a^2}=b+1$. □

题 19.12. 已知 $a_1,a_2,\cdots,a_n>0$ 且 $a_1+a_2+\cdots+a_n=\sqrt{n}$,证明:

$$\left(a_1+\frac{1}{a_1}\right)^2+\left(a_2+\frac{1}{a_2}\right)^2+\cdots+\left(a_n+\frac{1}{a_n}\right)^2\geqslant(n+1)^2.$$

Titu Andreescu, Alessandro Ventullo –《数学反思》*S576*

证明　根据均值不等式,有

$$\begin{aligned}&\left(a_1+\frac{1}{a_1}\right)^2+\left(a_2+\frac{1}{a_2}\right)^2+\cdots+\left(a_n+\frac{1}{a_n}\right)^2\\ \geqslant\ & n\left(\frac{a_1+\frac{1}{a_1}+a_2+\frac{1}{a_2}+\cdots+a_n+\frac{1}{a_n}}{n}\right)^2\\ =\ &\frac{\left(\sqrt{n}+\frac{1}{a_1}+\frac{1}{a_2}+\cdots+\frac{1}{a_n}\right)^2}{n}.\end{aligned}$$

再根据均值不等式,有

$$\frac{1}{a_1}+\frac{1}{a_2}+\cdots+\frac{1}{a_n}\geqslant\frac{n^2}{a_1+a_2+\cdots+a_n}=n\sqrt{n},$$

这样就得到了要证明的结论. 当且仅当 $a_1=a_2=\cdots=a_n=\frac{\sqrt{n}}{n}$ 时,等号成立. □

题 19.13. 设 a 是正实数,$f(x)=a^x+\frac{1}{a^x}$. 已知 $f\left(\frac{2}{3}\right)=1+2\sqrt{2}$,求 $f\left(\frac{3}{2}\right)$.

Adrian Andreescu –《数学反思》*J577*

解 我们有

$$\left(a^{\frac{1}{3}}+\frac{1}{a^{\frac{1}{3}}}\right)^{2}=3+2\sqrt{2},$$

得

$$a^{\frac{1}{3}}+\frac{1}{a^{\frac{1}{3}}}=1+\sqrt{2}.$$

利用恒等式

$$u^{3}+v^{3}=(u+v)\left((u+v)^{2}-3uv\right),$$

我们得到

$$a+\frac{1}{a}=(1+\sqrt{2})(3+2\sqrt{2}-3)=2\sqrt{2}+4$$

和

$$a^{3}+\frac{1}{a^{3}}=(2\sqrt{2}+4)(24+16\sqrt{2}-3)=148+106\sqrt{2}.$$

于是有

$$\left(a^{\frac{3}{2}}+\frac{1}{a^{\frac{3}{2}}}\right)^{2}=a^{3}+\frac{1}{a^{3}}+2=150+106\sqrt{2},$$

然后得出 $f\left(\frac{3}{2}\right)=\sqrt{150+106\sqrt{2}}$. □

题 19.14. 设 $x^2+x\sqrt{5}+1=0$, 求实数 a 使得

$$x^{10}+ax^{5}+1=0.$$

Titu Andreescu – AwesomeMath 入学测试 *2011,* 测试 C

解 若 $x^{10}+ax^5+1=0$, 则 $x^5+\frac{1}{x^5}=-a$. 注意到 $x+\frac{1}{x}=-\sqrt{5}$. 定义序列 $a_n=x^n+\frac{1}{x^n}$, 则有递推方程 $a_{n+1}+\sqrt{5}a_n+a_{n-1}=0$. 由 $a_0=2$ 和 $a_1=-\sqrt{5}$ 可得

$$a_2=3,\quad a_3=-2\sqrt{5},\quad a_4=7,\quad a_5=-5\sqrt{5}.$$

因此 $a=5\sqrt{5}$. □

题 19.15. 设有理数 r_1 使得方程

$$x^{2}+r_{1}x+1=0$$

有有理根. 证明:对任意正整数 n, 存在有理数 r_n, 使得 $x^{2n}+r_nx^n+1=0$ 有有理根.

Titu Andreescu

证明　略. *　□

题 19.16. 证明:对任意正整数 $n \geqslant 2$,

$$\sqrt[n]{\sqrt{5}+2}+\sqrt[n]{\sqrt{5}-2}$$

是一个无理数.

Titu Andreescu

证明　记 $\sqrt[n]{\sqrt{5}+2}=t$, 则 $\sqrt[n]{\sqrt{5}-2}=\frac{1}{t}$. 若 $t+\frac{1}{t}$ 为有理数, 则 $t^2+\frac{1}{t^2}=\left(t+\frac{1}{t}\right)^2-2$ 也是有理数. 由

$$t^{k+1}+\frac{1}{t^{k+1}}=\left(t+\frac{1}{t}\right)\left(t^k+\frac{1}{t^k}\right)-\left(t^{k-1}+\frac{1}{t^{k-1}}\right)$$

进行归纳可得 $t^n+\frac{1}{t^n}$ 为有理数. 但是

$$t^n+\frac{1}{t^n}=\sqrt{5}+2+\sqrt{5}-2=2\sqrt{5},$$

是无理数,矛盾. 这样就完成了证明.　□

题 19.17. 求方程组的实数解

$$x^3=3x+y, \quad y^3=3y+z, \quad z^3=3z+x.$$

Titu Andreescu

解　第一个方程说明 y 是关于 x 的一个 3 次多项式. 第二个方程说明 z 是关于 y 的 3 次多项式,于是 z 是关于 x 的 9 次多项式. 类似地,第三个方程说明 x 是关于 x 的 27 次多项式. 因此 x 是一个 27 次多项式的根. 由于 x 决定了 y 和 z,因此这个方程组最多有 27 组解.

我们先寻找形如 $x=t+\frac{1}{t}$ 的解,其中 $t \neq 0$. 从第一个方程得到 $y=t^3+\frac{1}{t^3}$,代入到第二个方程,得 $z=t^9+\frac{1}{t^9}$,再代入第三个方程,得 $x=t^{27}+\frac{1}{t^{27}}$.

两对数 $\left\{t,\frac{1}{t}\right\}$ 和 $\left\{t^{27},\frac{1}{t^{27}}\right\}$ 有相同的和 x 与相同的积 1,因此这两对数至多差一个对换后相同. 于是 $t^{27}=t$ 或者 $t^{27}=\frac{1}{t}$,这说明 t 是一个 26 次或者 28 次单位根.

二者之间有公共的根 $t=\pm 1$,还有重复计算:当 t 是 n 次单位根时,$\frac{1}{t}$ 也是 n 次单位根,二者给出相同的 x. 为了避免重复计算,我们将 ± 1 记为 26 次单位根,

*此题题目条件和结论没有任何关系. 题目结论也显然成立, 只需任取 $x_0 \in \mathbb{Q}$, 然后令 $r_n=-\left(x_0^n+\frac{1}{x_0^n}\right)$ 即可. ——译者注

不算在 28 次单位根中，同时，我们只计算闭的上半平面中的根．这样，我们一共得到 27 个不同的解：

$$t_m=\cos\frac{m\pi}{13}+\mathrm{i}\sin\frac{m\pi}{13},\quad m=0,1,\cdots,13$$

和

$$t_n=\cos\frac{n\pi}{14}+\mathrm{i}\sin\frac{n\pi}{14},\quad n=1,2,\cdots,13.$$

由于我们已经知道方程最多有 27 个不同的解 (因为 $\cos x$ 在 $[0,\pi]$ 上是单调函数，所以这些解的实部不同)，因此我们已经找到所有的解．所有的解 (x,y,z) 为

$$\left(2\cos\frac{m\pi}{13},2\cos\frac{3m\pi}{13},2\cos\frac{9m\pi}{13}\right),\quad m=0,1,\cdots,13,$$

$$\left(2\cos\frac{n\pi}{14},2\cos\frac{3n\pi}{14},2\cos\frac{9n\pi}{14}\right),\quad n=1,2,\cdots,13.$$

□

题 19.18. 求方程组的非零实数解

$$x-\frac{1}{x}=2y,\quad y-\frac{1}{y}=2z,\quad z-\frac{1}{z}=2w,\quad w-\frac{1}{w}=2x.$$

Titu Andreescu

解 设 $x=\cot a$，其中 $a\in(0,\pi)$，则 $y=\cot 2a$，$z=\cot 4a$，$w=\cot 8a$，$x=\cot 16a$．于是有 $\cot 16a=\cot a$，给出 $16a-a=k\pi,k=1,2,\cdots,14$．

方程组的解为

$$x=\cot\left(\frac{k\pi}{15}\right),\quad y=\cot\left(\frac{2k\pi}{15}\right),\quad z=\cot\left(\frac{4k\pi}{15}\right),\quad w=\cot\left(\frac{8k\pi}{15}\right),$$

其中 $k=1,2,\cdots,14$． □

题 19.19. 求方程组的非零实数解

$$x-\frac{1}{x}+\frac{2}{y}=y-\frac{1}{y}+\frac{2}{z}=z-\frac{1}{z}+\frac{2}{x}=0.$$

Adrian Andreescu –《数学反思》*J561*

解 设 $x=\tan u$，其中 $u\in\left(-\frac{\pi}{2},\frac{\pi}{2}\right)$，则 $y=\tan 2u,z=\tan 4u,x=\tan 8u$．

因此 $\tan 8u=\tan u$，得出 $8u-u=k\pi,k=1,2,\cdots,6$，于是得方程组的解为

$$x=\tan\left(\frac{k\pi}{7}\right),\quad y=\tan\left(\frac{2k\pi}{7}\right),\quad z=\tan\left(\frac{4k\pi}{7}\right),\quad k=1,2,\cdots,6.$$

□

题 19.20. 设 a,b,c 为两两不同的实数,证明:

$$\left(a+\frac{1}{a}\right)^2\left(1-b^4\right),\quad \left(b+\frac{1}{b}\right)^2\left(1-c^4\right),\quad \left(c+\frac{1}{c}\right)^2\left(1-a^4\right)$$

中至少有一个不等于 4.

Titu Andreescu –《数学反思》*S563*

证法一　用反证法,假设三个数都等于 4,则 a^2,b^2,c^2 均小于 1. 第一个等式可以改写成

$$a^2+\frac{1}{a^2}=\frac{4}{1-b^4}-2.$$

记 $a^2=\tan u, b^2=\tan v, c^2=\tan w$,其中 $u,v,w\in\left(0,\frac{\pi}{4}\right)$. 我们有

$$\frac{\tan^2 u+1}{\tan u}=2\frac{\tan^2 v+1}{1-\tan^2 v},$$

得出

$$\frac{2\tan u}{1+\tan^2 u}=\frac{1-\tan^2 v}{1+\tan^2 v}.$$

于是有 $\sin 2u=\cos 2v$,而且由于 $2u,2v\in\left(0,\frac{\pi}{2}\right)$,因此

$$2u+2v=\frac{\pi}{2}.$$

类似地,第二个等式可以得出 $2v+2w=\frac{\pi}{2}$,于是 $u=w$,与题目假设矛盾. 这样就完成了证明. □

证法二　用反证法,假设三个数都等于 4. 第一个等式可以写成

$$\frac{2a^2}{1+a^4}=\frac{1-b^4}{1+b^4},$$

于是有

$$\left(\frac{1-a^4}{1+a^4}\right)^2=1-\left(\frac{2a^2}{1+a^4}\right)^2=1-\left(\frac{1-b^4}{1+b^4}\right)^2=\left(\frac{2b^2}{1+b^4}\right)^2.$$

因为 $|a|<1$,所以有

$$\frac{1-a^4}{1+a^4}=\frac{2b^2}{1+b^4}.$$

然而还有

$$\frac{1-a^4}{1+a^4}=\frac{2c^2}{1+c^4},$$

得出 $b=c$,矛盾. □

题 19.21. 设实数 a 和 b 均大于 1,满足

$$a+\frac{1}{a}=2\sec c,\quad b+\frac{1}{b}=2\operatorname{cosec} c$$

对某个实数 c 成立. 证明:

$$ab+\frac{1}{ab}=2+4\operatorname{cosec} 2c.$$

Titu Andreescu

证明 从所给的条件得出 $\sec c>0$ 和 $\operatorname{cosec} c>0$,因此有 $\tan c>0$ 和 $\cot c>0$. 我们有

$$\left(a-\frac{1}{a}\right)^2=\left(a+\frac{1}{a}\right)^2-4=4\left(\sec^2 c-1\right)=4\tan^2 c$$

和

$$\left(b-\frac{1}{b}\right)^2=\left(b+\frac{1}{b}\right)^2-4=4\left(\operatorname{cosec}^2 c-1\right)=4\cot^2 c.$$

由于 $a-\frac{1}{a}>0$ 和 $b-\frac{1}{b}>0$,因此得到

$$a-\frac{1}{a}=2\tan c,\quad b-\frac{1}{b}=2\cot c.$$

于是有

$$\left(a-\frac{1}{a}\right)\left(b-\frac{1}{b}\right)=4$$

和

$$\left(a+\frac{1}{a}\right)\left(b+\frac{1}{b}\right)=\frac{4}{\cos c\cdot\sin c}.$$

因此有

$$2ab+\frac{2}{ab}=\left(a-\frac{1}{a}\right)\left(b-\frac{1}{b}\right)+\left(a+\frac{1}{a}\right)\left(b+\frac{1}{b}\right)=4+\frac{8}{\sin 2c},$$

这样就得到了要证的结论. □

题 19.22. 设正实数 a,b,c 满足 $ab+bc+ca=1$ 和

$$\left(a+\frac{1}{a}\right)^2\left(b+\frac{1}{b}\right)^2-\left(b+\frac{1}{b}\right)^2\left(c+\frac{1}{c}\right)^2+\left(c+\frac{1}{c}\right)^2\left(a+\frac{1}{a}\right)^2=0.$$

证明:$a=1$.

Adrian Andreescu –《数学反思》*J574*

证明 条件 $ab+bc+ca=1$ 和 $a,b,c>0$ 提示我们可以作变量替换 $a=\tan\frac{X}{2}$，$b=\tan\frac{Y}{2}$，$c=\tan\frac{Z}{2}$，其中 X,Y,Z 为一个三角形的内角. 于是方程变为

$$\left(\frac{2}{\sin X}\right)^2\left(\frac{2}{\sin Y}\right)^2-\left(\frac{2}{\sin Y}\right)^2\left(\frac{2}{\sin Z}\right)^2+\left(\frac{2}{\sin Z}\right)^2\left(\frac{2}{\sin X}\right)^2=0,$$

得出

$$\sin^2 Z-\sin^2 X+\sin^2 Y=0.$$

设 x,y,z 分别为 X,Y,Z 对应顶点的对边长度，于是上式等价于 $z^2+y^2=x^2$. 因此 $X=90°$，然后有 $a=\tan\frac{90°}{2}=1$，这样就完成了证明. $\square$

题 19.23. 设复数 z 满足 $z+\frac{1}{z}=2\cos 3°$，求大于 $z^{2\,000}+\frac{1}{z^{2\,000}}$ 的最小整数.

Titu Andreescu – AIME II *2000*

解 由二次方程 $z^2-(2\cos 3°)z+1=0$ 得

$$z=\frac{2\cos 3°\pm\sqrt{4\cos^2 3°-4}}{2}=\cos 3°\pm\mathrm{i}\sin 3°.$$

利用棣莫弗定理得到

$$z^{2\,000}=\cos 6\,000°+\mathrm{i}\sin 6\,000°.$$

由于

$$6\,000=16\times 360+240,$$

因此

$$z^{2\,000}=\cos 240°+\mathrm{i}\sin 240°.$$

于是 $z^{2\,000}+\frac{1}{z^{2\,000}}=2\cos 240°=-1$，大于 -1 的最小整数为 0. $\square$

题 19.24. 设复数 z 满足

$$\left(z+\frac{1}{z}\right)\left(z+\frac{1}{z}+1\right)=1.$$

对任意整数 n，计算

$$\left(z^n+\frac{1}{z^n}\right)\left(z^n+\frac{1}{z^n}+1\right).$$

Titu Andreescu

解 所给条件等价于

$$z^2+z+1+\frac{1}{z}+\frac{1}{z^2}=0.$$

由于 $z\neq 0,1$,因此我们可以将上式记为 $\frac{z^5-1}{z^2(z-1)}=0$,于是得到 $z^5=1$.

对于 $n\equiv 0\pmod 5$,我们的乘积为 $(1+1)(1+1+1)=6$.

对于其他情况,由于 $z^n-1\neq 0$,因此

$$\begin{aligned}\left(z^n+\frac{1}{z^n}\right)\left(z^n+\frac{1}{z^n}+1\right)-1&=z^{2n}+z^n+1+\frac{1}{z^n}+\frac{1}{z^{2n}}=\frac{(z^n)^5-1}{z^{2n}(z^n-1)}\\&=\frac{(z^5)^n-1}{z^{2n}(z^n-1)}=0,\end{aligned}$$

于是问题的答案为

$$\left(z^n+\frac{1}{z^n}\right)\left(z^n+\frac{1}{z^n}+1\right)=\begin{cases}6, & n\equiv 0\pmod 5\\ 1, & n\not\equiv 0\pmod 5\end{cases}.$$

□

题 19.25. 设 n 为正奇数,z 为复数,满足 $z^{2^n-1}-1=0$. 计算

$$\prod_{k=1}^{n}\left(z^{2^k}+\frac{1}{z^{2^k}}-1\right).$$

Titu Andreescu –《数学反思》*O213*

解 我们首先证明 $z+\frac{1}{z}+1\neq 0$. 否则有 $z^3=1$,于是 $z^{3k}=1,z^{3k+1}=z$ 对所有正整数 k 成立. 由于 n 是奇数,因此 $2^n-1\equiv 1\pmod 3$,于是 $z^{2^n-1}=z$,得到 $z=1$,矛盾.

记

$$Z_n=\prod_{k=0}^{n-1}\left(z^{2^k}+\frac{1}{z^{2^k}}-1\right).$$

由等式

$$\left(z+\frac{1}{z}+1\right)\left(z+\frac{1}{z}-1\right)=z^2+\frac{1}{z^2}+1,$$

以及将 z 替换成 $z^2,z^4,\cdots,z^{2^{n-1}}$ 得到的类似等式,可以将乘积 $\left(z+\frac{1}{z}-1\right)Z_n$ 裂项计算得到

$$\begin{aligned}\left(z+\frac{1}{z}+1\right)Z_n&=\left(z^2+\frac{1}{z^2}+1\right)\left(z^2+\frac{1}{z^2}-1\right)\cdot\cdots\cdot\left(z^{2^{n-1}}+\frac{1}{z^{2^{n-1}}}-1\right)\\&=\cdots=z^{2^n}+\frac{1}{z^{2^n}}+1.\end{aligned}$$

然而,由所给条件得 $z^{2^n}=z$,于是有

$$\left(z+\frac{1}{z}+1\right)Z_n=z+\frac{1}{z}+1.$$

由于 $z+\frac{1}{z}+1\neq 0$,因此必然有 $Z_n=1$. □

题 19.26. 设 $\boldsymbol{A}$ 和 $\boldsymbol{B}$ 为 $n\times n$ 可逆矩阵,满足

$$(\boldsymbol{A}+\boldsymbol{B}^{-1})-(\boldsymbol{A}^{-1}+\boldsymbol{B})=\boldsymbol{I}_n$$

和

$$(\boldsymbol{A}+\boldsymbol{B})-(\boldsymbol{A}^{-1}+\boldsymbol{B}^{-1})=3\boldsymbol{I}_n.$$

计算

$$(\boldsymbol{A}^3+\boldsymbol{B}^{-3})-(\boldsymbol{A}^{-3}+\boldsymbol{B}^3).$$

Titu Andreescu

解　将所给的条件相加与相加,分别得到

$$\boldsymbol{A}-\boldsymbol{A}^{-1}=2\boldsymbol{I}_n$$

和

$$\boldsymbol{B}-\boldsymbol{B}^{-1}=\boldsymbol{I}_n.$$

两边三次方,得

$$\boldsymbol{A}^3-\boldsymbol{A}^{-3}-3(\boldsymbol{A}-\boldsymbol{A}^{-1})=8\boldsymbol{I}_n$$

和

$$\boldsymbol{B}^3-\boldsymbol{B}^{-3}-3(\boldsymbol{B}-\boldsymbol{B}^{-1})=\boldsymbol{I}_n,$$

因此有 $\boldsymbol{A}^3-\boldsymbol{A}^{-3}=14\boldsymbol{I}_n$ 和 $\boldsymbol{B}^3-\boldsymbol{B}^{-3}=4\boldsymbol{I}_n$,得出

$$(\boldsymbol{A}^3+\boldsymbol{B}^{-3})-(\boldsymbol{A}^{-3}+\boldsymbol{B}^3)=10\boldsymbol{I}_n.$$

□

第 20 章 $x^5+x\pm 1$

题 20.1. 求正整数 n,使得 $(n-1)^5+n$ 为素数.

Titu Andreescu

解 令 $m=n-1$,则 $m\geqslant 0$,利用第 77 页的式 (10.1),得到

$$p=m^5+m+1=(m^2+m+1)(m^3-m^2+1).$$

注意到当 $m=0$ 时,我们得到 $p=1$ 不是素数. 当 $m\geqslant 1$ 时,若 p 为素数,则两个因子之一为 1. 由于 $m^2+m+1>1$,因此必有 $m^3-m^2+1=1$,得到 $m^2(m-1)=0$. 于是 $m=1,n=2$,此时有 $p=3$,满足要求. □

题 20.2. 证明:对任意非负整数 n,

$$5^{5^{n+1}}+5^{5^n}+1$$

不是素数.

Titu Andreescu

证明 设 $m=5^{5^n}$,则有

$$5^{5^{n+1}}+5^{5^n}+1=m^5+m+1=(m^2+m+1)(m^3-m^2+1).$$

由于两个因子均大于 1,因此这个数不是素数. □

题 20.3. 证明:对任意正整数 n,

$$3\ 125^n-625^n-1$$

有至少两个大于 25^n-5^n 的因子.

Titu Andreescu

证明　设 $m=5^n$，则我们需要证明 m^5-m^4-1 有至少两个因子超过 m^2-m. 根据第 77 页的式 (10.4)，我们有

$$m^5-m^4-1=(m^2-m+1)(m^3-m-1).$$

两个数 m^2-m+1 和 m^3-m-1 均超过 m^2-m，这样就完成了证明.　□

题 20.4. 求最大的素数 p，使得 $3p$ 是三位数，并且整除 $31^{31}+32^{155}$.

Adrian Andreescu –《数学反思》*J534*

解　$p=331$ 是满足题目条件的最大素数. 事实上，由于 $31^{31}+32^{155}=31^{31}+(32^5)^{31}$ 的一个因子为

$$31+32^5=32^5+32-1=(32^2-32+1)(32^3+32^2-1),$$

而且 $32^2-32+1=3\times331$，因此 p 满足题目的整除要求. 又因为 $3p$ 是三位数，所以 $p\leqslant333$，而显然 $333=9\times37$ 不是素数. 因此 p 是所求的最大素数.　□

题 20.5. 设 $a\in(0,1)$ 满足 $\log_a(1-a)=5$，计算 $\log_a(1+a)$.

Titu Andreescu

解　由所给条件可得 $a^5=1-a$，即 $a^5+a-1=0$. 因此 $(a^2-a+1)(a^3+a^2-1)=0$. 由于对所有 $a\in(0,1)$，有 $a^2-a+1>0$，因此 $a^3+a^2-1=0$. 于是 $a^3+a^2=1$，即 $a+1=a^{-2}$. 现在设 $t=\log_a(1+a)$，则 $a^t=a+1$，因此 $t=-2$.　□

题 20.6. 设实数 a 满足 $a^3\neq a$，证明：

$$\frac{a}{a^2+\mathrm{i}}+\frac{a}{a^2-\mathrm{i}}=2\left(1+\frac{1}{a}\right)$$

当且仅当

$$\frac{a}{a+1}+\frac{a}{a-1}=\frac{2}{a}.$$

Titu Andreescu

证明　第一个关系等价于

$$\frac{a^3}{a^4+1}=\frac{a+1}{a},$$

进而等价于

$$a^5+a+1=0\ \Leftrightarrow\ (a^2+a+1)(a^3-a^2+1)=0.$$

由于对实数 a 总有 $a^2+a+1>0$，因此 $a^3=a^2-1$. 现在，此式可以变形为

$$\frac{a^2}{a^2-1}=\frac{1}{a} \Leftrightarrow \frac{a^2-a+a^2+a}{a^2-1}=\frac{2}{a},$$

进而等价于

$$\frac{a}{a+1}+\frac{a}{a-1}=\frac{2}{a},$$

这样就完成了证明. □

题 20.7. 证明：关于实数的方程

$$x^4y^4(x-1)(y-1)+x^4+y^4=x^5+y^5-1$$

和

$$xy(x^2-1)(y^2-1)+x+y=x^3+y^3-1$$

等价.

Titu Andreescu

证明 第一个方程等价于

$$(x^5-x^4-1)(y^5-y^4-1)=0,$$

这可以改写为

$$(x^3-x-1)(x^2-x+1)(y^3-y-1)(y^2-y+1)=0.$$

由于对于实数 x,y，有 $x^2-x+1\neq 0$，$y^2-y+1\neq 0$，因此上一个方程等价于

$$(x^3-x-1)(y^3-y-1)=0,$$

这和题目中的第二个方程等价. □

题 20.8. 非零实数 a 满足 $a^4+\frac{1}{a^5}=a-3$，计算 $a^4+\frac{1}{a}$.

Titu Andreescu

解法一 将所给条件两边乘以 a，得到

$$a^5+\frac{1}{a^4}=a^2-3a,$$

于是有

$$a^5+a+1=a^2-2a+1-\frac{1}{a^4},$$

即

$$(a^2+a+1)(a^3-a^2+1)=(a-1)^2-\left(\frac{1}{a^2}\right)^2.$$

因此有

$$(a^2+a+1)(a^3-a^2+1)=\left(\frac{a^3-a^2-1}{a^2}\right)\left(\frac{a^3-a^2+1}{a^2}\right).$$

若 $a^3-a^2+1\neq 0$,则上式可以化简为

$$a^4(a^2+a+1)=a^3-a^2-1.$$

若 $a<1$,则左端为正且右端为负,矛盾. 若 $a\geqslant 1$,则左端大于 a^4,右端小于 a^3,进而小于 a^4,矛盾.

因此有 $a^3-a^2+1=0$,得 $a^3=a^2-1$ 和 $a^4=a^3-a=a^2-a-1$. 于是有

$$a^4+\frac{1}{a}=\frac{a^3-a^2+1-a}{a}=\frac{-a}{a}=-1.$$ □

解法二　所给条件可以改写为

$$a^9-a^6+1+3a^5=0.$$

应用恒等式

$$x^3+y^3+z^3-3xyz=\frac{1}{2}(x+y+z)\left((x-y)^2+(y-z)^2+(z-x)^2\right)$$

到 $x=a^3,y=-a^2,z=1$,可得

$$\frac{1}{2}(a^3-a^2+1)\left((a^3+a^2)^2+(a^2+1)^2+(a^3-1)^2\right)=0.$$

因此,得 $a^3-a^2+1=0$,然后和解法一同样的过程可以得到 $a^4+\frac{1}{a}=-1$. □

题 20.9. 设 a 和 b 为正实数,证明:

$$|a^5-b^5|=ab\max\{a^3,b^3\}$$

当且仅当

$$|a^3-b^3|=ab\min\{a,b\}.$$

Titu Andreescu –《数学反思》*J543*

证明 不妨设 $a \geqslant b$,记 $x = \frac{a}{b} \geqslant 1$,计算得到

$$\begin{aligned} |a^5 - b^5| - ab\max\{a^3, b^3\} &= a^5 - b^5 - a^4 b \\ &= b^5(x^5 - x^4 - 1) \\ &= b^5(x^2 - x + 1)(x^3 - x - 1). \end{aligned}$$

二次式 $x^2 - x + 1 = \left(x - \frac{1}{2}\right)^2 + \frac{3}{4}$ 不能为零,因此第一个方程等价于 $x^3 - x - 1 = 0$.

类似地,得

$$|a^3 - b^3| - ab\min\{a, b\} = a^3 - b^3 - ab^2 = b^3(x^3 - x - 1),$$

因此第二个方程也等价于 $x^3 - x - 1 = 0$. □

题 20.10. 对实数 x,证明:方程

$$2^{2^{x-1}} = \frac{1}{2^{2^x} - 1}$$

等价于

$$2^{2^{x+1}} = \frac{1}{2^{2^{x-1}} - 1}.$$

Titu Andreescu –《数学反思》*J358*

证明 记 $t = 2^{2^{x-1}}$,则 $t > 1$,然后将所给方程改写为

$$t = \frac{1}{t^2 - 1} \Leftrightarrow t^3 - t - 1 = 0$$

和

$$t^4 = \frac{1}{t - 1} \Leftrightarrow t^5 - t^4 - 1 = 0 \Leftrightarrow (t^2 - t + 1)(t^3 - t - 1) = 0.$$

由于 $t^2 - t + 1 = 0$ 没有实数解,因此 $t^5 - t^4 - 1 = 0$ 等价于 $t^3 - t - 1 = 0$. 这样,题目中得两个方程都等价于 $t^3 - t - 1 = 0$,证明完成. □

题 20.11. 设

$$P_n = \prod_{k=2}^{n} \left(\frac{1}{2} + \frac{1}{k^5 + k - 1}\right)$$

$$Q_n = \prod_{k=2}^{n} \left(\frac{1}{2} - \frac{k^2 - 1}{k^3 + k^2 - 1}\right).$$

证明:

$$\frac{P_n}{Q_n} = \frac{n^2 + n + 1}{3}.$$

Titu Andreescu

证明　我们有

$$\begin{aligned}\frac{1}{2}+\frac{1}{k^5+k-1}&=\frac{k^5+k+1}{2(k^5+k-1)}\\&=\frac{(k^2+k+1)(k^3-k^2+1)}{2(k^2-k+1)(k^3+k^2-1)}\\&=\frac{(k+1)^2-(k+1)+1}{k^2-k+1}\cdot\left(\frac{1}{2}-\frac{k^2-1}{k^3+k^2-1}\right).\end{aligned}$$

于是 $\frac{P_n}{Q_n}$ 可以裂项计算,得到

$$P_n=\frac{(n+1)^2-(n+1)+1}{2^2-2+1}\cdot Q_n.$$

因此有

$$\frac{P_n}{Q_n}=\frac{n^2+n+1}{3}.$$

□

题 20.12. 给出整系数多项式 $P(x)$ 的例子,使得关于非零实数 x 的方程

$$P(x)^2-\frac{1}{x}+1=0$$

与

$$P\left(\frac{1}{x}\right)+x+1=0$$

等价.

Titu Andreescu

解　由于 $x^5+x-1=(x^2-x+1)(x^3+x^2-1)$ 且方程 $x^2-x+1=0$ 没有实数解,因此选择 $P(x)=-x^2$,则第一个方程等价于 $x^5+x-1=0$,而第二个方程等价于 $x^3+x^2-1=0$,二者作为关于非零实数 x 的方程等价. □

题 20.13. 求所有的实系数多项式 $P(x)$,使得对于所有实数 x,有

$$(P(x^2)+x)(P(x^3)-x^2)=P(x^5)+x.$$

Titu Andreescu –《数学反思》*U563*

解　显然,$P(x)$ 不能是常数.

设 $\deg P=d>0$,并记 $P(x)=ax^d+Q(x)$,其中 $a\neq 0$ 且 $\deg Q=m<d$. 我们有

$$\left(ax^{2d}+Q(x^2)+x\right)\left(ax^{3d}+Q(x^3)-x^2\right)=ax^{5d}+Q(x^5)+x$$

比较两边的最高次项 ($5d$ 次) 的系数，得到 $a^2=a$，因此 $a=1$. 假设 $m\neq 0$，于是 $m\geqslant 1$，比较两边次高项的次数，得到 $3d+2m=5m$，$m=d$，矛盾. 因此有 $Q(x)=c$，c 是实数. 代入方程，得到

$$(x^{2d}+x+c)(x^{3d}-x^2+c)=x^{5d}+x+c.$$

展开后抵消 x^{5d} 项，左边有两项可能成为次高项，并且次数均大于右边的第二项，因此这两项必然次数相等并且系数抵消，得到 $x^{3d+1}-x^{2d+2}=0$，于是 $3d+1=2d+2$，$d=1$.

接下来，左端 x^3 项的系数为 $c-1$，因此 $c=1$.

最终得到，$P(x)=x+1$. 验证发现

$$(x^2+1+x)(x^3+1-x^2)=x^5+1+x$$

对所有实数 x 成立，因此 $P(x)=x+1$ 为题目的唯一解. □

题 20.14. 考虑二次方程

$$m^5x^2-(m^7+m^6-m^4-m)x+m^8-m^5-m^3+1=0,$$

设两个根为 x_1 和 x_2，其中 m 为实参数. 证明：$x_1=1$ 当且仅当 $x_2=1$.

Titu Andreescu –《数学反思》*J571*

证法一 我们有

$$m^8-m^5-m^3+1=(m^3-1)(m^5-1)$$

和

$$m^7+m^6-m^4-m=m^4(m^3-1)+m(m^5-1),$$

得出

$$x_1+x_2=\frac{m^3-1}{m}+\frac{m^5-1}{m^4}$$

和

$$x_1x_2=\frac{m^3-1}{m}\cdot\frac{m^5-1}{m^4}.$$

因此 x_1 和 x_2 分别为 $\frac{m^3-1}{m}$ 和 $\frac{m^5-1}{m^4}$ 或其对换. 不妨设 $x_1=\frac{m^3-1}{m}$.

现在 $x_1=1$ 等价于 $m^3-m-1=0$，而 $x_2=1$ 等价于 $m^5-m^4-1=0$，这可以分解为 $(m^3-m-1)(m^2-m+1)=0$. 对于实数 m，$m^2-m+1\neq 0$，因此 $m^5-m^4-1=0$ 等价于 $m^3-m-1=0$，即 $x_1=1$ 等价于 $x_2=1$. □

证法二　所给方程有根为 1 当且仅当

$$m^8-m^7-m^6+m^4-m^3+m+1=0,$$

即

$$(m^5-m^4-1)(m^3-m-1)=0,$$

因式分解得到

$$(m^2-m+1)(m^3-m-1)^2=0.$$

由于 m 是实数,因此 $m^2-m+1>0$,于是 $m^3-m-1=0$. 记

$$f(x)=m^5x^2-(m^7+m^6-m^4-m)x+m^8-m^5-m^3+1,$$

则有

$$f'(1)=m^7-m^6+2m^5+m^4+m=-m(m^3-m-1)(m^3+m^2-m+1)=0,$$

这说明 1 是 $f(x)$ 的重根. □

题 20.15. 设 $f(x)=x^5+x+1$. 求方程的正实数解

$$f(x)+f\left(\frac{1}{x}\right)=128.$$

Titu Andreescu

解　方程等价于

$$x^5+\frac{1}{x^5}+x+\frac{1}{x}=126.$$

设 $x+\frac{1}{x}=y\geqslant 2$,则有

$$x^2+\frac{1}{x^2}=y^2-2,\quad x^3+\frac{1}{x^3}=y^3-3y,\quad x^4+\frac{1}{x^4}=(y^2-2)^2-2,$$

以及

$$x^5+\frac{1}{x^5}=\left(x+\frac{1}{x}\right)\left(x^4+\frac{1}{x^4}\right)-\left(x^3+\frac{1}{x^3}\right),$$

进而得到

$$x^5+\frac{1}{x^5}=y^5-5y^3+5y.$$

因此方程可以改写为 $y^5-5y^3+6y-126=0$. 我们发现 $y=3$ 是一个根,然后因式分解得到

$$(y-3)(y^4+3y^3+4y^2+12y+42)=0.$$

由于第二个因子总是大于 0, 因此 $y=3$ 是唯一的根. 于是 $x+\frac{1}{x}=3$, 解得 $x=\frac{3-\sqrt{5}}{2}$ 或者 $x=\frac{3+\sqrt{5}}{2}$. □

题 20.16. 设复数 z 满足 $z^{10}+z^6+z-1=0$ 和 $z-\frac{1}{z^2}\neq -1$. 证明:$z^{15}=-1$.

Titu Andreescu

证明 我们有

$$z^{10}+z^6+z-1=(z^5+1)(z^5-1)+z(z^5+1)=(z^5+1)(z^5+z-1),$$

因此

$$(z^5+1)(z^2-z+1)(z^3+z^2-1)=0.$$

根据第二个条件,有 $z^3+z^2-1\neq 0$,得出 $z^5+1=0$ 或者 $z^2-z+1=0$. 于是 $z^5=-1$ 或者 $z^3=-1$,都保证题目的结论成立. □

题 20.17. 求方程组

$$\begin{cases} x^5+x-1=(y^3+y^2-1)z \\ y^5+y-1=(z^3+z^2-1)x \\ z^5+z-1=(x^3+x^2-1)y \end{cases}$$

的实数解 x,y,z,并且满足 $x^3+y^3+z^3\geqslant 3$.

Titu Andreescu –《数学反思》*J267*

解 注意到

$$x^5+x-1=(x^3+x^2-1)(x^2-x+1)$$

和

$$x^2-x+1=\left(x-\frac{1}{2}\right)^2+\frac{3}{4}>0.$$

因此,若 $x^3+x^2-1, y^3+y^2-1, z^3+z^2-1$ 中任意一个为零,则进行轮换推导可得三个式子均为零. 但是这得出 $x^3+y^3+z^3=3-(x^2+y^2+z^2)<3$,矛盾. 因此题目中方程组的左端均非零,于是有 $xyz\neq 0$. 将三个方程相乘,约去公因子 $\prod\limits_{\text{cyc}}(x^3+x^2-1)\neq 0$,得

$$\prod_{\text{cyc}}(x^2-x+1)=xyz \Leftrightarrow \prod_{\text{cyc}}\left(x-1+\frac{1}{x}\right)=1.$$

由于当 $x>0$ 时,有 $x+\frac{1}{x}-1\geqslant 2-1=1$,当 $x<0$ 时,有 $x+\frac{1}{x}-1\leqslant -2-1=-3$,因此上式成立当且仅当 $x=y=z=1$. □

题 20.18. 求所有的三元组 (n,k,p)，其中 n 和 k 为正整数，p 为素数，满足方程 $n^5+n^4+1=p^k$.

Titu Andreescu –《数学反思》*S91*

解　容易验证，$(1,1,3)$ 和 $(2,2,7)$ 为方程的解. 我们接下来证明没有其他的解. 现在假设 $n>2$，根据第 77 页的式 (10.3)，有

$$n^5+n^4+1=(n^2+n+1)(n^3-n+1).$$

由于两个因子均大于 1 而且都是 p 的幂，因此均为 p 的倍数，于是

$$n-2=(n-1)(n^2+n+1)-(n^3-n+1)$$

也是 p 的倍数，然后得到

$$7=(n^2+n+1)-(n+3)(n-2)$$

为 p 的倍数. 因此有 $p=7$ 并且 $n=7m+2$，m 是正整数. 代入得到

$$n^2+n+1=7(7m^2+5m+1),\quad n^3-n+1=7(49m^3+42m^2+11m+1).$$

由于 m 为正整数，这两个因子都大于 1 并且是 p 的幂，它们均为 $p=7$ 的倍数. 于是有 $5m\equiv -1 \pmod 7$ 和 $11m\equiv -1 \pmod 7$，但是第一个解得 $m\equiv 4 \pmod 7$，第二个解得 $m\equiv 5 \pmod 7$，矛盾. 因此没有其他的解. □

题 20.19. 设 $a_0,a_1,\cdots,a_6$ 均为大于 -1 的实数，证明：若

$$\frac{a_0^3+1}{\sqrt{a_1^5+a_1^4+1}}+\frac{a_1^3+1}{\sqrt{a_2^5+a_2^4+1}}+\cdots+\frac{a_6^3+1}{\sqrt{a_0^6+a_0^4+1}}\leqslant 9,$$

则

$$\frac{a_0^2+1}{\sqrt{a_1^5+a_1^4+1}}+\frac{a_1^2+1}{\sqrt{a_2^5+a_2^4+1}}+\cdots+\frac{a_6^2+1}{\sqrt{a_0^5+a_0^4+1}}\geqslant 5.$$

Titu Andreescu –《数学反思》*O101*

证明　注意到 $(x^3-x+1)(x^2+x+1)=x^5+x^4+1$ 而且对于 $x\geqslant -1$，两个因子均为正. 应用均值不等式得到

$$x^3+x^2+2=(x^3-x+1)+(x^2+x+1)\geqslant 2\sqrt{x^5+x^4+1},\quad x\geqslant -1,$$

对每个 $x=a_i, i=0,\cdots,6$ 应用上式,得到

$$\begin{aligned}&\left(\frac{a_0^2+1}{\sqrt{a_1^5+a_1^4+1}}+\cdots+\frac{a_6^2+1}{\sqrt{a_0^5+a_0^4+1}}\right)+\\&\left(\frac{a_0^3+1}{\sqrt{a_1^5+a_1^4+1}}+\cdots+\frac{a_6^3+1}{\sqrt{a_1^5+a_1^4+1}}\right)\\\geqslant&2\left(\frac{\sqrt{a_0^5+a_0^4+1}}{\sqrt{a_1^5+a_1^4+1}}+\cdots+\frac{\sqrt{a_6^5+a_6^4+1}}{\sqrt{a_0^5+a_0^4+1}}\right)\geqslant 14,\end{aligned}$$

其中,中间的式子的括号里面是 7 个乘积为 1 的数,应用均值不等式就得到了最后一个不等式. 因此,题目中两个不等式的左端之和不小于 14,若其中一个不超过 9,则另一个至少为 5,这样就得到了结论.

事实上,如果将“$a_i\geqslant -1$”的条件都改为“a_i 大于 x^3-x+1 的负根”,那么同样的证明可以得出一样的结论. 还注意到,5 和 9 两个数可以替换成任意和为 14 的两个非负实数. □

题 20.20. 求所有的正整数对 $m,n\geqslant 3$,使得存在无穷多正整数 a,满足

$$\frac{a^m+a-1}{a^n+a^2-1}$$

是一个整数.

Laurenţiu Panaitopol – 国际数学奥林匹克 *2002*

解 我们需要下面的引理.

引理 对无穷多正整数 a, $\frac{a^m+a-1}{a^n+a^2-1}$ 是整数, 当且仅当在 $\mathbb{Q}[x]$ 中多项式 $g(x)=x^n+x^2-1$ 整除 $f(x)=x^m+x-1$.

引理的证明 由于 $g(x)$ 是首项系数为 1 的整系数多项式,因此若在 $\mathbb{Q}[x]$ 中,$g(x)$ 整除 $f(x)$,则在 $\mathbb{Z}[x]$ 中也有 $g(x)\mid f(x)$,因此 $f(x)=g(x)h(x)$, $h(x)\in\mathbb{Z}[x]$. 于是 $f(a)=g(a)h(a)$ 对所有正整数 a 成立,因此

$$h(a)=\frac{a^m+a-1}{a^n+a^2-1}$$

对所有正整数 a 成立.

反之,根据多项式的带余除法,存在 $q(x),r(x)\in\mathbb{Z}[x]$,使得

$$f(x)=g(x)q(x)+r(x),\quad \deg r(x)<n. \tag{1}$$

将式 (1) 除以 $g(x)$,得到

$$\frac{f(x)}{g(x)}-q(x)=\frac{r(x)}{g(x)},\quad \deg r(x)<n.$$

对无穷多正整数 a,有

$$\frac{f(a)}{g(a)}=q(a)+\frac{r(a)}{g(a)}\in\mathbb{Z}.$$

由于 $\lim\limits_{a\to\infty}\dfrac{r(a)}{g(a)}=0$,因此对无穷多正整数 a,有 $r(a)=0$. 于是 $r(x)=0$,得到 $g(x)\mid f(x)$.

回到原题. 根据引理,我们要找到所有的整数 $m,n\geqslant 3$,使得

$$(x^n+x^2-1)\mid(x^m+x-1).$$

显然有 $m>n$ 并且

$$\frac{a^m+a-1}{a^n+a^2-1}<a^{m-n}$$

对无穷多正整数 a 成立. 因此有

$$a^m+a-1\leqslant(a^{m-n}-1)(a^n+a^2-1)$$

对无穷多正整数 a 成立. 经过简单计算得到

$$a^{m-n+2}-a^{m-n}-a^n-a^2-a+2\geqslant 0,\quad a\to\infty.$$

于是 $m-n+2>n$,即

$$m-n\geqslant n-1. \tag{2}$$

由于 $g(0)=-1<0$ 且 $g(1)=1>0$,因此多项式 $g(x)=x^n+x^2-1$ 有一个根 $\alpha\in(0,1)$. 由于 $g(x)\mid f(x)$,因此 α 也是 $f(x)$ 的一个根. 于是存在实数 $\alpha\in(0,1)$,使得

$$\alpha^m+\alpha=\alpha^n+\alpha^2=1. \tag{3}$$

于是有

$$\alpha^n=1-\alpha^2=(1-\alpha)(1+\alpha)=\alpha^m(1+\alpha),$$

得 $\alpha^{m-n}=\frac{1}{1+\alpha}$. 由式 (2) 以及 $0<\alpha<1$ 可得

$$\frac{1}{1+\alpha}=\alpha^{m-n}\leqslant\alpha^{n-1}, \tag{4}$$

因此有

$$\alpha^n+\alpha^{n-1}\geqslant 1. \tag{5}$$

由式 (3) 得 $\alpha^{n-1} \geqslant \alpha^2$，因此 $n-1 \leqslant 2$，即 $n \leqslant 3$. 于是得 $n=3$ 并且不等式 (5) 和 (4) 等号成立，因此 $m-n=n-1=2$，得 $m=5$. 因式分解 $x^5+x-1=(x^3+x^2-1)(x^2-x+1)$ 说明 $(m,n)=(5,3)$ 是问题的唯一解. □

题 20.21. 设 $\boldsymbol{A}$ 为 n 阶实方阵,满足

$$\boldsymbol{A}^5=-\boldsymbol{I}_n.$$

证明:$\boldsymbol{A}^2+\boldsymbol{A}+\boldsymbol{I}_n$ 是非奇异方阵.

Titu Andreescu

证明 我们有 $(\det \boldsymbol{A})^5=\det \boldsymbol{A}^5=-1$,因此 $\det \boldsymbol{A}=-1$. 于是

$$(\boldsymbol{A}^2+\boldsymbol{A}+\boldsymbol{I}_n)(\boldsymbol{A}^3-\boldsymbol{A}^2+\boldsymbol{I}_n)=\boldsymbol{A}^5+\boldsymbol{A}+\boldsymbol{I}_n=\boldsymbol{A},$$

这说明 $\det(\boldsymbol{A}^2+\boldsymbol{A}+\boldsymbol{I}_n)\cdot\det(\boldsymbol{A}^3-\boldsymbol{A}^2+\boldsymbol{I}_n)=\det \boldsymbol{A}\neq 0$,因此有

$$\det(\boldsymbol{A}^2+\boldsymbol{A}+\boldsymbol{I}_n)\neq 0,$$

这样就证明了结论. □

注 注意到,只要 n 阶方程 $\boldsymbol{A}$ 满足 $\boldsymbol{A}^m=-\boldsymbol{I}_n$ 对某个正整数 m 成立,就有 $\boldsymbol{A}^2+\boldsymbol{A}+\boldsymbol{I}_n$ 是非奇异方阵. $\boldsymbol{A}$ 还可以是复矩阵. 从题目的证明中显然可以看出 $\boldsymbol{A}$ 是非奇异的,于是 $\boldsymbol{A}$ 的任意次幂都是非奇异的. 若 $m=3k$,则 $\boldsymbol{A}^{3k}-\boldsymbol{I}_n=-2\boldsymbol{I}_n$,并且左边可以因式分解出 $\boldsymbol{A}^2+\boldsymbol{A}+\boldsymbol{I}_n$. 若 $m=3k+1$,则 $\boldsymbol{A}^{3k+1}+\boldsymbol{A}^2+\boldsymbol{I}_n=\boldsymbol{A}^2$,左边还是可以分解出 $\boldsymbol{A}^2+\boldsymbol{A}+\boldsymbol{I}_n$. 若 $m=3k+2$,写下 $\boldsymbol{A}^{3k+2}+\boldsymbol{A}+\boldsymbol{I}_n=\boldsymbol{A}$,然后左边可以分解出 $\boldsymbol{A}^2+\boldsymbol{A}+\boldsymbol{I}_n$. 这基本上就完成了证明.

刘培杰数学工作室

已出版(即将出版)图书目录——初等数学 

书　　名	出版时间	定　价	编号
新编中学数学解题方法全书(高中版)上卷(第2版)	2018－08	58.00	951
新编中学数学解题方法全书(高中版)中卷(第2版)	2018－08	68.00	952
新编中学数学解题方法全书(高中版)下卷(一)(第2版)	2018－08	58.00	953
新编中学数学解题方法全书(高中版)下卷(二)(第2版)	2018－08	58.00	954
新编中学数学解题方法全书(高中版)下卷(三)(第2版)	2018－08	68.00	955
新编中学数学解题方法全书(初中版)上卷	2008－01	28.00	29
新编中学数学解题方法全书(初中版)中卷	2010－07	38.00	75
新编中学数学解题方法全书(高考复习卷)	2010－01	48.00	67
新编中学数学解题方法全书(高考真题卷)	2010－01	38.00	62
新编中学数学解题方法全书(高考精华卷)	2011－03	68.00	118
新编平面解析几何解题方法全书(专题讲座卷)	2010－01	18.00	61
新编中学数学解题方法全书(自主招生卷)	2013－08	88.00	261
数学奥林匹克与数学文化(第一辑)	2006－05	48.00	4
数学奥林匹克与数学文化(第二辑)(竞赛卷)	2008－01	48.00	19
数学奥林匹克与数学文化(第二辑)(文化卷)	2008－07	58.00	36
数学奥林匹克与数学文化(第三辑)(竞赛卷)	2010－01	48.00	59
数学奥林匹克与数学文化(第四辑)(竞赛卷)	2011－08	58.00	87
数学奥林匹克与数学文化(第五辑)	2015－06	98.00	370
世界著名平面几何经典著作钩沉——几何作图专题卷(共3卷)	2022－01	198.00	1460
世界著名平面几何经典著作钩沉(民国平面几何老课本)	2011－03	38.00	113
世界著名平面几何经典著作钩沉(建国初期平面三角老课本)	2015－08	38.00	507
世界著名解析几何经典著作钩沉——平面解析几何卷	2014－01	38.00	264
世界著名数论经典著作钩沉(算术卷)	2012－01	28.00	125
世界著名数学经典著作钩沉——立体几何卷	2011－02	28.00	88
世界著名三角学经典著作钩沉(平面三角卷Ⅰ)	2010－06	28.00	69
世界著名三角学经典著作钩沉(平面三角卷Ⅱ)	2011－01	38.00	78
世界著名初等数论经典著作钩沉(理论和实用算术卷)	2011－07	38.00	126
世界著名几何经典著作钩沉(解析几何卷)	2022－10	68.00	1564
发展你的空间想象力(第3版)	2021－01	98.00	1464
空间想象力进阶	2019－05	68.00	1062
走向国际数学奥林匹克的平面几何试题诠释.第1卷	2019－07	88.00	1043
走向国际数学奥林匹克的平面几何试题诠释.第2卷	2019－09	78.00	1044
走向国际数学奥林匹克的平面几何试题诠释.第3卷	2019－03	78.00	1045
走向国际数学奥林匹克的平面几何试题诠释.第4卷	2019－09	98.00	1046
平面几何证明方法全书	2007－08	48.00	1
平面几何证明方法全书习题解答(第2版)	2006－12	18.00	10
平面几何天天练上卷・基础篇(直线型)	2013－01	58.00	208
平面几何天天练中卷・基础篇(涉及圆)	2013－01	28.00	234
平面几何天天练下卷・提高篇	2013－01	58.00	237
平面几何专题研究	2013－07	98.00	258
平面几何解题之道.第1卷	2022－05	38.00	1494
几何学习题集	2020－10	48.00	1217
通过解题学习代数几何	2021－04	88.00	1301
圆锥曲线的奥秘	2022－06	88.00	1541

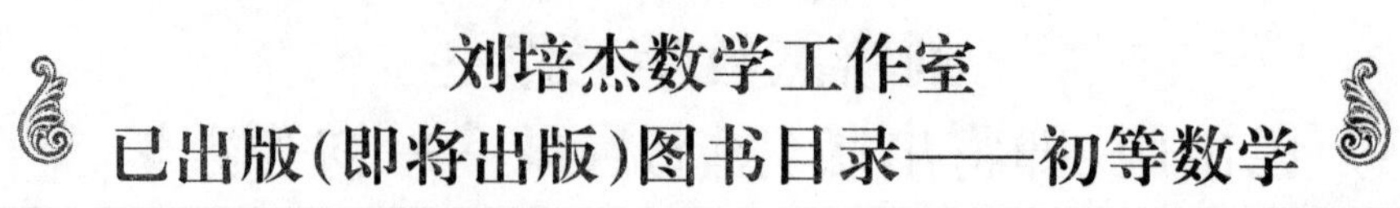

书　名	出版时间	定　价	编号
最新世界各国数学奥林匹克中的平面几何试题	2007－09	38.00	14
数学竞赛平面几何典型题及新颖解	2010－07	48.00	74
初等数学复习及研究(平面几何)	2008－09	68.00	38
初等数学复习及研究(立体几何)	2010－06	38.00	71
初等数学复习及研究(平面几何)习题解答	2009－01	58.00	42
几何学教程(平面几何卷)	2011－03	68.00	90
几何学教程(立体几何卷)	2011－07	68.00	130
几何变换与几何证题	2010－06	88.00	70
计算方法与几何证题	2011－06	28.00	129
立体几何技巧与方法(第2版)	2022－10	168.00	1572
几何瑰宝——平面几何500名题暨1500条定理(上、下)	2021－07	168.00	1358
三角形的解法与应用	2012－07	18.00	183
近代的三角形几何学	2012－07	48.00	184
一般折线几何学	2015－08	48.00	503
三角形的五心	2009－06	28.00	51
三角形的六心及其应用	2015－10	68.00	542
三角形趣谈	2012－08	28.00	212
解三角形	2014－01	28.00	265
探秘三角形:一次数学旅行	2021－10	68.00	1387
三角学专门教程	2014－09	28.00	387
图天下几何新题试卷.初中(第2版)	2017－11	58.00	855
圆锥曲线习题集(上册)	2013－06	68.00	255
圆锥曲线习题集(中册)	2015－01	78.00	434
圆锥曲线习题集(下册·第1卷)	2016－10	78.00	683
圆锥曲线习题集(下册·第2卷)	2018－01	98.00	853
圆锥曲线习题集(下册·第3卷)	2019－10	128.00	1113
圆锥曲线的思想方法	2021－08	48.00	1379
圆锥曲线的八个主要问题	2021－10	48.00	1415
论九点圆	2015－05	88.00	645
论圆的几何学	2024－06	48.00	1736
近代欧氏几何学	2012－03	48.00	162
罗巴切夫斯基几何学及几何基础概要	2012－07	28.00	188
罗巴切夫斯基几何学初步	2015－06	28.00	474
用三角、解析几何、复数、向量计算解数学竞赛几何题	2015－03	48.00	455
用解析法研究圆锥曲线的几何理论	2022－05	48.00	1495
美国中学几何教程	2015－04	88.00	458
三线坐标与三角形特征点	2015－04	98.00	460
坐标几何学基础.第1卷,笛卡儿坐标	2021－08	48.00	1398
坐标几何学基础.第2卷,三线坐标	2021－09	28.00	1399
平面解析几何方法与研究(第1卷)	2015－05	28.00	471
平面解析几何方法与研究(第2卷)	2015－06	38.00	472
平面解析几何方法与研究(第3卷)	2015－07	28.00	473
解析几何研究	2015－01	38.00	425
解析几何学教程.上	2016－01	38.00	574
解析几何学教程.下	2016－01	38.00	575
几何学基础	2016－01	58.00	581
初等几何研究	2015－02	58.00	444
十九和二十世纪欧氏几何学中的片段	2017－01	58.00	696
平面几何中考.高考.奥数一本通	2017－07	28.00	820
几何学简史	2017－08	28.00	833
四面体	2018－01	48.00	880
平面几何证明方法思路	2018－12	68.00	913
折纸中的几何练习	2022－09	48.00	1559
中学新几何学(英文)	2022－10	98.00	1562
线性代数与几何	2023－04	68.00	1633

刘培杰数学工作室

已出版(即将出版)图书目录——初等数学

书　　名	出版时间	定　价	编号
四面体几何学引论	2023－06	68.00	1648
平面几何图形特性新析.上篇	2019－01	68.00	911
平面几何图形特性新析.下篇	2018－06	88.00	912
平面几何范例多解探究.上篇	2018－04	48.00	910
平面几何范例多解探究.下篇	2018－12	68.00	914
从分析解题过程学解题:竞赛中的几何问题研究	2018－07	68.00	946
从分析解题过程学解题:竞赛中的向量几何与不等式研究(全2册)	2019－06	138.00	1090
从分析解题过程学解题:竞赛中的不等式问题	2021－01	48.00	1249
二维、三维欧氏几何的对偶原理	2018－12	38.00	990
星形大观及闭折线论	2019－03	68.00	1020
立体几何的问题和方法	2019－11	58.00	1127
三角代换论	2021－05	58.00	1313
俄罗斯平面几何问题集	2009－08	88.00	55
俄罗斯立体几何问题集	2014－03	58.00	283
俄罗斯几何大师——沙雷金论数学及其他	2014－01	48.00	271
来自俄罗斯的5000道几何习题及解答	2011－03	58.00	89
俄罗斯初等数学问题集	2012－05	38.00	177
俄罗斯函数问题集	2011－03	38.00	103
俄罗斯组合分析问题集	2011－01	48.00	79
俄罗斯初等数学万题选——三角卷	2012－11	38.00	222
俄罗斯初等数学万题选——代数卷	2013－08	68.00	225
俄罗斯初等数学万题选——几何卷	2014－01	68.00	226
俄罗斯《量子》杂志数学征解问题100题选	2018－08	48.00	969
俄罗斯《量子》杂志数学征解问题又100题选	2018－08	48.00	970
俄罗斯《量子》杂志数学征解问题	2020－05	48.00	1138
463个俄罗斯几何老问题	2012－01	28.00	152
《量子》数学短文精粹	2018－09	38.00	972
用三角、解析几何等计算解来自俄罗斯的几何题	2019－11	88.00	1119
基谢廖夫平面几何	2022－01	48.00	1461
基谢廖夫立体几何	2023－04	48.00	1599
数学:代数、数学分析和几何(10－11年级)	2021－01	48.00	1250
直观几何学:5—6年级	2022－04	58.00	1508
几何学:第2版.7—9年级	2023－08	68.00	1684
平面几何:9—11年级	2022－10	48.00	1571
立体几何.10—11年级	2022－01	58.00	1472
几何快递	2024－05	48.00	1697
谈谈素数	2011－03	18.00	91
平方和	2011－03	18.00	92
整数论	2011－05	38.00	120
从整数谈起	2015－10	28.00	538
数与多项式	2016－01	38.00	558
谈谈不定方程	2011－05	28.00	119
质数漫谈	2022－07	68.00	1529
解析不等式新论	2009－06	68.00	48
建立不等式的方法	2011－03	98.00	104
数学奥林匹克不等式研究(第2版)	2020－07	68.00	1181
不等式研究(第三辑)	2023－08	198.00	1673
不等式的秘密(第一卷)(第2版)	2014－02	38.00	286
不等式的秘密(第二卷)	2014－01	38.00	268
初等不等式的证明方法	2010－06	38.00	123
初等不等式的证明方法(第二版)	2014－11	38.00	407
不等式·理论·方法(基础卷)	2015－07	38.00	496
不等式·理论·方法(经典不等式卷)	2015－07	38.00	497
不等式·理论·方法(特殊类型不等式卷)	2015－07	48.00	498
不等式探究	2016－03	38.00	582
不等式探秘	2017－01	88.00	689

刘培杰数学工作室
已出版(即将出版)图书目录——初等数学

书　　名	出版时间	定　价	编号
四面体不等式	2017－01	68.00	715
数学奥林匹克中常见重要不等式	2017－09	38.00	845
三正弦不等式	2018－09	98.00	974
函数方程与不等式:解法与稳定性结果	2019－04	68.00	1058
数学不等式.第1卷,对称多项式不等式	2022－05	78.00	1455
数学不等式.第2卷,对称有理不等式与对称无理不等式	2022－05	88.00	1456
数学不等式.第3卷,循环不等式与非循环不等式	2022－05	88.00	1457
数学不等式.第4卷,Jensen不等式的扩展与加细	2022－05	88.00	1458
数学不等式.第5卷,创建不等式与解不等式的其他方法	2022－05	88.00	1459
不定方程及其应用.上	2018－12	58.00	992
不定方程及其应用.中	2019－01	78.00	993
不定方程及其应用.下	2019－02	98.00	994
Nesbitt不等式加强式的研究	2022－06	128.00	1527
最值定理与分析不等式	2023－02	78.00	1567
一类积分不等式	2023－02	88.00	1579
邦费罗尼不等式及概率应用	2023－05	58.00	1637
同余理论	2012－05	38.00	163
[x]与{x}	2015－04	48.00	476
极值与最值.上卷	2015－06	28.00	486
极值与最值.中卷	2015－06	38.00	487
极值与最值.下卷	2015－06	28.00	488
整数的性质	2012－11	38.00	192
完全平方数及其应用	2015－08	78.00	506
多项式理论	2015－10	88.00	541
奇数、偶数、奇偶分析法	2018－01	98.00	876
历届美国中学生数学竞赛试题及解答(第一卷)1950－1954	2014－07	18.00	277
历届美国中学生数学竞赛试题及解答(第二卷)1955－1959	2014－04	18.00	278
历届美国中学生数学竞赛试题及解答(第三卷)1960－1964	2014－06	18.00	279
历届美国中学生数学竞赛试题及解答(第四卷)1965－1969	2014－04	28.00	280
历届美国中学生数学竞赛试题及解答(第五卷)1970－1972	2014－06	18.00	281
历届美国中学生数学竞赛试题及解答(第六卷)1973－1980	2017－07	18.00	768
历届美国中学生数学竞赛试题及解答(第七卷)1981－1986	2015－01	18.00	424
历届美国中学生数学竞赛试题及解答(第八卷)1987－1990	2017－05	18.00	769
历届国际数学奥林匹克试题集	2023－09	158.00	1701
历届中国数学奥林匹克试题集(第3版)	2021－10	58.00	1440
历届加拿大数学奥林匹克试题集	2012－08	38.00	215
历届美国数学奥林匹克试题集	2023－08	98.00	1681
历届波兰数学竞赛试题集.第1卷,1949～1963	2015－03	18.00	453
历届波兰数学竞赛试题集.第2卷,1964～1976	2015－03	18.00	454
历届巴尔干数学奥林匹克试题集	2015－05	38.00	466
历届CGMO试题及解答	2024－03	48.00	1717
保加利亚数学奥林匹克	2014－10	38.00	393
圣彼得堡数学奥林匹克试题集	2015－01	38.00	429
匈牙利奥林匹克数学竞赛题解.第1卷	2016－05	28.00	593
匈牙利奥林匹克数学竞赛题解.第2卷	2016－05	28.00	594
历届美国数学邀请赛试题集(第2版)	2017－10	78.00	851
全美高中数学竞赛:纽约州数学竞赛(1989—1994)	2024－08	48.00	1740
普林斯顿大学数学竞赛	2016－06	38.00	669
亚太地区数学奥林匹克竞赛题	2015－07	18.00	492
日本历届(初级)广中杯数学竞赛试题及解答.第1卷(2000～2007)	2016－05	28.00	641
日本历届(初级)广中杯数学竞赛试题及解答.第2卷(2008～2015)	2016－05	38.00	642
越南数学奥林匹克题选:1962－2009	2021－07	48.00	1370
欧洲女子数学奥林匹克	2024－04	48.00	1723
360个数学竞赛问题	2016－08	58.00	677

刘培杰数学工作室

已出版(即将出版)图书目录——初等数学

书　　名	出版时间	定　价	编号
奥数最佳实战题.上卷	2017－06	38.00	760
奥数最佳实战题.下卷	2017－05	58.00	761
解决问题的策略	2024－08	48.00	1742
哈尔滨市早期中学数学竞赛试题汇编	2016－07	28.00	672
全国高中数学联赛试题及解答:1981—2019(第4版)	2020－07	138.00	1176
2024年全国高中数学联合竞赛模拟题集	2024－01	38.00	1702
20世纪50年代全国部分城市数学竞赛试题汇编	2017－07	28.00	797
国内外数学竞赛题及精解:2018～2019	2020－08	45.00	1192
国内外数学竞赛题及精解:2019～2020	2021－11	58.00	1439
许康华竞赛优学精选集.第一辑	2018－08	68.00	949
天问叶班数学问题征解100题.Ⅰ,2016－2018	2019－05	88.00	1075
天问叶班数学问题征解100题.Ⅱ,2017－2019	2020－07	98.00	1177
美国初中数学竞赛:AMC8准备(共6卷)	2019－07	138.00	1089
美国高中数学竞赛:AMC10准备(共6卷)	2019－08	158.00	1105
王连笑教你怎样学数学:高考选择题解题策略与客观题实用训练	2014－01	48.00	262
王连笑教你怎样学数学:高考数学高层次讲座	2015－02	48.00	432
高考数学的理论与实践	2009－08	38.00	53
高考数学核心题型解题方法与技巧	2010－01	28.00	86
高考思维新平台	2014－03	38.00	259
高考数学压轴题解题诀窍(上)(第2版)	2018－01	58.00	874
高考数学压轴题解题诀窍(下)(第2版)	2018－01	48.00	875
突破高考数学新定义创新压轴题	2024－08	88.00	1741
北京市五区文科数学三年高考模拟题详解:2013～2015	2015－08	48.00	500
北京市五区理科数学三年高考模拟题详解:2013～2015	2015－09	68.00	505
向量法巧解数学高考题	2009－08	28.00	54
高中数学课堂教学的实践与反思	2021－11	48.00	791
数学高考参考	2016－01	78.00	589
新课程标准高考数学解答题各种题型解法指导	2020－08	78.00	1196
全国及各省市高考数学试题审题要津与解法研究	2015－02	48.00	450
高中数学章节起始课的教学研究与案例设计	2019－05	28.00	1064
新课标高考数学——五年试题分章详解(2007～2011)(上、下)	2011－10	78.00	140,141
全国中考数学压轴题审题要津与解法研究	2013－04	78.00	248
新编全国及各省市中考数学压轴题审题要津与解法研究	2014－05	58.00	342
全国及各省市5年中考数学压轴题审题要津与解法研究(2015版)	2015－04	58.00	462
中考数学专题总复习	2007－04	28.00	6
中考数学较难题常考题型解题方法与技巧	2016－09	48.00	681
中考数学难题常考题型解题方法与技巧	2016－09	48.00	682
中考数学中档题常考题型解题方法与技巧	2017－08	68.00	835
中考数学选择填空压轴好题妙解365	2024－01	80.00	1698
中考数学:三类重点考题的解法例析与习题	2020－04	48.00	1140
中小学数学的历史文化	2019－11	48.00	1124
小升初衔接数学	2024－06	68.00	1734
赢在小升初——数学	2024－08	78.00	1739
初中平面几何百题多思创新解	2020－01	58.00	1125
初中数学中考备考	2020－01	58.00	1126
高考数学之九章演义	2019－08	68.00	1044
高考数学之难题谈笑间	2022－06	68.00	1519
化学可以这样学:高中化学知识方法智慧感悟疑难辨析	2019－07	58.00	1103
如何成为学习高手	2019－09	58.00	1107
高考数学:经典真题分类解析	2020－04	78.00	1134
高考数学解答题破解策略	2020－11	58.00	1221
从分析解题过程学解题:高考压轴题与竞赛题之关系探究	2020－08	88.00	1179
从分析解题过程学解题:数学高考与竞赛的互联互通探究	2024－06	88.00	1735
教学新思考:单元整体视角下的初中数学教学设计	2021－03	58.00	1278
思维再拓展:2020年经典几何题的多解探究与思考	即将出版		1279
中考数学小压轴汇编初讲	2017－07	48.00	788
中考数学大压轴专题微言	2017－09	48.00	846

刘培杰数学工作室

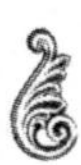

已出版(即将出版)图书目录——初等数学

书　名	出版时间	定　价	编号
怎么解中考平面几何探索题	2019—06	48.00	1093
北京中考数学压轴题解题方法突破(第9版)	2024—01	78.00	1645
助你高考成功的数学解题智慧:知识是智慧的基础	2016—01	58.00	596
助你高考成功的数学解题智慧:错误是智慧的试金石	2016—04	58.00	643
助你高考成功的数学解题智慧:方法是智慧的推手	2016—04	68.00	657
高考数学奇思妙解	2016—04	38.00	610
高考数学解题策略	2016—05	48.00	670
数学解题泄天机(第2版)	2017—10	48.00	850
高中物理教学讲义	2018—01	48.00	871
高中物理教学讲义:全模块	2022—03	98.00	1492
高中物理答疑解惑65篇	2021—11	48.00	1462
中学物理基础问题解析	2020—08	48.00	1183
初中数学、高中数学脱节知识补缺教材	2017—06	48.00	766
高考数学客观题解题方法和技巧	2017—10	38.00	847
十年高考数学精品试题审题要津与解法研究	2021—10	98.00	1427
中国历届高考数学试题及解答.1949—1979	2018—01	38.00	877
历届中国高考数学试题及解答.第二卷,1980—1989	2018—10	28.00	975
历届中国高考数学试题及解答.第三卷,1990—1999	2018—10	48.00	976
跟我学解高中数学题	2018—07	58.00	926
中学数学研究的方法及案例	2018—05	58.00	869
高考数学抢分技能	2018—07	68.00	934
高一新生常用数学方法和重要数学思想提升教材	2018—06	38.00	921
高考数学全国卷六道解答题常考题型解题诀窍:理科(全2册)	2019—07	78.00	1101
高考数学全国卷16道选择、填空题常考题型解题诀窍.理科	2018—09	88.00	971
高考数学全国卷16道选择、填空题常考题型解题诀窍.文科	2020—01	88.00	1123
高中数学一题多解	2019—06	58.00	1087
历届中国高考数学试题及解答:1917—1999	2021—08	98.00	1371
2000～2003年全国及各省市高考数学试题及解答	2022—05	88.00	1499
2004年全国及各省市高考数学试题及解答	2023—08	78.00	1500
2005年全国及各省市高考数学试题及解答	2023—08	78.00	1501
2006年全国及各省市高考数学试题及解答	2023—08	88.00	1502
2007年全国及各省市高考数学试题及解答	2023—08	98.00	1503
2008年全国及各省市高考数学试题及解答	2023—08	88.00	1504
2009年全国及各省市高考数学试题及解答	2023—08	88.00	1505
2010年全国及各省市高考数学试题及解答	2023—08	98.00	1506
2011～2017年全国及各省市高考数学试题及解答	2024—01	78.00	1507
2018～2023年全国及各省市高考数学试题及解答	2024—03	78.00	1709
突破高原:高中数学解题思维探究	2021—08	48.00	1375
高考数学中的"取值范围"	2021—10	48.00	1429
新课程标准高中数学各种题型解法大全.必修一分册	2021—06	58.00	1315
新课程标准高中数学各种题型解法大全.必修二分册	2022—01	68.00	1471
高中数学各种题型解法大全.选择性必修一分册	2022—06	68.00	1525
高中数学各种题型解法大全.选择性必修二分册	2023—01	58.00	1600
高中数学各种题型解法大全.选择性必修三分册	2023—04	48.00	1643
高中数学专题研究	2024—05	88.00	1722
历届全国初中数学竞赛经典试题详解	2023—04	88.00	1624
孟祥礼高考数学精刷精解	2023—06	98.00	1663
新编640个世界著名数学智力趣题	2014—01	88.00	242
500个最新世界著名数学智力趣题	2008—06	48.00	3
400个最新世界著名数学最值问题	2008—09	48.00	36
500个世界著名数学征解问题	2009—06	48.00	52
400个中国最佳初等数学征解老问题	2010—01	48.00	60
500个俄罗斯数学经典老题	2011—01	28.00	81
1000个国外中学物理好题	2012—04	48.00	174
300个日本高考数学题	2012—05	38.00	142
700个早期日本高考数学试题	2017—02	88.00	752

刘培杰数学工作室
已出版(即将出版)图书目录——初等数学

书　　名	出版时间	定　价	编号
500 个前苏联早期高考数学试题及解答	2012－05	28.00	185
546 个早期俄罗斯大学生数学竞赛题	2014－03	38.00	285
548 个来自美苏的数学好问题	2014－11	28.00	396
20 所苏联著名大学早期入学试题	2015－02	18.00	452
161 道德国工科大学生必做的微分方程习题	2015－05	28.00	469
500 个德国工科大学生必做的高数习题	2015－06	28.00	478
360 个数学竞赛问题	2016－08	58.00	677
200 个趣味数学故事	2018－02	48.00	857
470 个数学奥林匹克中的最值问题	2018－10	88.00	985
德国讲义日本考题. 微积分卷	2015－04	48.00	456
德国讲义日本考题. 微分方程卷	2015－04	38.00	457
二十世纪中叶中、英、美、日、法、俄高考数学试题精选	2017－06	38.00	783
中国初等数学研究　2009 卷(第 1 辑)	2009－05	20.00	45
中国初等数学研究　2010 卷(第 2 辑)	2010－05	30.00	68
中国初等数学研究　2011 卷(第 3 辑)	2011－07	60.00	127
中国初等数学研究　2012 卷(第 4 辑)	2012－07	48.00	190
中国初等数学研究　2014 卷(第 5 辑)	2014－02	48.00	288
中国初等数学研究　2015 卷(第 6 辑)	2015－06	68.00	493
中国初等数学研究　2016 卷(第 7 辑)	2016－04	68.00	609
中国初等数学研究　2017 卷(第 8 辑)	2017－01	98.00	712
初等数学研究在中国. 第 1 辑	2019－03	158.00	1024
初等数学研究在中国. 第 2 辑	2019－10	158.00	1116
初等数学研究在中国. 第 3 辑	2021－05	158.00	1306
初等数学研究在中国. 第 4 辑	2022－06	158.00	1520
初等数学研究在中国. 第 5 辑	2023－07	158.00	1635
几何变换(Ⅰ)	2014－07	28.00	353
几何变换(Ⅱ)	2015－06	28.00	354
几何变换(Ⅲ)	2015－01	38.00	355
几何变换(Ⅳ)	2015－12	38.00	356
初等数论难题集(第一卷)	2009－05	68.00	44
初等数论难题集(第二卷)(上、下)	2011－02	128.00	82,83
数论概貌	2011－03	18.00	93
代数数论(第二版)	2013－08	58.00	94
代数多项式	2014－06	38.00	289
初等数论的知识与问题	2011－02	28.00	95
超越数论基础	2011－03	28.00	96
数论初等教程	2011－03	28.00	97
数论基础	2011－03	18.00	98
数论基础与维诺格拉多夫	2014－03	18.00	292
解析数论基础	2012－08	28.00	216
解析数论基础(第二版)	2014－01	48.00	287
解析数论问题集(第二版)(原版引进)	2014－05	88.00	343
解析数论问题集(第二版)(中译本)	2016－04	88.00	607
解析数论基础(潘承洞,潘承彪著)	2016－07	98.00	673
解析数论导引	2016－07	58.00	674
数论入门	2011－03	38.00	99
代数数论入门	2015－03	38.00	448

刘培杰数学工作室
已出版(即将出版)图书目录——初等数学

书　　名	出版时间	定　价	编号
数论开篇	2012—07	28.00	194
解析数论引论	2011—03	48.00	100
Barban Davenport Halberstam 均值和	2009—01	40.00	33
基础数论	2011—03	28.00	101
初等数论 100 例	2011—05	18.00	122
初等数论经典例题	2012—07	18.00	204
最新世界各国数学奥林匹克中的初等数论试题(上、下)	2012—01	138.00	144,145
初等数论(Ⅰ)	2012—01	18.00	156
初等数论(Ⅱ)	2012—01	18.00	157
初等数论(Ⅲ)	2012—01	28.00	158
平面几何与数论中未解决的新老问题	2013—01	68.00	229
代数数论简史	2014—11	28.00	408
代数数论	2015—09	88.00	532
代数、数论及分析习题集	2016—11	98.00	695
数论导引提要及习题解答	2016—01	48.00	559
素数定理的初等证明.第 2 版	2016—09	48.00	686
数论中的模函数与狄利克雷级数(第二版)	2017—11	78.00	837
数论:数学导引	2018—01	68.00	849
范氏大代数	2019—02	98.00	1016
解析数学讲义.第一卷,导来式及微分、积分、级数	2019—04	88.00	1021
解析数学讲义.第二卷,关于几何的应用	2019—04	68.00	1022
解析数学讲义.第三卷,解析函数论	2019—04	78.00	1023
分析・组合・数论纵横谈	2019—04	58.00	1039
Hall 代数:民国时期的中学数学课本:英文	2019—08	88.00	1106
基谢廖夫初等代数	2022—07	38.00	1531
基谢廖夫算术	2024—05	48.00	1725
数学精神巡礼	2019—01	58.00	731
数学眼光透视(第 2 版)	2017—06	78.00	732
数学思想领悟(第 2 版)	2018—01	68.00	733
数学方法溯源(第 2 版)	2018—08	68.00	734
数学解题引论	2017—05	58.00	735
数学史话览胜(第 2 版)	2017—01	48.00	736
数学应用展观(第 2 版)	2017—08	68.00	737
数学建模尝试	2018—04	48.00	738
数学竞赛采风	2018—01	68.00	739
数学测评探营	2019—05	58.00	740
数学技能操握	2018—03	48.00	741
数学欣赏拾趣	2018—02	48.00	742
从毕达哥拉斯到怀尔斯	2007—10	48.00	9
从迪利克雷到维斯卡尔迪	2008—01	48.00	21
从哥德巴赫到陈景润	2008—05	98.00	35
从庞加莱到佩雷尔曼	2011—08	138.00	136
博弈论精粹	2008—03	58.00	30
博弈论精粹.第二版(精装)	2015—01	88.00	461
数学 我爱你	2008—01	28.00	20
精神的圣徒　别样的人生——60 位中国数学家成长的历程	2008—09	48.00	39
数学史概论	2009—06	78.00	50

刘培杰数学工作室

已出版(即将出版)图书目录——初等数学

书　名	出版时间	定　价	编号
数学史概论(精装)	2013－03	158.00	272
数学史选讲	2016－01	48.00	544
斐波那契数列	2010－02	28.00	65
数学拼盘和斐波那契魔方	2010－07	38.00	72
斐波那契数列欣赏(第 2 版)	2018－08	58.00	948
Fibonacci 数列中的明珠	2018－06	58.00	928
数学的创造	2011－02	48.00	85
数学美与创造力	2016－01	48.00	595
数海拾贝	2016－01	48.00	590
数学中的美(第 2 版)	2019－04	68.00	1057
数论中的美学	2014－12	38.00	351
数学王者　科学巨人——高斯	2015－01	28.00	428
振兴祖国数学的圆梦之旅:中国初等数学研究史话	2015－06	98.00	490
二十世纪中国数学史料研究	2015－10	48.00	536
《九章算法比类大全》校注	2024－06	198.00	1695
数字谜、数阵图与棋盘覆盖	2016－01	58.00	298
数学概念的进化:一个初步的研究	2023－07	68.00	1683
数学发现的艺术:数学探索中的合情推理	2016－07	58.00	671
活跃在数学中的参数	2016－07	48.00	675
数海趣史	2021－05	98.00	1314
玩转幻中之幻	2023－08	88.00	1682
数学艺术品	2023－09	98.00	1685
数学博弈与游戏	2023－10	68.00	1692
数学解题——靠数学思想给力(上)	2011－07	38.00	131
数学解题——靠数学思想给力(中)	2011－07	48.00	132
数学解题——靠数学思想给力(下)	2011－07	38.00	133
我怎样解题	2013－01	48.00	227
数学解题中的物理方法	2011－06	28.00	114
数学解题的特殊方法	2011－06	48.00	115
中学数学计算技巧(第 2 版)	2020－10	48.00	1220
中学数学证明方法	2012－01	58.00	117
数学趣题巧解	2012－03	28.00	128
高中数学教学通鉴	2015－05	58.00	479
和高中生漫谈:数学与哲学的故事	2014－08	28.00	369
算术问题集	2017－03	38.00	789
张教授讲数学	2018－07	38.00	933
陈永明实话实说数学教学	2020－04	68.00	1132
中学数学学科知识与教学能力	2020－06	58.00	1155
怎样把课讲好:大罕数学教学随笔	2022－03	58.00	1484
中国高考评价体系下高考数学探秘	2022－03	48.00	1487
数苑漫步	2024－01	58.00	1670
自主招生考试中的参数方程问题	2015－01	28.00	435
自主招生考试中的极坐标问题	2015－04	28.00	463
近年全国重点大学自主招生数学试题全解及研究.华约卷	2015－02	38.00	441
近年全国重点大学自主招生数学试题全解及研究.北约卷	2016－05	38.00	619
自主招生数学解证宝典	2015－09	48.00	535
中国科学技术大学创新班数学真题解析	2022－03	48.00	1488
中国科学技术大学创新班物理真题解析	2022－03	58.00	1489
格点和面积	2012－07	18.00	191
射影几何趣谈	2012－04	28.00	175
斯潘纳尔引理——从一道加拿大数学奥林匹克试题谈起	2014－01	28.00	228
李普希兹条件——从几道近年高考数学试题谈起	2012－10	18.00	221
拉格朗日中值定理——从一道北京高考试题的解法谈起	2015－10	18.00	197

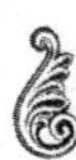

刘培杰数学工作室
已出版(即将出版)图书目录——初等数学

书　　名	出版时间	定　价	编号
闵科夫斯基定理——从一道清华大学自主招生试题谈起	2014—01	28.00	198
哈尔测度——从一道冬令营试题的背景谈起	2012—08	28.00	202
切比雪夫逼近问题——从一道中国台北数学奥林匹克试题谈起	2013—04	38.00	238
伯恩斯坦多项式与贝齐尔曲面——从一道全国高中数学联赛试题谈起	2013—03	38.00	236
卡塔兰猜想——从一道普特南竞赛试题谈起	2013—06	18.00	256
麦卡锡函数和阿克曼函数——从一道前南斯拉夫数学奥林匹克试题谈起	2012—08	18.00	201
贝蒂定理与拉姆贝克莫斯尔定理——从一个拣石子游戏谈起	2012—08	18.00	217
皮亚诺曲线和豪斯道夫分球定理——从无限集谈起	2012—08	18.00	211
平面凸图形与凸多面体	2012—10	28.00	218
斯坦因豪斯问题——从一道二十五省市自治区中学数学竞赛试题谈起	2012—07	18.00	196
纽结理论中的亚历山大多项式与琼斯多项式——从一道北京市高一数学竞赛试题谈起	2012—07	28.00	195
原则与策略——从波利亚"解题表"谈起	2013—04	38.00	244
转化与化归——从三大尺规作图不能问题谈起	2012—08	28.00	214
代数几何中的贝祖定理(第一版)——从一道 IMO 试题的解法谈起	2013—08	18.00	193
成功连贯理论与约当块理论——从一道比利时数学竞赛试题谈起	2012—04	18.00	180
素数判定与大数分解	2014—08	18.00	199
置换多项式及其应用	2012—10	18.00	220
椭圆函数与模函数——从一道美国加州大学洛杉矶分校(UCLA)博士资格考题谈起	2012—10	28.00	219
差分方程的拉格朗日方法——从一道 2011 年全国高考理科试题的解法谈起	2012—08	28.00	200
力学在几何中的一些应用	2013—01	38.00	240
从根式解到伽罗华理论	2020—01	48.00	1121
康托洛维奇不等式——从一道全国高中联赛试题谈起	2013—03	28.00	337
西格尔引理——从一道第 18 届 IMO 试题的解法谈起	即将出版		
罗斯定理——从一道前苏联数学竞赛试题谈起	即将出版		
拉克斯定理和阿廷定理——从一道 IMO 试题的解法谈起	2014—01	58.00	246
毕卡大定理——从一道美国大学数学竞赛试题谈起	2014—07	18.00	350
贝齐尔曲线——从一道全国高中联赛试题谈起	即将出版		
拉格朗日乘子定理——从一道 2005 年全国高中联赛试题的高等数学解法谈起	2015—05	28.00	480
雅可比定理——从一道日本数学奥林匹克试题谈起	2013—04	48.00	249
李天岩—约克定理——从一道波兰数学竞赛试题谈起	2014—06	28.00	349
受控理论与初等不等式:从一道 IMO 试题的解法谈起	2023—03	48.00	1601
布劳维不动点定理——从一道前苏联数学奥林匹克试题谈起	2014—01	38.00	273
伯恩赛德定理——从一道英国数学奥林匹克试题谈起	即将出版		
布查特—莫斯特定理——从一道上海市初中竞赛试题谈起	即将出版		
数论中的同余数问题——从一道普特南竞赛试题谈起	即将出版		
范・德蒙行列式——从一道美国数学奥林匹克试题谈起	即将出版		
中国剩余定理:总数法构建中国历史年表	2015—01	28.00	430
牛顿程序与方程求根——从一道全国高考试题解法谈起	即将出版		
库默尔定理——从一道 IMO 预选试题谈起	即将出版		
卢丁定理——从一道冬令营试题的解法谈起	即将出版		
沃斯滕霍姆定理——从一道 IMO 预选试题谈起	即将出版		
卡尔松不等式——从一道莫斯科数学奥林匹克试题谈起	即将出版		
信息论中的香农熵——从一道近年高考压轴题谈起	即将出版		

刘培杰数学工作室
已出版(即将出版)图书目录——初等数学

书　名	出版时间	定　价	编号
约当不等式——从一道希望杯竞赛试题谈起	即将出版		
拉比诺维奇定理	即将出版		
刘维尔定理——从一道《美国数学月刊》征解问题的解法谈起	即将出版		
卡塔兰恒等式与级数求和——从一道 IMO 试题的解法谈起	即将出版		
勒让德猜想与素数分布——从一道爱尔兰竞赛试题谈起	即将出版		
天平称重与信息论——从一道基辅市数学奥林匹克试题谈起	即将出版		
哈密尔顿一凯莱定理:从一道高中数学联赛试题的解法谈起	2014—09	18.00	376
艾思特曼定理——从一道 CMO 试题的解法谈起	即将出版		
阿贝尔恒等式与经典不等式及应用	2018—06	98.00	923
迪利克雷除数问题	2018—07	48.00	930
幻方、幻立方与拉丁方	2019—08	48.00	1092
帕斯卡三角形	2014—03	18.00	294
蒲丰投针问题——从 2009 年清华大学的一道自主招生试题谈起	2014—01	38.00	295
斯图姆定理——从一道"华约"自主招生试题的解法谈起	2014—01	18.00	296
许瓦兹引理——从一道加利福尼亚大学伯克利分校数学系博士生试题谈起	2014—08	18.00	297
拉姆塞定理——从王诗宬院士的一个问题谈起	2016—04	48.00	299
坐标法	2013—12	28.00	332
数论三角形	2014—04	38.00	341
毕克定理	2014—07	18.00	352
数林掠影	2014—09	48.00	389
我们周围的概率	2014—10	38.00	390
凸函数最值定理:从一道华约自主招生题的解法谈起	2014—10	28.00	391
易学与数学奥林匹克	2014—10	38.00	392
生物数学趣谈	2015—01	18.00	409
反演	2015—01	28.00	420
因式分解与圆锥曲线	2015—01	18.00	426
轨迹	2015—01	28.00	427
面积原理:从常庚哲命的一道 CMO 试题的积分解法谈起	2015—01	48.00	431
形形色色的不动点定理:从一道 28 届 IMO 试题谈起	2015—01	38.00	439
柯西函数方程:从一道上海交大自主招生的试题谈起	2015—02	28.00	440
三角恒等式	2015—02	28.00	442
无理性判定:从一道 2014 年"北约"自主招生试题谈起	2015—01	38.00	443
数学归纳法	2015—03	18.00	451
极端原理与解题	2015—04	28.00	464
法雷级数	2014—08	18.00	367
摆线族	2015—01	38.00	438
函数方程及其解法	2015—05	38.00	470
含参数的方程和不等式	2012—09	28.00	213
希尔伯特第十问题	2016—01	38.00	543
无穷小量的求和	2016—01	28.00	545
切比雪夫多项式:从一道清华大学金秋营试题谈起	2016—01	38.00	583
泽肯多夫定理	2016—03	38.00	599
代数等式证题法	2016—01	28.00	600
三角等式证题法	2016—01	28.00	601
吴大任教授藏书中的一个因式分解公式:从一道美国数学邀请赛试题的解法谈起	2016—06	28.00	656
易卦——类万物的数学模型	2017—08	68.00	838
"不可思议"的数与数系可持续发展	2018—01	38.00	878
最短线	2018—01	38.00	879
数学在天文、地理、光学、机械力学中的一些应用	2023—03	88.00	1576
从阿基米德三角形谈起	2023—01	28.00	1578

刘培杰数学工作室
已出版(即将出版)图书目录——初等数学

书　　名	出版时间	定　价	编号
幻方和魔方(第一卷)	2012－05	68.00	173
尘封的经典——初等数学经典文献选读(第一卷)	2012－07	48.00	205
尘封的经典——初等数学经典文献选读(第二卷)	2012－07	38.00	206
初级方程式论	2011－03	28.00	106
初等数学研究(Ⅰ)	2008－09	68.00	37
初等数学研究(Ⅱ)(上、下)	2009－05	118.00	46,47
初等数学专题研究	2022－10	68.00	1568
趣味初等方程妙题集锦	2014－09	48.00	388
趣味初等数论选美与欣赏	2015－02	48.00	445
耕读笔记(上卷):一位农民数学爱好者的初数探索	2015－04	28.00	459
耕读笔记(中卷):一位农民数学爱好者的初数探索	2015－05	28.00	483
耕读笔记(下卷):一位农民数学爱好者的初数探索	2015－05	28.00	484
几何不等式研究与欣赏.上卷	2016－01	88.00	547
几何不等式研究与欣赏.下卷	2016－01	48.00	552
初等数列研究与欣赏・上	2016－01	48.00	570
初等数列研究与欣赏・下	2016－01	48.00	571
趣味初等函数研究与欣赏.上	2016－09	48.00	684
趣味初等函数研究与欣赏.下	2018－09	48.00	685
三角不等式研究与欣赏	2020－10	68.00	1197
新编平面解析几何解题方法研究与欣赏	2021－10	78.00	1426
火柴游戏(第2版)	2022－05	38.00	1493
智力解谜.第1卷	2017－07	38.00	613
智力解谜.第2卷	2017－07	38.00	614
故事智力	2016－07	48.00	615
名人们喜欢的智力问题	2020－01	48.00	616
数学大师的发现、创造与失误	2018－01	48.00	617
异曲同工	2018－09	48.00	618
数学的味道(第2版)	2023－10	68.00	1686
数学千字文	2018－10	68.00	977
数贝偶拾——高考数学题研究	2014－04	28.00	274
数贝偶拾——初等数学研究	2014－04	38.00	275
数贝偶拾——奥数题研究	2014－04	48.00	276
钱昌本教你快乐学数学(上)	2011－12	48.00	155
钱昌本教你快乐学数学(下)	2012－03	58.00	171
集合、函数与方程	2014－01	28.00	300
数列与不等式	2014－01	38.00	301
三角与平面向量	2014－01	28.00	302
平面解析几何	2014－01	38.00	303
立体几何与组合	2014－01	28.00	304
极限与导数、数学归纳法	2014－01	38.00	305
趣味数学	2014－03	28.00	306
教材教法	2014－04	68.00	307
自主招生	2014－05	58.00	308
高考压轴题(上)	2015－01	48.00	309
高考压轴题(下)	2014－10	68.00	310

刘培杰数学工作室
已出版(即将出版)图书目录——初等数学

书　　名	出版时间	定　价	编号
从费马到怀尔斯——费马大定理的历史	2013－10	198.00	Ⅰ
从庞加莱到佩雷尔曼——庞加莱猜想的历史	2013－10	298.00	Ⅱ
从切比雪夫到爱尔特希(上)——素数定理的初等证明	2013－07	48.00	Ⅲ
从切比雪夫到爱尔特希(下)——素数定理 100 年	2012－12	98.00	Ⅲ
从高斯到盖尔方特——二次域的高斯猜想	2013－10	198.00	Ⅳ
从库默尔到朗兰兹——朗兰兹猜想的历史	2014－01	98.00	Ⅴ
从比勃巴赫到德布朗斯——比勃巴赫猜想的历史	2014－02	298.00	Ⅵ
从麦比乌斯到陈省身——麦比乌斯变换与麦比乌斯带	2014－02	298.00	Ⅶ
从布尔到豪斯道夫——布尔方程与格论漫谈	2013－10	198.00	Ⅷ
从开普勒到阿诺德——三体问题的历史	2014－05	298.00	Ⅸ
从华林到华罗庚——华林问题的历史	2013－10	298.00	Ⅹ
美国高中数学竞赛五十讲. 第 1 卷(英文)	2014－08	28.00	357
美国高中数学竞赛五十讲. 第 2 卷(英文)	2014－08	28.00	358
美国高中数学竞赛五十讲. 第 3 卷(英文)	2014－09	28.00	359
美国高中数学竞赛五十讲. 第 4 卷(英文)	2014－09	28.00	360
美国高中数学竞赛五十讲. 第 5 卷(英文)	2014－10	28.00	361
美国高中数学竞赛五十讲. 第 6 卷(英文)	2014－11	28.00	362
美国高中数学竞赛五十讲. 第 7 卷(英文)	2014－12	28.00	363
美国高中数学竞赛五十讲. 第 8 卷(英文)	2015－01	28.00	364
美国高中数学竞赛五十讲. 第 9 卷(英文)	2015－01	28.00	365
美国高中数学竞赛五十讲. 第 10 卷(英文)	2015－02	38.00	366
三角函数(第 2 版)	2017－04	38.00	626
不等式	2014－01	38.00	312
数列	2014－01	38.00	313
方程(第 2 版)	2017－04	38.00	624
排列和组合	2014－01	28.00	315
极限与导数(第 2 版)	2016－04	38.00	635
向量(第 2 版)	2018－08	58.00	627
复数及其应用	2014－08	28.00	318
函数	2014－01	38.00	319
集合	2020－01	48.00	320
直线与平面	2014－01	28.00	321
立体几何(第 2 版)	2016－04	38.00	629
解三角形	即将出版		323
直线与圆(第 2 版)	2016－11	38.00	631
圆锥曲线(第 2 版)	2016－09	48.00	632
解题通法(一)	2014－07	38.00	326
解题通法(二)	2014－07	38.00	327
解题通法(三)	2014－05	38.00	328
概率与统计	2014－01	28.00	329
信息迁移与算法	即将出版		330

刘培杰数学工作室
已出版(即将出版)图书目录——初等数学

书　　名	出版时间	定　价	编号
IMO 50 年. 第 1 卷(1959—1963)	2014—11	28.00	377
IMO 50 年. 第 2 卷(1964—1968)	2014—11	28.00	378
IMO 50 年. 第 3 卷(1969—1973)	2014—09	28.00	379
IMO 50 年. 第 4 卷(1974—1978)	2016—04	38.00	380
IMO 50 年. 第 5 卷(1979—1984)	2015—04	38.00	381
IMO 50 年. 第 6 卷(1985—1989)	2015—04	58.00	382
IMO 50 年. 第 7 卷(1990—1994)	2016—01	48.00	383
IMO 50 年. 第 8 卷(1995—1999)	2016—06	38.00	384
IMO 50 年. 第 9 卷(2000—2004)	2015—04	58.00	385
IMO 50 年. 第 10 卷(2005—2009)	2016—01	48.00	386
IMO 50 年. 第 11 卷(2010—2015)	2017—03	48.00	646
数学反思(2006—2007)	2020—09	88.00	915
数学反思(2008—2009)	2019—01	68.00	917
数学反思(2010—2011)	2018—05	58.00	916
数学反思(2012—2013)	2019—01	58.00	918
数学反思(2014—2015)	2019—03	78.00	919
数学反思(2016—2017)	2021—03	58.00	1286
数学反思(2018—2019)	2023—01	88.00	1593
历届美国大学生数学竞赛试题集. 第一卷(1938—1949)	2015—01	28.00	397
历届美国大学生数学竞赛试题集. 第二卷(1950—1959)	2015—01	28.00	398
历届美国大学生数学竞赛试题集. 第三卷(1960—1969)	2015—01	28.00	399
历届美国大学生数学竞赛试题集. 第四卷(1970—1979)	2015—01	18.00	400
历届美国大学生数学竞赛试题集. 第五卷(1980—1989)	2015—01	28.00	401
历届美国大学生数学竞赛试题集. 第六卷(1990—1999)	2015—01	28.00	402
历届美国大学生数学竞赛试题集. 第七卷(2000—2009)	2015—08	18.00	403
历届美国大学生数学竞赛试题集. 第八卷(2010—2012)	2015—01	18.00	404
新课标高考数学创新题解题诀窍:总论	2014—09	28.00	372
新课标高考数学创新题解题诀窍:必修 1～5 分册	2014—08	38.00	373
新课标高考数学创新题解题诀窍:选修 2—1,2—2,1—1,1—2分册	2014—09	38.00	374
新课标高考数学创新题解题诀窍:选修 2—3,4—4,4—5分册	2014—09	18.00	375
全国重点大学自主招生英文数学试题全攻略:词汇卷	2015—07	48.00	410
全国重点大学自主招生英文数学试题全攻略:概念卷	2015—01	28.00	411
全国重点大学自主招生英文数学试题全攻略:文章选读卷(上)	2016—09	38.00	412
全国重点大学自主招生英文数学试题全攻略:文章选读卷(下)	2017—01	58.00	413
全国重点大学自主招生英文数学试题全攻略:试题卷	2015—07	38.00	414
全国重点大学自主招生英文数学试题全攻略:名著欣赏卷	2017—03	48.00	415
劳埃德数学趣题大全. 题目卷. 1:英文	2016—01	18.00	516
劳埃德数学趣题大全. 题目卷. 2:英文	2016—01	18.00	517
劳埃德数学趣题大全. 题目卷. 3:英文	2016—01	18.00	518
劳埃德数学趣题大全. 题目卷. 4:英文	2016—01	18.00	519
劳埃德数学趣题大全. 题目卷. 5:英文	2016—01	18.00	520
劳埃德数学趣题大全. 答案卷:英文	2016—01	18.00	521

刘培杰数学工作室
已出版(即将出版)图书目录——初等数学

书　　名	出版时间	定　价	编号
李成章教练奥数笔记. 第1卷	2016－01	48.00	522
李成章教练奥数笔记. 第2卷	2016－01	48.00	523
李成章教练奥数笔记. 第3卷	2016－01	38.00	524
李成章教练奥数笔记. 第4卷	2016－01	38.00	525
李成章教练奥数笔记. 第5卷	2016－01	38.00	526
李成章教练奥数笔记. 第6卷	2016－01	38.00	527
李成章教练奥数笔记. 第7卷	2016－01	38.00	528
李成章教练奥数笔记. 第8卷	2016－01	48.00	529
李成章教练奥数笔记. 第9卷	2016－01	28.00	530
第19～23届"希望杯"全国数学邀请赛试题审题要津详细评注(初一版)	2014－03	28.00	333
第19～23届"希望杯"全国数学邀请赛试题审题要津详细评注(初二、初三版)	2014－03	38.00	334
第19～23届"希望杯"全国数学邀请赛试题审题要津详细评注(高一版)	2014－03	28.00	335
第19～23届"希望杯"全国数学邀请赛试题审题要津详细评注(高二版)	2014－03	38.00	336
第19～25届"希望杯"全国数学邀请赛试题审题要津详细评注(初一版)	2015－01	38.00	416
第19～25届"希望杯"全国数学邀请赛试题审题要津详细评注(初二、初三版)	2015－01	58.00	417
第19～25届"希望杯"全国数学邀请赛试题审题要津详细评注(高一版)	2015－01	48.00	418
第19～25届"希望杯"全国数学邀请赛试题审题要津详细评注(高二版)	2015－01	48.00	419
物理奥林匹克竞赛大题典——力学卷	2014－11	48.00	405
物理奥林匹克竞赛大题典——热学卷	2014－04	28.00	339
物理奥林匹克竞赛大题典——电磁学卷	2015－07	48.00	406
物理奥林匹克竞赛大题典——光学与近代物理卷	2014－06	28.00	345
历届中国东南地区数学奥林匹克试题及解答	2024－06	68.00	1724
历届中国西部地区数学奥林匹克试题集(2001～2012)	2014－07	18.00	347
历届中国女子数学奥林匹克试题集(2002～2012)	2014－08	18.00	348
数学奥林匹克在中国	2014－06	98.00	344
数学奥林匹克问题集	2014－01	38.00	267
数学奥林匹克不等式散论	2010－06	38.00	124
数学奥林匹克不等式欣赏	2011－09	38.00	138
数学奥林匹克超级题库(初中卷上)	2010－01	58.00	66
数学奥林匹克不等式证明方法和技巧(上、下)	2011－08	158.00	134,135
他们学什么:原民主德国中学数学课本	2016－09	38.00	658
他们学什么:英国中学数学课本	2016－09	38.00	659
他们学什么:法国中学数学课本.1	2016－09	38.00	660
他们学什么:法国中学数学课本.2	2016－09	28.00	661
他们学什么:法国中学数学课本.3	2016－09	38.00	662
他们学什么:苏联中学数学课本	2016－09	28.00	679

刘培杰数学工作室
已出版(即将出版)图书目录——初等数学

书　　名	出版时间	定　价	编号
高中数学题典——集合与简易逻辑·函数	2016—07	48.00	647
高中数学题典——导数	2016—07	48.00	648
高中数学题典——三角函数·平面向量	2016—07	48.00	649
高中数学题典——数列	2016—07	58.00	650
高中数学题典——不等式·推理与证明	2016—07	38.00	651
高中数学题典——立体几何	2016—07	48.00	652
高中数学题典——平面解析几何	2016—07	78.00	653
高中数学题典——计数原理·统计·概率·复数	2016—07	48.00	654
高中数学题典——算法·平面几何·初等数论·组合数学·其他	2016—07	68.00	655
台湾地区奥林匹克数学竞赛试题.小学一年级	2017—03	38.00	722
台湾地区奥林匹克数学竞赛试题.小学二年级	2017—03	38.00	723
台湾地区奥林匹克数学竞赛试题.小学三年级	2017—03	38.00	724
台湾地区奥林匹克数学竞赛试题.小学四年级	2017—03	38.00	725
台湾地区奥林匹克数学竞赛试题.小学五年级	2017—03	38.00	726
台湾地区奥林匹克数学竞赛试题.小学六年级	2017—03	38.00	727
台湾地区奥林匹克数学竞赛试题.初中一年级	2017—03	38.00	728
台湾地区奥林匹克数学竞赛试题.初中二年级	2017—03	38.00	729
台湾地区奥林匹克数学竞赛试题.初中三年级	2017—03	28.00	730
不等式证题法	2017—04	28.00	747
平面几何培优教程	2019—08	88.00	748
奥数鼎级培优教程.高一分册	2018—09	88.00	749
奥数鼎级培优教程.高二分册.上	2018—04	68.00	750
奥数鼎级培优教程.高二分册.下	2018—04	68.00	751
高中数学竞赛冲刺宝典	2019—04	68.00	883
初中尖子生数学超级题典.实数	2017—07	58.00	792
初中尖子生数学超级题典.式、方程与不等式	2017—08	58.00	793
初中尖子生数学超级题典.圆、面积	2017—08	38.00	794
初中尖子生数学超级题典.函数、逻辑推理	2017—08	48.00	795
初中尖子生数学超级题典.角、线段、三角形与多边形	2017—07	58.00	796
数学王子——高斯	2018—01	48.00	858
坎坷奇星——阿贝尔	2018—01	48.00	859
闪烁奇星——伽罗瓦	2018—01	58.00	860
无穷统帅——康托尔	2018—01	48.00	861
科学公主——柯瓦列夫斯卡娅	2018—01	48.00	862
抽象代数之母——埃米·诺特	2018—01	48.00	863
电脑先驱——图灵	2018—01	58.00	864
昔日神童——维纳	2018—01	48.00	865
数坛怪侠——爱尔特希	2018—01	68.00	866
传奇数学家徐利治	2019—09	88.00	1110

刘培杰数学工作室

已出版(即将出版)图书目录——初等数学

书　　名	出版时间	定　价	编号
当代世界中的数学. 数学思想与数学基础	2019—01	38.00	892
当代世界中的数学. 数学问题	2019—01	38.00	893
当代世界中的数学. 应用数学与数学应用	2019—01	38.00	894
当代世界中的数学. 数学王国的新疆域(一)	2019—01	38.00	895
当代世界中的数学. 数学王国的新疆域(二)	2019—01	38.00	896
当代世界中的数学. 数林撷英(一)	2019—01	38.00	897
当代世界中的数学. 数林撷英(二)	2019—01	48.00	898
当代世界中的数学. 数学之路	2019—01	38.00	899
105 个代数问题:来自 AwesomeMath 夏季课程	2019—02	58.00	956
106 个几何问题:来自 AwesomeMath 夏季课程	2020—07	58.00	957
107 个几何问题:来自 AwesomeMath 全年课程	2020—07	58.00	958
108 个代数问题:来自 AwesomeMath 全年课程	2019—01	68.00	959
109 个不等式:来自 AwesomeMath 夏季课程	2019—04	58.00	960
110 个几何问题:选自各国数学奥林匹克竞赛	2024—04	58.00	961
111 个代数和数论问题	2019—05	58.00	962
112 个组合问题:来自 AwesomeMath 夏季课程	2019—05	58.00	963
113 个几何不等式:来自 AwesomeMath 夏季课程	2020—08	58.00	964
114 个指数和对数问题:来自 AwesomeMath 夏季课程	2019—09	48.00	965
115 个三角问题:来自 AwesomeMath 夏季课程	2019—09	58.00	966
116 个代数不等式:来自 AwesomeMath 全年课程	2019—04	58.00	967
117 个多项式问题:来自 AwesomeMath 夏季课程	2021—09	58.00	1409
118 个数学竞赛不等式	2022—08	78.00	1526
119 个三角问题	2024—05	58.00	1726
紫色彗星国际数学竞赛试题	2019—02	58.00	999
数学竞赛中的数学:为数学爱好者、父母、教师和教练准备的丰富资源. 第一部	2020—04	58.00	1141
数学竞赛中的数学:为数学爱好者、父母、教师和教练准备的丰富资源. 第二部	2020—07	48.00	1142
和与积	2020—10	38.00	1219
数论:概念和问题	2020—12	68.00	1257
初等数学问题研究	2021—03	48.00	1270
数学奥林匹克中的欧几里得几何	2021—10	68.00	1413
数学奥林匹克题解新编	2022—01	58.00	1430
图论入门	2022—09	58.00	1554
新的、更新的、最新的不等式	2023—07	58.00	1650
几何不等式相关问题	2024—04	58.00	1721
数学归纳法——一种高效而简捷的证明方法	2024—06	48.00	1738
数学竞赛中奇妙的多项式	2024—01	78.00	1646
120 个奇妙的代数问题及 20 个奖励问题	2024—04	48.00	1647

刘培杰数学工作室
已出版(即将出版)图书目录——初等数学

书　名	出版时间	定　价	编号
澳大利亚中学数学竞赛试题及解答(初级卷)1978～1984	2019－02	28.00	1002
澳大利亚中学数学竞赛试题及解答(初级卷)1985～1991	2019－02	28.00	1003
澳大利亚中学数学竞赛试题及解答(初级卷)1992～1998	2019－02	28.00	1004
澳大利亚中学数学竞赛试题及解答(初级卷)1999～2005	2019－02	28.00	1005
澳大利亚中学数学竞赛试题及解答(中级卷)1978～1984	2019－03	28.00	1006
澳大利亚中学数学竞赛试题及解答(中级卷)1985～1991	2019－03	28.00	1007
澳大利亚中学数学竞赛试题及解答(中级卷)1992～1998	2019－03	28.00	1008
澳大利亚中学数学竞赛试题及解答(中级卷)1999～2005	2019－03	28.00	1009
澳大利亚中学数学竞赛试题及解答(高级卷)1978～1984	2019－05	28.00	1010
澳大利亚中学数学竞赛试题及解答(高级卷)1985～1991	2019－05	28.00	1011
澳大利亚中学数学竞赛试题及解答(高级卷)1992～1998	2019－05	28.00	1012
澳大利亚中学数学竞赛试题及解答(高级卷)1999～2005	2019－05	28.00	1013
天才中小学生智力测验题.第一卷	2019－03	38.00	1026
天才中小学生智力测验题.第二卷	2019－03	38.00	1027
天才中小学生智力测验题.第三卷	2019－03	38.00	1028
天才中小学生智力测验题.第四卷	2019－03	38.00	1029
天才中小学生智力测验题.第五卷	2019－03	38.00	1030
天才中小学生智力测验题.第六卷	2019－03	38.00	1031
天才中小学生智力测验题.第七卷	2019－03	38.00	1032
天才中小学生智力测验题.第八卷	2019－03	38.00	1033
天才中小学生智力测验题.第九卷	2019－03	38.00	1034
天才中小学生智力测验题.第十卷	2019－03	38.00	1035
天才中小学生智力测验题.第十一卷	2019－03	38.00	1036
天才中小学生智力测验题.第十二卷	2019－03	38.00	1037
天才中小学生智力测验题.第十三卷	2019－03	38.00	1038
重点大学自主招生数学备考全书:函数	2020－05	48.00	1047
重点大学自主招生数学备考全书:导数	2020－08	48.00	1048
重点大学自主招生数学备考全书:数列与不等式	2019－10	78.00	1049
重点大学自主招生数学备考全书:三角函数与平面向量	2020－08	68.00	1050
重点大学自主招生数学备考全书:平面解析几何	2020－07	58.00	1051
重点大学自主招生数学备考全书:立体几何与平面几何	2019－08	48.00	1052
重点大学自主招生数学备考全书:排列组合・概率统计・复数	2019－09	48.00	1053
重点大学自主招生数学备考全书:初等数论与组合数学	2019－08	48.00	1054
重点大学自主招生数学备考全书:重点大学自主招生真题.上	2019－04	68.00	1055
重点大学自主招生数学备考全书:重点大学自主招生真题.下	2019－04	58.00	1056
高中数学竞赛培训教程:平面几何问题的求解方法与策略.上	2018－05	68.00	906
高中数学竞赛培训教程:平面几何问题的求解方法与策略.下	2018－06	78.00	907
高中数学竞赛培训教程:整除与同余以及不定方程	2018－01	88.00	908
高中数学竞赛培训教程:组合计数与组合极值	2018－04	48.00	909
高中数学竞赛培训教程:初等代数	2019－04	78.00	1042
高中数学讲座:数学竞赛基础教程(第一册)	2019－06	48.00	1094
高中数学讲座:数学竞赛基础教程(第二册)	即将出版		1095
高中数学讲座:数学竞赛基础教程(第三册)	即将出版		1096
高中数学讲座:数学竞赛基础教程(第四册)	即将出版		1097

刘培杰数学工作室

已出版(即将出版)图书目录——初等数学

书　　名	出版时间	定　价	编号
新编中学数学解题方法 1000 招丛书. 实数(初中版)	2022—05	58.00	1291
新编中学数学解题方法 1000 招丛书. 式(初中版)	2022—05	48.00	1292
新编中学数学解题方法 1000 招丛书. 方程与不等式(初中版)	2021—04	58.00	1293
新编中学数学解题方法 1000 招丛书. 函数(初中版)	2022—05	38.00	1294
新编中学数学解题方法 1000 招丛书. 角(初中版)	2022—05	48.00	1295
新编中学数学解题方法 1000 招丛书. 线段(初中版)	2022—05	48.00	1296
新编中学数学解题方法 1000 招丛书. 三角形与多边形(初中版)	2021—04	48.00	1297
新编中学数学解题方法 1000 招丛书. 圆(初中版)	2022—05	48.00	1298
新编中学数学解题方法 1000 招丛书. 面积(初中版)	2021—07	28.00	1299
新编中学数学解题方法 1000 招丛书. 逻辑推理(初中版)	2022—06	48.00	1300
高中数学题典精编. 第一辑. 函数	2022—01	58.00	1444
高中数学题典精编. 第一辑. 导数	2022—01	68.00	1445
高中数学题典精编. 第一辑. 三角函数・平面向量	2022—01	68.00	1446
高中数学题典精编. 第一辑. 数列	2022—01	58.00	1447
高中数学题典精编. 第一辑. 不等式・推理与证明	2022—01	58.00	1448
高中数学题典精编. 第一辑. 立体几何	2022—01	58.00	1449
高中数学题典精编. 第一辑. 平面解析几何	2022—01	68.00	1450
高中数学题典精编. 第一辑. 统计・概率・平面几何	2022—01	58.00	1451
高中数学题典精编. 第一辑. 初等数论・组合数学・数学文化・解题方法	2022—01	58.00	1452
历届全国初中数学竞赛试题分类解析. 初等代数	2022—09	98.00	1555
历届全国初中数学竞赛试题分类解析. 初等数论	2022—09	48.00	1556
历届全国初中数学竞赛试题分类解析. 平面几何	2022—09	38.00	1557
历届全国初中数学竞赛试题分类解析. 组合	2022—09	38.00	1558
从三道高三数学模拟题的背景谈起:兼谈傅里叶三角级数	2023—03	48.00	1651
从一道日本东京大学的入学试题谈起:兼谈 π 的方方面面	即将出版		1652
从两道 2021 年福建高三数学测试题谈起:兼谈球面几何学与球面三角学	即将出版		1653
从一道湖南高考数学试题谈起:兼谈有界变差数列	2024—01	48.00	1654
从一道高校自主招生试题谈起:兼谈詹森函数方程	即将出版		1655
从一道上海高考数学试题谈起:兼谈有界变差函数	即将出版		1656
从一道北京大学金秋营数学试题的解法谈起:兼谈伽罗瓦理论	即将出版		1657
从一道北京高考数学试题的解法谈起:兼谈毕克定理	即将出版		1658
从一道北京大学金秋营数学试题的解法谈起:兼谈帕塞瓦尔恒等式	即将出版		1659
从一道高三数学模拟测试题的背景谈起:兼谈等周问题与等周不等式	即将出版		1660
从一道 2020 年全国高考数学试题的解法谈起:兼谈斐波那契数列和纳卡穆拉定理及奥斯图达定理	即将出版		1661
从一道高考数学附加题谈起:兼谈广义斐波那契数列	即将出版		1662

刘培杰数学工作室

已出版(即将出版)图书目录——初等数学

书　　名	出版时间	定　价	编号
代数学教程.第一卷,集合论	2023-08	58.00	1664
代数学教程.第二卷,抽象代数基础	2023-08	68.00	1665
代数学教程.第三卷,数论原理	2023-08	58.00	1666
代数学教程.第四卷,代数方程式论	2023-08	48.00	1667
代数学教程.第五卷,多项式理论	2023-08	58.00	1668
代数学教程.第六卷,线性代数原理	2024-06	98.00	1669
中考数学培优教程——二次函数卷	2024-05	78.00	1718
中考数学培优教程——平面几何最值卷	2024-05	58.00	1719
中考数学培优教程——专题讲座卷	2024-05	58.00	1720

联系地址:哈尔滨市南岗区复华四道街10号　哈尔滨工业大学出版社刘培杰数学工作室
邮　　编:150006
联系电话:0451-86281378　　13904613167
E-mail:lpj1378@163.com